雷軍和他的小米帝國

小米商學院

陳潤——著

CONTENTS

CONTENTS

CONTENTS

CHAPTER 1

百億美元的夢想家

雷軍很喜歡馬丁·路德·金說過的一句話：「I have a dream」（我有一個夢想），將它視為座右銘，並由此總結出「人因夢想而偉大」的至理名言。

18 歲那年，一部名為《矽谷之火》的著作令雷軍熱血沸騰，他從此確立「創辦一家世界一流企業」的夢想。他說：「開始時只想做一些與眾不同的事情，後來逐漸明確為理想。一個人能夠消費的財富是有限的，唯有理想才是保持後勁和激情的動力。缺乏方向的生活會讓人覺得很鬱悶，而理想不但讓人充實，也會使人在奮鬥過程中不受欲望的干擾，在眾多的誘惑面前不至於迷失自己的方向。」

雷軍描述理想的話語聽起來似乎冠冕堂皇，但不可否認，他確實以行動證明了「人因夢想而偉大」。

從程式設計師到行業領袖

　　我們正處在一個英雄輩出的年代，成功的故事時時刻刻都在上演，像電影鏡頭一樣記錄這些日新月異的變化，感人畫面和經典臺詞時常令人熱淚盈眶。不過，幾乎所有成功心得都可以用勵志電影《當幸福來敲門》中的一句臺詞總結：「如果你有夢想的話，就要去捍衛它。那些一事無成的人想告訴你，『你也成不了大器』。如果你有理想的話，就要去努力實現。」

　　雷軍也喜歡這句臺詞，他常說的一句話是：「人因夢想而偉大」。

　　2012 年 11 月 14 日下午，位於北京市朝陽區望京的小米科技有限公司會議室裡人頭攢動，身為小米公司 CEO 的雷軍正興致勃勃地向到場的記者展示最新產品──小米盒子。當這款能夠連接智慧手機、平板電腦和電視的機上盒展現神奇魔力時，很多人卻在心裡打上這樣一個問號：雷軍到底在想什麼？

　　在過去幾年裡，這個問題經常被人問及。小米科技先是進軍系統，接著又做手機，人們將這些舉動視為雷軍這個程式師的華麗轉身，但是接下來小米科技的一系列動作卻讓人疑惑不解，因為它不僅賣手機，還賣遙控汽車、遙控飛機、音響、電源，甚至賣手套，如今它又盯上了機上盒，這家公司到底要做什麼？

　　雷軍在接受記者採訪時曾經說過：「很多人看不懂小米，認為我們是一家手機公司，也有一些人看得一知半解，將我們定位成一家移動互聯網公司，在我看來這些都不是，我們是要把自己打造成一家品牌公司和文化公司。」如今小米已經成為手機行業內的知名

品牌，而小米的獨特文化也正在逐步樹立，但是這一切都不影響雷軍從程式師蛻變成行業領導者。

雷軍出生於湖北省仙桃市，幼年聰穎過人，喜歡詩詞歌賦和圍棋，對詞人李煜頗有研究。1987 年參加高考時，為了和自己的好友有更多的共同語言，雷軍毅然選擇了武漢大學電腦系，從此與電腦程式結下不解之緣。

對於性格相對內向的雷軍來說，電腦為他打開了一扇神奇的大門，在那個神奇的國度裡他像個國王一樣主宰著一切，每一個位元組、每一個比特都如同他的臣民一般，記錄了他的奇思妙想。那個時候雷軍對於程式的熱愛近乎達到癡狂的地步，他每天總是第一個到教室，最後一個離開，為了學到更多的程式知識，他甚至改掉了午睡的習慣。

皇天不負苦心人，雷軍在大一時編寫的 PASCAL 程式，在他上大二的時候便被武漢大學編進了大一的教材中。雷軍的聰明和勤奮也引起了老師的注意，一些老師還特意找雷軍幫助自己做一些研究，這給雷軍接觸電腦提供了極大的幫助，最多的時候他手中有三位老師機房的鑰匙，他可以隨時隨地用它們編寫程式。

電腦並不是一門理論性很強的課程，它更多強調的是實踐，雷軍有了大量的實踐經驗後，很多課程對他來說變得很容易，短短兩年時間雷軍就完成了大學四年的全部課程。由於成績出色，雷軍包辦了武漢大學的所有獎學金，比如「挑戰者」大學生科研成果三等獎、武漢大學三好生標兵、光華一等獎學金，以及兩次湖北大學生科研成果一等獎等榮譽。

　　豐富的知識不僅為雷軍在學校爭得無數榮譽，也讓他在武漢的電子一條街嶄露頭角。當時街上的一些老闆有解決不了的問題，就會到武漢大學請雷軍幫忙，時間久了雷軍和很多老闆成了熟人，也成了這條街上的知名人物。除了雷軍，在電子一條街還有一位程式設計高手——王全國。那時，雷軍和王全國常常窩在一起編寫程式，兩人也因此成了莫逆之交。

　　1990 年，在讀大三的雷軍和同學馮志宏一起編寫了商務軟體「免疫 90」，這款小軟體前後賣出幾十套，雷軍雖然只賺了區區幾百元，但是卻就此走上了程式師的道路。大四時，雷軍與王全國、李儒雄一起創辦三色公司，主要工作就是仿製中文卡，但是三色沒堅持多久就倒閉了。

　　1992 年，畢業一年的雷軍為了繼續自己的程式設計夢，毅然離開了待遇豐厚的科研所，加盟金山，成為北京金山研發部經理。這個時候寫程式便不再是愛好，而是成為雷軍生活的全部。

　　實際上寫程式是一件非常痛苦的事情，它不僅十分耗費腦力，同時對體力也是一個考驗，可是雷軍就是愛上了這樣的生活，並樂此不疲，有時候他甚至想就這樣一直寫下去，因為這才是他最擅長、最喜歡的事情，而管理工作卻並不能激發他多少熱情。

　　雷軍也曾經茫然過，真正的商業化軟體追求的不僅僅是軟體的完美性，更多時候它需要符合市場需求，這對程式師提出了更高的要求。因為沒有想法的產品得不到社會認同，同樣它也不會為社會創造財富。想明白這點後，雷軍開始逐漸從程式設計角色中走出，更多地參與到公司產品的設想和管理中。

雷軍是一個凡事都追求極致的人，做程式師如此，做管理也同樣如此。在負責金山軟體發展小組的工作時，他每天從 9 點開始投入工作，一直要待到晚上 11 點左右才會離開公司，而且他本人講話極具煽動性和說服力，所以雷軍在金山內部有著非常高的威望。一些接近雷軍的人不止一次公開評價他，說他只適合做老大，但是雷軍卻從來沒有想過掌權，他對求伯君一直以來都保持著極大的尊重。

金山公司成功地將雷軍塑造成一名優秀的管理者，可在金山最為輝煌的 2007 年，雷軍卻選擇離開。錮中緣由這裡拋開不提，但是從那個時候開始，雷軍真正地走上了當「老大」的道路。他先是投資了幾家公司，並在這些公司裡擔任要職，但那個時候的雷軍更像一位天使投資人 [1]，他對企業有著絕對的掌控力，卻很少管理企業的日常事務。

小米科技成立後，作為發起人的雷軍成為公司 CEO。直到這個時候雷軍才真正回歸到管理崗位，成為當之無愧的「老大」。「老大」雷軍決定只做一件事情，那就是把手機做到另類極致。所謂另類極致是因為賈伯斯把手機體驗做到極致，小米是把手機的硬體設定做到極致。小米 M1 剛剛發布的時候，幾乎所有硬體設定都大大領先於中國市場上的其他手機，小米用戶和粉絲將 M1 稱為手機神器。

小米上市後可謂是異軍突起，在很短的時間內便成為中國手機行業的新貴，傳統手機業巨頭華為和中興紛紛敗下陣來，小米的高配置開始引領行業潮流。與此同時，其他互聯網媒體也開始紛紛介入手機行業，但是卻沒有哪一家能像小米一樣迅速獲得大眾的認可。

---

1. 指具有財力的個人，對原創專案或新創公司進行投資，不在意報酬，主要幫助創業者度過草創期，是剛萌芽的新創公司重要資金來源。

　　至此，雷軍身上的程式師烙印已經逐漸褪去，他正在引領著中國的手機行業走向一個新的方向——移動互聯網。這時你已經很難說清他到底是手機行業的領袖，還是互聯網行業的大佬，但不管哪一個，雷軍都稱得上是一位偉大的行業領導者，因為只有領導者才會嘗試創新，在此之前，你見過哪家手機品牌賣過手套呢？

連環創業家

　　《假如生命明天終止，你還會創業嗎？》是雷軍為《創業家》雜誌 2011 年第 8 期撰寫的一篇文章，他在文章中寫道：「假如生命明天就會終止，你今天會做什麼？如果這個話題跟創業者講，大部分創業者（估計）都會選擇不做了。假如生命明天終止的話，你今天還會創業嗎？如果你能做出肯定回答的話，我相信你一定是一個真正熱愛自己事業、熱愛創業的人。從投資的角度來說，也許你就是我們苦苦找尋的千里馬。」

　　大學時，雷軍和武漢電子一條街的老闆們打成一片，時間長了便有了自己創業的想法。他把這個想法說出來後，得到了王全國、李儒雄等人的全力支持，沒多久一家名為三色的公司就正式成立了。取這樣一個名字是因為雷軍認為「我們的世界就是由紅黃藍三色演變過來的」。那個時候的雷軍志向高遠，他認為三色公司會在他們的呵護下成為下一個蘋果，而他自己說不定也能成為下一個賈伯斯。

　　理想很美好，現實很殘忍，公司真正運作起來後雷軍才發現創業遠沒有想像中那麼簡單。公司營業後的第一張單賺了四五千塊人民幣，這暫時維持了公司的運轉，但是此後公司卻陷入了財政危機。

　　為了儘快實現盈利，雷軍和他的夥伴們晚上做開發，白天跑市場，但始終沒有找到好的突破口。那個時候，中文卡生意正如日中天，於是他們決定仿製中文卡。但是讓人意想不到的是他們的產品還沒來得及問世，程式就被別人盜用了，三色公司生產出來的中文卡遠沒有對方的中文卡賣得好，在近半年多的時間裡三色並沒有給雷軍和他的夥伴們帶來任何收益，因此不得不宣告破產。但是這次創業經歷卻讓雷軍丟了雄心壯志，開始變得踏實下來。

　　加盟金山初期，WPS Office 在中國評價很好，可隨著微軟在中國市場上逐漸強大，金山公司開始陷入困境。雷軍和求伯君不得不開始二次創業，重新拯救金山於水火。那段時間，雷軍幾乎是以金山為家，每天工作時間長達十六、十七個小時，最後金山狹縫中求生，艱難地存活了下來，並在雷軍的領導下走上了一條商業化道路。

　　金山重回正軌後，雷軍的創業夢想並沒有中斷。1999 年前後，金山的工作任務並不繁重，雷軍趁機找到高春輝，一番商討後兩人決定做一個專業的下載網站。很快，卓越網開始試營運，最初僅有五名員工。

　　相對於金山來說，卓越可以說是雷軍的親兒子。卓越上市初期沒有任何收入，可是每月維持營運的費用卻達到 20 萬人民幣。即便這樣雷軍也沒有想過放棄，在雷軍的堅持下，卓越僅僅用了半年時間就在中國的 CNNIC 網站上排名第 33 位，成為知名的中文軟體下

載網站。但也就是在那個時候雷軍指出：「我是雷軍，不是雷鋒。卓越網站 100 兆的頻寬，每天的租金就是 2.1 萬人民幣，這樣的頻寬用做免費下載，一沒有效益，二沒有訪問率，卓越原來的作法有問題。」

2000 年，雷軍對卓越進行改組，將它轉型成為一家 B2C 電子商務網站，在「超越平凡生活」的口號中，卓越全面停止了原有的下載服務和資訊內容，開始主營圖書和影音產品。一年後，卓越便成為當時中國最大的兩家網路書店之一，也是到這時候卓越才終於實現收支平衡。

眼看著自己的親兒子茁壯成長，雷軍內心驕傲無比。可是國際巨頭們也開始對卓越垂涎三尺，2004 年亞馬遜公司開始與卓越就收購事宜談判。經過反覆協商後，亞馬遜以 7,500 萬美元的價格與卓越控股方達成收購協定，以雷軍為首的卓越高管悉數退出。

對於卓越的轉讓，雷軍內心深處是不認同的，因為沒有人願意把自己養大的兒子拱手轉讓給別人，但是他又不得不從大局出發。但賣掉卓越，也讓雷軍收穫頗多，經過冷靜的分析後，雷軍對創業有了獨特的認識，思路也更為清晰，為之後的創業奠定了基礎。

即使在金山內部，雷軍也沒有停下創業的步伐，這家由 WPS 文書處理軟體發展起來的軟體公司，先後出品了金山影霸、金山快譯、金山毒霸等一系列產品。可互聯網時代的來臨，讓雷軍看到了新的機會，金山開始涉足遊戲領域。

開展互聯網遊戲初期，雷軍要求金山每個高階主管手裡必須有一個 40 級以上的遊戲帳號，雷軍本人更是白天工作，晚上玩遊戲，

為的是增加遊戲的體驗度，於是《仙劍奇俠傳》成了金山最成功的作品之一。

俗話說：有得必有失，身為金山總裁，雷軍必須收斂起自己的個性，盡可能地使自己適應這個崗位的要求。在金山工作了十幾年，雷軍烙上了金山的烙印，金山也成了他的代名詞，他更多地在強調「金山怎麼想，而不是雷軍怎麼想」。雷軍迷失了。

2007 年，金山在香港交易所成功上市，就在所有金山人為之歡呼的時候，雷軍卻萌生退意。年近四十的雷軍一下子從企業高階主管成了失業人員，他希望能夠找回年輕時的創業衝動，希望褪去金山的印記做回自己，但是卻始終沒有找到合適的目標。

接下來的幾年時間，雷軍拿著自己的錢袋子開始扮演投資人角色，先後投資了幾家企業並獲得巨大成功。在與這些企業負責人接觸的過程中，雷軍重新找回創業激情，並總結出創業就是做別人沒做過的事、把別人做過但沒成功的事做成的結論。在不惑之年，雷軍決定再出發。

雷軍認為小米科技是自己做的最後一件事。成功了，自己多年的創業夢也就圓了，失敗了，從此以後也就不再有所奢望。為了做好這最後一件事，雷軍憑著自己對行業的準確判斷和三寸不爛之舌，先後邀請了六名聯合創業人和自己一起創辦小米公司。

短短幾年時間，小米科技便取得了傲人的成績，經過一系列的創業之後雷軍也終於找回了自己。現在雷軍不僅僅是金山的董事長，同時也是小米科技的 CEO，他常常對人們說：「我現在四十多了，

該有的都有了，我賺錢的欲望沒有比把一個東西做成功的欲望高，這是我人生中最後一件事，做完拉倒。」

創業是一條艱辛無比的不歸路，有人順利找到很溼的雪和很長的坡，將雪球越滾越大，甚至登陸納斯達克股票交易所[2]，從成功走向成功；也有人一路磕絆，幾度抗爭，卻難逃亡也忽焉的厄運，仰天長歎後退場；還有人永不言棄，堅定理想，最終東山再起。無論是從成功走向成功還是由失敗鋪墊出成功，有一條真理顛撲不破：企業越大，創業者越難。

雷軍正行進在這條越走越難的道路上。他有久經不息的創業熱情，並能將某件產品或服務做到極致；他善於捕捉最新商業趨勢，勇於顛覆傳統商業模式；他始終保持創業者的姿態，步履堅定，無怨無悔。

天使與配角

2007 年離開金山後，雷軍便從人們的視野中消失了，那段時間不光是媒體對雷軍鮮有報導，就是雷軍的朋友們也很少有人知道他在做什麼，風光無限的金山當家人早早地開始了退休生活，不過這種生活並沒有持續多久。

---

2. 納斯達克股票交易所是間美國的電子股票交易所，目前是全世界第二大證券交易所。

　　那年雷軍僅僅 38 歲，養老生活顯然不是他所渴望的，他一直在思考新的方向，謀求新的發展。就在他倍感迷茫之時，有人找上門來，這個人就是他的老朋友俞永福。

　　2006 年，還是聯想投資部副總裁的俞永福找到雷軍，問他有沒有興趣投資一個聯想並不看好的業務——UCweb。UCweb 是一款移動互聯網流覽器，俞永福對這款軟體的前景十分看好，可聯想卻沒有投資意願。倍感失望的俞永福找到好友雷軍，一吐心中的不快。

　　俞永福一向嚴謹、內斂，可那天向雷軍描述 UCweb 的未來時卻像換了一個人，他慷慨激昂地在雷軍面前勾畫著移動互聯網時代的宏偉藍圖。雷軍從來沒見俞永福如此激動過，他相信俞永福的眼光，沒等俞永福說完他就決定投資 UCweb，條件是俞永福必須離開聯想，親自到 UCweb 主持大局。

　　雷軍離開金山後，俞永福覺得這是一個讓雷軍入主 UCweb 的機會，一是因為雷軍的管理經驗非常豐富，對 UCweb 發展十分有益，二是雷軍在行業之中影響力很大，便於 UCweb 的業務開展，所以俞永福三顧茅廬請雷軍出山。

　　2008 年，雷軍擔任 UCweb 的董事長，但這個職位對他來說卻是象徵性的，因為他並沒有過多地參與到 UCweb 的管理和決策中。這個時候的雷軍已經將自己定位成一個天使投資人，而不再是管理者。之所以這樣，是因為 UCweb 的發展讓雷軍想到了當年身處困境的金山，當時如果不是柳傳志及時地給予幫助，金山公司恐怕早已破產了。雷軍希望自己也能夠幫助一些胸懷夢想，卻身陷財政困境的優質公司。這一點雷軍在 2008 年 10 月 24 日一篇名為《我的第一

篇部落格：天使投資只是我的業餘愛好》中做過解釋：「一是我喜歡，二是想報恩。」

　　UCweb並不是雷軍投資的第一個項目，早在卓越網站創辦初期，雷軍就開始了天使投資人的角色，卓越被併購後，雷軍並沒有停下自己的投資腳步。2004年，協力廠商支付平臺拉卡拉剛剛興起，雷軍與聯想一起給孫陶然投資了200萬美元，這筆資金成為拉卡拉的啟動資本。

　　因此，可以說拉卡拉是雷軍作為天使投資人，第一個真正投資的專案。為了幫助拉卡拉成長，雷軍在創業初期給孫陶然提了不少的建議，也幫助拉卡拉建立了一些模式。在孫陶然看來，沒有雷軍的參與，就不會有今天的拉卡拉。

　　邁出第一步後，雷軍投資的腳步便再也停不下來了。2005年，李學凌創辦多玩網，雷軍以個人名義投資100萬美元，這也是雷軍作為天使投資人投資最多的一個項目。有了雷軍的鼎力支持，李學凌在多玩網的創辦過程中才得以大展身手。2008年，隨著語音通訊軟體YY用戶端的推出，多玩網註冊使用者直線上升到4億人，其中活躍用戶達7,040萬，占據84％的市場份額。

　　2012年11月21日，美國感恩節前一天，YY成功登陸納斯達克，以10.5美元的發行價融資8,190萬美元，首日收盤上漲7.71％，市值達到6億美元。作為多玩網投資人，雷軍應邀參加了納斯達克的開市敲鐘儀式。雷軍當初投入多玩的100萬美元，已經獲得了113倍的回報，達到1.33億美元。當納斯達克廣告螢幕上打出自己與李學凌的照片時，雷軍高高舉起自己的小米2手機，記下了這頗有紀念意義的一刻。

　　投資多玩網的那一年，雷軍曾經的合夥人陳年因為與亞馬遜高層意見衝突，離開卓越網，開始了自己的創業路。在卓越網建立起的良好關係，讓雷軍對陳年的能力深信不疑，所以在陳年創立「我有網」時，雷軍給予了一定的投資。然而好景不長，「我有網」沒有堅持多久就宣布破產。

　　2007 年，陳年創建電子商務網站凡客誠品，雷軍又一次找到了陳年，表達自己的投資意願。這時距離我有網破產沒過多久，雷軍又將錢投給陳年，這讓很多人感到不解，但雷軍給出的答案卻十分簡單：「因為他是陳年，其實不關心他做的是凡客誠品還是什麼。」雷軍對陳年的信任由此可見一斑。對於雷軍的信任，陳年心存感激，有一種說法是，凡客誠品的 Logo「VANCL」最後的 C 和 L 分別代表了陳年和雷軍。

　　凡客後來的表現不負眾望，現在估值已高達 32 億美元，在雷軍投資的若干家公司裡，凡客是目前估值最高的企業，它也為雷軍帶來了豐厚的回報。

　　作為天使投資人，雷軍的光輝戰績遠不止上面這些，他還是好大夫、大街網、耶客、樂淘等網站的投資人。經過幾年的發展，雷軍當年投資的網站現在正一個個步入正軌，可以說收穫期即將到來。面對如此巨大的成就，雷軍卻只總結出一點經驗，那就是作為天使投資人要學會做配角。

　　做配角說到底就是一句話──多幫忙少添亂。一些投資人投資一間公司，很容易把自己當成主角，什麼都想管，什麼都要過問，結果導致企業發展走上歧途。雷軍則不然，他只會在公司最困難的

時候施以援手，至於公司的日常經營和決策，雷軍很少過問，公司如果取得一點成就，他就會比別人更開心。

雷軍常對別人說：「我創業早一些，犯的錯誤多一些，有很多失敗的教訓，我會告訴創業者，哪條路走不通，讓他們少犯一點錯誤。」「他的這種做法讓很多人受益匪淺。」尚品網 CEO 趙世誠對此頗有感觸。

當年尚品網的商業模式陷入困境時，雷軍給趙世誠發過一封郵件，一再激勵他克服難關。這封郵件讓趙世誠感觸很深。除此之外，雷軍還積極地傳授給趙世誠一些管理和引進人才方面的經驗，這些經驗對尚品網的轉型起到了至關重要的作用。

作為行業內的大佬，雷軍的人脈非常廣。為了擴展李學凌和趙世誠等人的人脈，雷軍還邀請他們加入亞傑商會。人脈資源的擴充對於企業來說又是一種寶貴財富，能對企業的發展起到巨大的推動作用，這是雷軍的另一種投資。

雖然成就卓然，但是雷軍卻不喜歡張揚，在接受《創業邦》雜誌的採訪時雷軍反復強調一件事：「你們在文章中一定要強調，千萬不要小看天使投資人的作用，也不要放大，我們不是上帝，創業者才是主角，我們只是配角。」

以超越致敬

「賈伯斯有一天也會死，所以我們還有機會。我們生存的意義就是等待著他死掉。當然，一方面，我們衷心希望他萬壽無疆，另一方面，我們不希望他太強的光芒使這個世界黯然失色，我們希望這是個五彩斑斕的世界。然而，這個世界沒有神，因為新一代的神正在塑造。」

2011 年 8 月，在和《創業家》雜誌的記者聊天時，雷軍說了以上的話。當時雷軍並沒有意識到，這樣一句無心之言會給自己惹來麻煩。8 月 30 日，這段話在微博上被瘋狂轉發，雷軍的老冤家周鴻禕率先跳出來指責：「我被雷到忍無可忍，這是真實的雷軍？賈伯斯的偉大和你有矛盾衝突嗎？」

周鴻禕的評論使得這件事迅速發酵，諸多業內大佬紛紛對雷軍的言辭加以批評。為了儘快平息事態，雷軍當天下午發表微博道歉：「《創業家》雜誌發了一篇我談賈伯斯的文章，是兩周前和記者一次閒聊，引起了一些對賈伯斯健康狀態的誤會，特此致歉！」那時賈伯斯尚在人間。

對於大眾偶像，雷軍並沒有詆毀之意，從某種程度上來說，雷軍的話甚至可以說是恰如其分的。賈伯斯時代的蘋果儼然是手機行業裡一座不可逾越的大山，任何試圖超越的人最後都會在山腳下陣亡，然而這樣的高山不可能永遠存在。

2011 年 10 月 5 日，這座高山轟然坍塌，人們陷入了猝不及防的悲傷之中。雷軍在第一時間通過微博表達哀痛：「這一刻來得太突

然，一下子昏了，沒有語言表達悲痛心情……賈伯斯走了，手機行業卻不會停滯不前，它必然會進入到一個全新的階段，沒有了大山的阻擋，人們才能迸發出最強的靈感。」

從進入手機行業開始，雷軍就不斷被與賈伯斯聯繫在一起，並且陷入了模仿賈伯斯的漩渦之中，再也沒有走出來。小米手機發布會上，著黑色 T 恤、牛仔褲的雷軍被認為是模仿賈伯斯的著裝風格，小米手機的螢幕被認為是抄襲賈伯斯理念，連舉手投足都被稱為賈伯斯風格，新聞發布會上，更是有熱心的米粉喊他是「雷布斯」。然而雷軍只是雷軍。

從進入金山那一天開始，雷軍就從來沒有想過成為下一個誰，求伯君曾經是他的領頭人，但是他卻沒有成為第二個求伯君，鮮明的個性讓他在金山烙上了自己的烙印，而不是成為完全的追隨者。

小米手機問世後，很多人說雷軍在模仿賈伯斯，小米在模仿蘋果，事實上他們之間卻有著明顯的區別。賈伯斯將蘋果的應用做到極致，雷軍則著力於引領手機硬體潮流，將手機變成愛好者們的鍾愛。這一次雷軍希望自己能夠從某一個方面形成突破，超越曾經樹立在所有手機人前面的那座高山，然後向他致敬。

成為某一個行業的領袖是雷軍由來已久的念頭。但現實情況是，金山從來沒能夠成為 IT 行業的領袖，也沒能夠在互聯網上超越騰訊等巨頭。作為一家中國本土軟體企業，金山幫助中國贏得了辦公系統上的一席之地，在對抗微軟的過程中立下汗馬功勞，但是最終它卻沒能夠成為真正意義上的 NO.1。

卓越是雷軍的心血之作，他一度希望靠卓越打一場漂亮的翻身仗，結果卓越剛剛成長起來便被亞馬遜收購了。離開金山後雷軍頻頻投資，雖然賺了不少錢，但是那並不是他希望過的生活，因為這些都無法幫他完成自己的夢，他需要一個重量級的企業來承載自己的夢想。小米科技就是在這樣的背景下誕生的。

再次創業的雷軍，已經不再是當初那個毛頭小夥子，金山的起起伏伏讓他領悟到了很多。對雷軍而言，小米從來都不是為了超越賈伯斯，它的第一個使命是讓雷軍超越雷軍自己。只有超越舊的雷軍，他才能夠繼往開來。雷軍曾經說過：「這次操盤小米公司，我有一個觀念，我們一定要開開心心的，順勢而為，我不想把小米公司經營成類似金山那種苦難深重的公司，那已經是過去了。」輕裝上陣而志在必得，是雷軍的真實想法。

在小米手機正式問世之前，雷軍和他的團隊有很長一段時間忙著開發一款基於安卓系統的開放平臺——米柚。在各種手機作業系統橫行天下時，雷軍希望能夠憑藉米柚搶占移動互聯網的制高點。

系統開發是一個漫長的過程，可是搶占市場卻是刻不容緩，雷軍很快推出了一款社交軟體——米聊。米聊推出後，迅速躥紅，大有動搖騰訊霸權地位的跡象。可惜的是高度警覺的馬化騰在意識到危機之後，迅速推出了同類產品——微信。借助 QQ 無可比擬的平臺優勢，微信很快便一舉超越米聊。

當人們在為雷軍和米聊惋惜的時候，雷軍卻一點都不難過，米柚為他們累積了 50 萬以上的系統使用者，米聊更是為他們迎來了1,000 萬的米粉。他們的手機還沒有問世，就有如此眾多的受眾在等待，還有什麼比這更幸福的？

2011 年 9 月，小米 M1 正式亮相，上市初期便引發了米粉的瘋狂搶購，開放預訂半天內便售出 30 多萬台，上百萬用戶在小米規定的銷售時間湧入小米官方網站，為的只是第一時間拿到小米手機。這種熱潮在幾個月之後依然沒有退散的跡象。2012 年 3 月 17 日，小米第五輪開放購買時，消費者仍然在很短的時間裡將十萬台手機搶購一空。8 月 16 日，在小米二代發布會上，雷軍公布說，小米一代單機銷售量達到了 352 萬台。這個數字與蘋果相比微不足道，但是請不要忘記，它僅僅是小米的第一款手機。

必須承認的是，雷軍在小米手機的發布頻率上確實是在追隨賈伯斯「少即是多」的理念。蘋果每年發布一款手機，可是前三款手機就為他們帶來超過千億的市值。在中國手機行業主打機海戰術的時候，雷軍選擇了賈伯斯的方向。

小米二代上市後，繼續上演著銷售神話，10 月 30 日、11 月 19 日，兩次開放購買時，小米官方網站再次擠進上百萬的米粉。短短五分鐘內，小米官網就打上了銷售告罄的告示。一機難求成為米粉們心中的痛。

小米的空前成功，讓雷軍看到了一個不一樣的未來，它早晚會幫助雷軍完成大公司的夢想。可是雷軍的夢想並不止於此，他希望自己能夠趕上前面那座倒下的大山。賈伯斯離開人世一年有餘，在手機行業群雄爭霸的年代，雷軍渴望著用超越向前輩、偶像致敬。

1987 年，在大學宿舍裡看完《矽谷之火》後，賈伯斯就註定會影響雷軍一生。

CHAPTER 2

追夢少年的熱情歲月

當年，雷軍並不清楚「世界一流」四個字所包含的困苦和辛酸，以及將面臨的委屈和磨難。不過，可以斷定的是，在那求知若渴的歲月裡，雷軍的心裡已點燃矽谷的火種，那是一種力量，一種信念，一種改變命運的勇氣和毅力。

或許隨著時光流逝，雷軍終將淡忘過去許多激情飛揚的榮耀時刻，但他絕對不會忘記在廣埗屯「蹭」電腦的忙碌與滿足，不會忘記挫折與希望並存的三色公司。20年後，整個中國都知道雷軍這個名字，他甚至變成一種象徵，鼓勵著許多立志創業的後輩，讓他們始終滿懷這樣一種希望——如果我足夠努力，也可以像雷軍那樣成功。

根正苗紅

　　每年 12 月 16 日，雷軍都會召集故友、老同事一起喝酒，而且全部由他買單，這天是他的生日。巧合的是，音樂大師貝多芬也是同一天生日，以雷軍的商業資歷和江湖地位，尤其是伴隨小米的迅速崛起而累積的巨大聲譽。應該擔得起中國 IT 界甚至投資界「貝多芬」的名號，正是在 40 歲生日那晚的酒桌上，把酒言歡過後，本已退隱江湖的雷軍當著老朋友的面，目光堅毅地宣告重出江湖，這是 2009 年的故事。

　　而在 40 年前，中國還處在上山下鄉的運動中，成千上萬稚嫩青澀的年輕人，滿懷激情高喊「緊跟統帥毛主席，廣闊天地煉忠心」的口號從城市奔赴農村，創業、商業、經濟這類充滿資本主義色彩的詞彙已成禁語，後來被稱為中國企業界常青樹的魯冠球、何享健、吳仁寶等人那時剛偷偷摸摸走上創業之路。1969 年，美國國防部高級研究計畫管理局開始建立 ARPAnet 網路，這是一個連接四臺主機的局域網，而互聯網的爆發還要等到 20 年後，1989 年蒂姆‧伯納斯‧李（Tim Berners Lee）發明了改變互聯網世界的萬維網。

　　就是在那個蒼白喧嘩的年代，1969 年 12 月 16 日，雷軍出生於湖北省沔陽縣河鎮趙灣村，沔陽屬於古時雲夢大澤之地，位於江漢平原中部，雨量豐沛，農商發達，在湖北省縣級市中經濟實力名列前茅。自新石器時代這裡就有先民披荊斬棘，開荒種地，距今已有 1,400 多年歷史。周朝以前此地屬荊州域，春秋戰國時屬楚國，因而互聯網行業有人稱呼雷軍為楚國狂人。1986 年，沔陽縣撤縣設市更

名為仙桃市，近幾十年仙桃名揚中國卻源於體操，每逢奧運年這裡都熱鬧喧天，李小雙、李大雙、楊威、鄭李輝等體操冠軍皆出於此，有「中國體操之鄉」的美譽。

雷軍的故鄉趙灣村位於江漢平原中部排湖北岸，這裡雖是窮鄉僻壤，卻風光秀麗，民風淳樸，他在這裡度過九年的童年時光。雷軍從小就思維活躍，喜歡突發奇想做一些創造發明。他看到母親每天晚上忙到很晚才生火做飯，就嘗試自己製造一臺電燈給她照明，他買來兩節乾電池和一盞燈泡，自己釘成一個小木匣子，再接上電線，一臺可以四處移動的照明燈就做好了，這是湖區第一盞電燈。他每晚都提著自製電燈，跟隨母親的腳步圍著灶臺轉，內心的成就感自不必說，鄉親們都誇他聰明伶俐，將來能當發明家。

九歲那年，雷軍全家遷往縣城居住，他本人插班進入建設街小學讀書，直到五年級畢業各科都名列前茅，學校給他戴上了三好學生的大紅花，他母親一直將他佩戴大紅花的照片珍藏至今，記錄他勤奮好學的過往點滴。

1984 年，雷軍從沔陽師範附屬學校初中畢業，考入當地最好的沔陽中學（現仙桃中學），這所學校每年為中國高校輸送上千名優秀人才。雷軍在中學時非常喜歡下圍棋，曾獲得學校圍棋冠軍。他也喜歡文學，經常閱讀《小說月報》，對古詩詞尤為鍾愛，唐後主李煜是他最喜歡的詞人。不過他並未玩物喪志，學習成績總是排在前幾位，是老師和同學公認的好學生。

提起母校，雷軍依然充滿自豪，他說：「我們仙桃中學還挺厲害的。六個班考了 17 個清華、北大，我高二的同學上了北大，高三

的同學上了清華。」1987 年 7 月，雷軍和那些天才同學一起步入高考考場，成績超過中國重點大學錄取分線數 10 分，他卻拿著上清華、北大的門票步入武漢大學，開始了四年的大學歲月。

儘管勤奮好學、品學兼優，但是在雷軍內心深處，對這段純真爛漫、聽話踏實的成長經歷仍然充滿遺憾，他後來回憶說：「我從小就是好孩子、好學生，根正苗紅，生在紅旗下，長在紅旗下。我如此篤信並踐行著所接受的東西。你想想，一個想法單純、積極向上、非常熱情的年輕人，信仰卻一點一點被現實無情擊碎。他在社會上打拼了一二十年以後，遍體鱗傷，為什麼？他發現他所接受的那套教育是行不通的，你知道這多可怕嗎？多可悲嗎？」

每個人都無法選擇出生的家庭、地域和時代，一切都是命中註定的安排。富貴或貧賤，精彩或平淡，既受時代潮流和國家興衰的大背景影響，也在於個人成長環境和自身性格的造就。換句話說，個人經歷如果背離了他所處的國家和時代，講述起來將會蒼白無力，黯淡無光。雷軍也不例外，他一直活在那代人的宿命之中。

不過，人生固然無法選擇如何生，卻能決定怎樣活，這也正是生活富於魅力之處。從小學到大學，從學生到員工，從職業經理人到創業者……雷軍一直勤懇踏實，循規蹈矩，從未懷疑過自幼形成的價值觀和認知體系，後來伴隨年齡增長、活動區域拓展卻不斷自我否定。第一次去香港，他發現凌晨三點的街頭安靜祥和，並不像電影中所描繪的槍林彈雨，黑道橫行。第一次到美國，他每晚特意留心觀察，發現外國的月亮真的比中國圓。雷軍說：「你叫我說什麼好呢？我們整整一代人，都挺可悲的。」

這種悲涼的心境經常讓雷軍充滿挫敗感，尤其是在擔任金山總經理那段煎熬、苦悶的日子裡，他曾深深地反思說：「其實在金山後期我就覺得不對了，當你堅信自己很強大的時候，可以像坦克車一樣，逢山開路，過河架橋，披荊斬棘。但是當你殺下來以後，遍體鱗傷，累得要死，你在想，別人成功怎麼就那麼容易？」反思過後，雷軍深刻體會順勢而為的道理，這才有了後來那句名言：「只要站在風口上，豬也能飛起來。」

不過這都是多年以後的痛苦領悟。大學時期的雷軍依然陽光燦爛，甚至有些近乎癡迷的狂熱，在櫻花盛開的校園裡，他偶遇賈伯斯，夢想在書頁翻動間已插上騰飛的翅膀。

沒有虛度光陰

武漢大學坐落於珞珈山下，東湖岸邊，春有櫻花滿園，夏看湖光山色，環境優美。在大學的第一堂課上，一位留學多年的老教授教導說：「上大學的目的，是為了學會如何去學習。上研究所的目的，就是學會如何去工作。如果明白了這兩條，就永遠不會存在無法發揮專業的問題。很多 DOS 方面厲害的程式師為什麼沒有轉到 Windows 平臺上？除了慣性思維，還可能是在學習的突破性方向上存在沒有解決的問題。」

那年 9 月，未滿 18 歲的雷軍正躊躇滿志、如饑似渴地吸收著一切知識。為了能坐到最好的位置，每天 7 點，晨光初露，雷軍就已

經到教室占座位了。週末他喜歡去看電影，但經常要自習到九、十點後去看第二場。從小到大，雷軍的成績始終名列前茅，可他在走進大學校園的第一個晚上就開始去自習。

這一年，一本書讓雷軍找到夢想，他回憶說：「王川給我一本書。兩塊人民幣一本，《矽谷之火》。從此，賈伯斯給了我一個與眾不同的夢想。我要追求的東西就是一個世界級的夢想。」《矽谷之火》講述的是言論自由運動時期，賈伯斯、比爾·蓋茲等人在矽谷發起了一場技術革命，由此帶來了整個電腦技術的變革。那些跌宕起伏的歷史歲月，激動人心的創業故事，就像一粒粒火種，徹底點燃了雷軍的夢想，他希望自己有朝一日也能像「喬幫主[4]」那樣創辦一家世界一流的企業。無獨有偶，新浪網和點擊科技的創始人王志東，於 1986 年在北大學習時也被這本書徹底震撼，他說：「從蘋果公司的成功故事裡，我第一次知道了風險投資，這為我後來的職業生涯帶來了很大影響。」

雷軍原本很喜歡睡午覺，睡午覺也是一個人體自我修復的過程，但是當他看到其他同學不睡午覺而是堅持看書的時候，他就會感到心慌，怎麼也睡不著，不敢睡了。他擔心其他同學在他午睡時學的更多，怕自己被他們遠遠地拋在後面。為此，他不僅戒了午睡的習慣，還嚴格執行以半小時為單位的學習計畫。他坦言：「我特別害怕落後，怕一旦落後，我就追不上，我不是一個善於在逆境中生存的人。我會把一個事情想得非常透徹，目的是不讓自己陷入逆境。我是首先讓自己立於不敗之地，然後再出發的人。」

---

4. 指喬峰，是金庸的武俠小說《天龍八部》裡的三位主角之一，為金庸小說中武功最絕頂的高手之一。

好學是那個年代天之驕子的共同特徵。1977 年中國恢復高考之後，年輕人紛紛擠入史無前例的考試大軍，試圖徹底改變命運。在這樣的大背景下，資源相對匱乏，競爭相對激烈，大多數年輕人都下狠命地學習，要想從中脫穎而出非常困難。與雷軍同年考入武漢大學的陳一舟，即現在的人人網董事長，當時甚至天天蹲在圖書館看書，將喜歡的書全都翻遍，度過肆業生涯最開心的一段光陰。

勤奮、刻苦，是那一代年輕人特有的氣質。上學的時候，雷軍不是一個特別會利用關係的人，同學關係說不上差，也好不到哪裡去。能在另外一個世界裡快樂馳騁，對於他來說是一件幸福且充實的事情。特別是大一下學期開始學專業課之後，雷軍有了上機的機會，更是一頭栽了進去。

雷軍是一個自制力很強的人，從來不把夢想停留在虛無縹緲的想像中。為了能像「喬幫主」那樣成為與眾不同的人，他開始更加刻苦地學習。而聰明肯做的學生哪個老師都喜歡，不少老師都將雷軍當成得意門生，喜歡讓雷軍幫著做研究，把自己機房的鑰匙給雷軍，他最多同時擁有三個老師的機房鑰匙。

在那個年代，電腦還不像現在這麼普及，武漢大學電腦系機房的 PC 機還不到 15 臺，上機特別緊張，搶不到上機票的話機房管理員是絕對不讓人進去的。能夠在老師實驗室名正言順地泡在機房，能夠有機會安安心心地寫程式，這對於雷軍來說向來都是樂此不疲的好事情。

大一學年結束，雷軍的成績是全年級第一。但他很快就發現大學裡比的不是考試成績，而電腦也不是一門理論性很強的學科，如

果沒有實踐，高分都是浮雲，一切的一切只是高分低能、紙上談兵。所以，從大二開始，他就經常上武漢的電子一條街去學技術了。

他經常背著個大包包，在街上幫人裝軟體、修機器、編寫程式。由於勤學好動，慢慢地，雷軍的技術也越來越嫻熟，街上的很多老闆都認識他，喜歡請他幫忙，也經常請他吃飯，雷軍在街上混得很不錯。

在這過程中，讓雷軍最為困擾的就是背包太大、太重。因為那時最好的電腦是 286，只有 1M 的記憶體，雷軍每次出去都需自備至少 20 張磁片。由於那時還沒有程式設計介面資料，沒有電子圖書，而紙質書的品質不好、內容不全不說，還經常出現多處錯誤，所以雷軍被迫同時帶著三本大書互為參考。

整天背著那麼多東西跑來跑去，雷軍越來越煩，最後終於下定決心要寫一本沒有錯誤、內容全面的程式設計資料書，讓所有程式師只帶一本書就可以出門工作了。這本書就是 1992 年他和朋友合著的《深入 DOS 程式設計》，隨後成為風靡一時的「紅寶書」。

武漢大學相對進步，是中國最早實施學分制的學校，學分制源自於哈佛大學，學生只要修完一定學分就可以畢業。雷軍僅用兩年的時間就修完了大學四年的課程，雖是速成，但雷軍的水準卻遠遠超出讀了四年的同學。20 年來，他是系裡僅有拿過《組合語言程式設計》課程滿分成績的兩個學生之一。早在大二時，他就已經是小有名氣的反病毒專家，湖北省公安廳還專門請他講過課。

射手座的雷軍富有想像力，他從小就喜愛詩歌，對寫程式也特別有感覺，總是有意無意地像寫詩一樣寫程式，所以程式寫得很好。

雷軍大一寫的 PASCAL 程式，等他上大二的時候，就已經被編進大一教材裡了。

靠著稿費和獎學金，雷軍從大二開始就經濟獨立了。數年後，回憶起這段年少時光，雷軍沒有掩飾自己的驕傲。「不是誇大，獎學金都被我拿遍了。」雷軍對大學生活的評價是沒有虛度光陰。

廣埠屯蹭電腦

1986 年，互聯網浪潮從北京奔流到武漢，「學海澱經驗，建武漢矽谷」、「北有中關村，南有廣埠屯」等口號開始火熱起來。廣埠屯 IT 數位一條街逐漸興盛，就在武漢大學旁，從珞瑜路到廣八路交匯的大片區域，突然間冒出大大小小上千家 IT 公司和電腦配件商。

大三時，雷軍已經不滿足於校園生活，迫不及待想要到他渴望的廣闊天地裡自由馳騁。由於大學還沒畢業，不急於就業，所以賺錢是其次，感興趣、能學到東西是他最為看重的。尤其是當時電腦還沒有現在這麼普及，大學裡設備簡陋，電腦數量嚴重不足，儘管有老師們的特殊照顧，可一星期下來也只能在電腦上賴兩個多小時。多次從機房被趕出來後，雷軍就去武漢電子一條街上蹭，那裡有各式各樣的樣機和展示機。

為了能更好地蹭到電腦，雷軍打起了幫忙和兼職的旗號。在接下來的兩年裡，在跌跌撞撞的探索中，他的涉獵相當廣泛。寫過加密軟體、防毒軟體、財務軟體、CAD 軟體、中文系統以及各種實用

小工具，做過電路板設計、焊過電路板，甚至還做過一段時間的駭客，解密各種各樣的軟體。

凡是感興趣的、有意思的，雷軍都玩了一遍，跟武漢電子一條街上大大小小數百家電腦公司的老闆都混熟了，也成了電子一條街的名人。同行們有任何技術難題，都願意找他幫忙。

1989 年那個草長鶯飛的春天，正在電子街獨自遊蕩的雷軍認識了王全國。這是雷軍人生中具有里程碑意義的事情。王全國比雷軍年長四歲，是武漢電子街上的技術權威，後來的金山副總裁。當時畢業留校，在校辦一家電腦銷售公司的工作。

那時互聯網還沒有普及，沒有軟體正規流通體系，電子高手們只能聚在一起交流各自手中的軟體。其中數王全國手裡的軟體最多，他這兒簡直就是各種軟體的集散地。雷軍經常跟他交換軟體，隨著溝通的次數逐漸增多，兩人之間默契漸增。

當年 7 月，他倆就開始合作寫軟體了。雷軍特別積極，寫起軟體來往往直奔主題，速度很快。而王全國習慣先仔細研究一下，看看有沒有訣竅，然後再動手，速度有些慢，但可以避免出錯。兩個風格迥異的年輕人，剛好可以截長補短，互補優勢。

他倆認識的時候，王全國正在做一個加密軟體的介面，而雷軍此前正好寫過一個加密軟體的內核。兩人一拍即合，很快一起動手合作開發加密軟體——BITLOK0.99。這個軟體主要用來保護軟體的智慧財產權，防止盜版。那時候的盜版非常厲害，軟體想要賣錢，就必須有防止被拷貝的技術，要透過磁片加密。

　　僅用兩周時間，這款加密軟體就完成了。恰好當時《神秘的黃玫瑰》正在中國熱映，講述一個叫黃玫瑰的強盜與腐敗政客進行生死鬥爭。黃玫瑰很酷，且槍法很準，他們都很喜歡，就以「黃玫瑰小組」來命名這款軟體。「黃玫瑰小組」很快就跟《神秘的黃玫瑰》一樣流行起來。不過，樹大招風，BITLOK 加密程式很快就招來解密高手。他們專門針對這個加密程式進行解密，雙方開始了一場沒有硝煙的戰爭。

　　到最後，雷軍的加密程式做過 20 多種演算法。這不僅是一個產品的功能升級，而且成為程式師之間技術與膽識的較量。這場較量僅發生在小圈子內，並不為大眾所熟知，卻見證了軟體技術的另一種魅力，激發了雷軍更多的野心和快樂。

　　無心插柳柳成蔭，也許雷軍和王全國都沒想到，BITLOK 後來賣得非常不錯，用友、金山等知名軟體公司紛紛購買，他們居然賺了上百萬。這是雷軍賺的第一桶金。看似偶然，偶然中卻是必然：技術到家了，成功也就自然而然水到渠成了。

　　20 世紀 90 年代，電腦病毒開始流行。美國電腦科學家 Fred Cohen 於 1983 年首次提出「電腦病毒」一詞。它是一種惡意的電腦程式，以隱蔽的方式侵入電腦，並伺機對電腦中的資訊進行破壞、盜取、修改、刪除等惡意操作。由於與生物病毒有很多相似性，故稱其為病毒。第一個可傳播病毒發現於 1986 年的 1 月份，這種被稱作 Brain 的病毒讓 20 世紀 90 年代的大批駭客獲得靈感，並因此衍生出一系列新型病毒。

　　實際上，1988 年前後，隨著軟體交流的頻繁，電腦病毒隨磁碟片悄然進入中國。1990 年，雷軍和同學馮志宏開始合作，開發防毒軟體免疫 90。馮志宏與雷軍同一屆，後來被稱為「中國工具軟體發展之父」，跟雷軍一樣，也是很早就在電子一條街上混的高手。

　　那時的條件並不好，他們利用寒假的時間在外面的公司找了一台機器上機。武漢的冬天特別冷，雷軍和馮志宏都凍得腳底生瘡，但是這並不影響兩個年輕人的熱情。很多年後雷軍還很懷念馮志宏煮的波紋麵，大讚馮志宏煮的波紋麵很好吃。

　　儘管條件艱苦，在開發中也出現不小心把病毒擴散出去、因偵測工具出錯把硬碟清了個一乾二淨等烏龍事件，但是正因為當時處於反病毒的初級階段，一窮二白，沒有同類軟體可以作為參考，他們才沒有受到路徑依賴的束縛，可以自由發揮。他們做的病毒免疫程式非常全面，很像黑貓警長，遇事冷靜，能夠查解當時發現的所有病毒。更難得的是，這款軟體還做到了樣本庫升級，能夠在英文環境下英文顯示，在中文環境下中文顯示。

　　令人欣慰的是，武漢大學的輔導員劉紹鋼老師，注意到了這兩個在校外編寫軟體的學生，在他的推薦下，免疫 90 獲得了湖北省大學生科技成果一等獎。

　　不過，正當他們做出樣本準備在市場上推廣的時候，華星防病毒卡上市了。當時的雷軍和馮志宏都還只是學生，想法比較幼稚，他們認為不是第一個做出來的就沒有市場，因此便放棄了。而這套軟體僅在武漢賣出了幾十套。時隔很多年後，當雷軍學會把握機遇

的時候，他才知道別人做出來了並不意味著自己不能做了。錯過這次機會，雷軍每每回憶往事的時候難免都有點遺憾。

之後，雷軍和馮志宏還合作開發了 RI 記憶體清理軟體。當時的電腦記憶體很小，運行程式一多系統速度就慢，有的程式甚至因為記憶體被其他資源占用而無法運行。RI 能夠將常設記憶體、擴充記憶體等自動釋放，很快解決調試當機等問題。

為了給人方便，雷軍將這款工具軟體完全免費，並開放了原始程式碼。很快，RI 就流行開來，成為那一代程式師人手一份的必備工具。

我熱愛程式設計這個工作

「做得比驢累，吃得比豬差，起得比雞早，睡得比狗晚，看上去比誰都好，五年後比誰都老。」很多程式師都曾這樣感慨和抱怨過自己的生活狀態。但是雷軍卻非常懷念寫程式的日子。「從 1987 年到 1996 年，那是一段陽光燦爛的日子。」他說。

的確，雷軍年輕時的那個時代，是中國程式師最快意恩仇的江湖時代。那個時代的程式師，身上充滿著個人英雄主義的浪漫情懷。那時 IT 業最耀眼的明星不是柳傳志和馬雲，而是王志東、求伯君、嚴援朝和朱崇君。這些早一代的程式師創造的成績激勵了很多程式師進入軟體業發展。

　　雷軍並非天生喜歡寫程式，上大學前也沒想過要過程式師的生活。可進入電腦系之後，學的東西逐漸多了起來，受那個時代的氛圍影響，他發現自己特別喜歡寫程式。那是一個遼闊、奇妙的世界，程式師可以掌控細微到每一個位元組、每一個比特位的東西，它們都是建造幻城必不可少的材料。精雕，細琢，搭起一座座宮殿，成為幻城裡的王。那喜悅，那成就感，是局外人沒法體會的。

　　「做程式設計的原因是喜歡，不是為了別的。從摸上電腦的那一刻，我就知道，這才是我的世界。我一心一意地想做個程式師，儘管知道會很累。」雷軍這句話道出了千萬程式師的心聲，他說：「我熱愛程式設計這個工作，可以肯定我會做一輩子。」他認為，只有真正喜歡才能寫好程式。喜歡寫程式，做程式師就是上天堂。大學剛接觸電腦，他就對這個領域產生了強烈的好奇，開始了無盡的探索。他不僅拿下所有科目的最高分，還選修了不少高年級的課程。在他年少輕狂的世界裡，滿是電腦程式的符號在空中飄舞。

　　程式師是一種特殊的物種，好的程式師尤其是這樣——很多人都試圖把程式設計歸入一種複雜的技術學科，但實際上程式設計更傾向於是一種藝術。它實際上更接近數學、音樂或電視劇《Firefly》[4]裡的魔法。

　　好的程式師有一種特殊的直覺，一種天賦，這種天賦很難描述，更不容易得到。大一下學期，從上第一門電腦專業課開始，雷軍就迷上了電腦，而且熱度遠遠超出他以前著迷過的集郵、圍棋等。自那以後，雷軍似乎沒了其他愛好，電腦成了他當時生活中的唯一。

---

5. 美國科幻電視劇——螢火蟲。

他不再跟室友們在宿舍漫無邊際地聊天，也不再到處東逛西看，為了學電腦甚至經常蹺課。

當時用的是 Motorola 68000（相當於 Intel 8088）、540K 的記憶體，運行的是 UNIX 作業系統，八個人一起用。到了大二學 PC 的時候，雷軍就開始趴在電腦前寫現在很多人用的 RI（RAMinit，清理記憶體的小工具），由此成為中國最早一批寫共用軟體的人。

雷軍不僅熱愛程式設計，還是一個完美主義者，他像寫詩一樣寫代碼，如行雲流水，洋洋灑灑。雷軍將程式當成藝術品，極其認真，每一行都認認真真、乾乾淨淨。他習慣先買幾本比較經典的程式設計書作為模本，然後把書裡的所有常規程式重新寫一遍，一個個比較和書上範例的差距，一步一步改善自己的程式設計基礎、風格和技巧。寫多了，有時甚至可以比書上寫得更好。

程式師像木工一樣，熟能生巧。雷軍認為，程式師必須要寫足夠代碼量的程式，才會有感覺，這是一個苦力活，沒有任何捷徑可走。雷軍曾公開說：「我的一個學長是美國卡內基梅隆大學的博士，他說每個博士生必須寫十萬行代碼才能畢業。卡內基梅隆大學電腦系在全世界都非常有名，那裡的博士進任何一個大企業基本不用面試。而中國培養的大部分研究生、博士生，動手能力都偏弱。沒有寫過足夠代碼量，想成為高手是不可能的，只能紙上談兵！」

寫程式特別消耗腦力，也特別累。可也正是這種疲倦，每每讓雷軍編寫出最好的代碼。跟巴爾默峰值相似，疲倦使人的精力更易集中。大腦疲倦了，沒有多餘的腦容量來三心二意，不得不集中精力。在與王全國合作開發軟體的時候，他經常工作到深夜兩三點。

有次他們從早上寫到了傍晚，出門吃飯的時候，看到天邊的夕陽，他倆同時笑了：「當我們見到太陽的時候，太陽已經下山了。」那個軟體開發用了半個月時間，算是比較快的。半個月下來，他倆都瘦了一大圈。

整個大學，雷軍都在以各種形式如癡如醉地學習，體會程式設計的無窮樂趣。他的經驗就是，多看 Linux 等系統級的原始程式碼，多看高手是怎麼寫的，這樣自己寫起來的時候才會比較有感覺。

大學期間，雷軍經常給武漢電子一條街的店舖編寫程式。1989年底，電腦病毒剛在中國出現，就引起了他的興趣。為了解決學校機房中毒的問題，雷軍和同學馮志宏合作開發了免疫90。電腦技術更新非常快，每年都會有各式各樣的新技術出現。後來雷軍總結自己幾十年的從業生涯，僅程式設計語言，他就用過 BASIC，MASM，PASCAL，C++，VBA，DELPHI，JAVA 等十多種。

雷軍曾感嘆，每個 IT 企業都為找不到好的程式師而苦惱，但是現在的大學、軟體學院及各種培訓機構每年培養的幾十萬程式師卻為找不到好的工作而苦惱。他認為，企業需要的不是一個剛學會寫程式的人，而是來了就能幹活，並且能把活做好的人。因此，大學生只有多注意實際操作能力的培養，才能在畢業後找到滿意的工作。

創業就像跳懸崖

1973 年，比爾‧蓋茲和科萊特同時考入哈佛大學。大二時，比爾‧蓋茲建議克萊特和他一起退學去開發 32Bit 財務軟體。但是克萊

特認為 Bit 系統默爾斯博士才教了一點皮毛，不學完大學的全部課程是不可能掌握的。

十年後，科萊特成了哈佛大學電腦系的博士研究生。當他認為自己學到了足夠的知識，有能力研發 32Bit 財務軟體的時候，比爾・蓋茲已經成為世界首富，並且已經開發出比 Bit 快 1,500 倍的 Eip 財務軟體。

比爾・蓋茲的成功激勵了無數大學生前仆後繼投入創業大潮，華旗資訊集團總裁馮軍、康盛世界 CEO 戴志康等 IT 企業家幾乎都有大學創業的經歷。但是雷軍卻不以為然：「不提倡不鼓勵大學生創業，因為中國跟美國的文化差別很遠，我們的大學教育還有高中的素質教育和能力教育相對偏弱，這樣出來創業的話，成功率非常之低。過去十年，很多大學都鼓勵大學生創業，但結果幾乎是全軍覆沒。而且我們鼓勵學生創業還耽誤了他基本的學業，有點得不償失。」他建議大學生首先要提高自身技能，甚至畢業初始也不該急著創業。最好先找個創業公司，或者是大公司鍛煉自己，有相應的商業網絡，一切都準備妥當了再創業。

雷軍的肺腑之言應與他大學時苦中作樂的創業經歷密不可分。

1990 年的盛夏，武漢的太陽一如既往的毒辣，熱得令人窒息，可這絲毫沒有影響雷軍的創業行動。那時他已經在電子一條街混了好幾年，對自己很有自信，夢想自己寫的軟體運行在全世界的每一臺電腦上，夢想著創辦一家全世界最頂尖的軟體公司。

剛好那時王全國有個同事和朋友想辦家公司，就拉雷軍和王全國入夥。於是，大家一拍即合，創立了三色公司（Sunsir，紅、黃、藍三色），寓意放飛創業夢想，創造七彩新世界。

如果說 20 世紀 80 年代是一個憑勇氣創業的時期，擺地攤賣瓜子的都能賺得盆滿缽滿，那麼，90 年代就是中國「十億人民九億商，還有一億在開張」的擁擠創業年代。很顯然，雷軍並沒有看到這些。那時他還是個熱血青年，創業團隊正處於熱血沸騰的狀態，從來沒想過開公司誰投錢、營業後做什麼、靠什麼賺錢等實際問題，真有點藝高人膽大的無知無畏。

他們沒有資金，也沒有找投資人的意識，什麼賺錢做什麼，沒有什麼套路。直到接到的第一張單子賺了四、五千塊人民幣，公司才有了第一筆收入，也算是啟動資金了。就憑著一股熱情及對未來的無限憧憬，白天跑市場銷售，晚上拼命做開發，每天忙得廢寢忘食。後來，盲目幹活的他們終於看到了一個方向──中文卡。

中文卡的利潤很高，一套賣幾千，成本往往不到一半。聯想中文卡創造了利稅上億的輝煌，史玉柱也因為中文卡成為青年偶像。確定方向之後，雷軍和同伴就在十幾坪的出租套房裡，擺上桌子和電腦，沒日沒夜地研究開發，睏的時候就直接躺在辦公室裡睡一會兒。實在找不著地方躺的人，就只能坐在電腦前繼續幹活。

不久之後，李儒雄也加入了他們的團隊。25 歲那年，他因為雷軍的一句話而下海。幾年之後，雷軍對他說：「求伯君的今天就是我們的明天。」這句話促使他果斷加盟金山北京開發部，為金山

WPS 文書處理軟體的迅速推廣立下了汗馬功勞。後來，李儒雄成為聯邦軟體總裁。當然，這些都是後話。

無論是雷軍、王全國，還是李儒雄都相當有技術實力，也非常有自信。他們的中文卡很快就上市了，但是那時中國已經有很多山寨產品，他們提前遭遇滑鐵盧——花費大量財力、精力研發產品，上市後卻馬上被跟風、同質化，如一場旋風吹過，迅速失去競爭力。

這讓他們逐漸意識到自身所處的窘境：團隊陣容裡的成員基本都是技術較硬的專業人才，公司人最多的時候有 14 個人，業務範疇也挺寬，但是帳戶裡卻沒有錢，連吃飯都是個問題。這有點像端著金飯碗要飯吃，為什麼會這樣？

其實，這也反映了技術型創業者的普遍缺陷。他們身上的技術情結或許至今仍然閃耀著光芒。但是在商業世界的水土不服，也在他們身上一一應驗。作為一個技術出身的創業者，一般對自己的技術能力都相當有把握。對於技術的路徑依賴，會讓他們有意無意地往技術那頭使勁。每當看到不如自家產品的銷售量遠遠超過自己的時候，他們往往想到的是再開發一個更厲害的功能，或許這就讓對手望塵莫及了，而不是考慮在銷售、產品推廣、智慧財產權保護、財務管理等方面做加強與改善。

當年的柳傳志和倪光南就曾有過先技術還是先貿易的激烈爭執，倪光南對技術有著近乎癡狂的迷戀，立志透過技術創新打造 IT 強國，這是科學家的思維。但柳傳志則是企業家的思維，更為現實一些，他認為做貿易是實現高科技產業化的第一步，再好的高科技產品如果賣不出去，這個企業就沒法生存。因此他堅決推行「貿工技」的道路，從而避免了被市場淘汰或者迅速枯死的命運。

　　比起柳傳志四十多歲創業時的成熟閱歷，當時的雷軍還是個二十出頭的小毛孩，其他成員也較年輕，自以為有雄圖偉略，對所有的權威都不屑一顧，街上老闆的吹捧也助長了他們的虛榮心。可實際上，除了技術和熱情，他們幾乎一無所有，被市場經濟大潮打得夠嗆。困難的時候，甚至接過打字印刷的活。實在沒錢的時候，就派個兄弟跟餐廳師傅打麻將贏飯菜票。

　　除此之外，他們還面臨很現實的內部矛盾，關於四個股份相同的股東，誰做董事長的問題從一開始就爭吵不休。雷軍原本不想摻和這些不利於團結的事情，但卻經常被他們從武漢大學的自習室裡叫出來開會，一開就是通宵。短短幾個月，董事長就改選了兩次。

　　市場銷售沒搞好，智慧財產權沒保護好，內部管理還一團糟，內訌如此嚴重。高漲的創業熱情被一盆盆的冷水漸漸潑沒了，雷軍也開始反思：作為一個還沒畢業的大四學生，自己是否具備了創業所需要的能力與閱歷？

　　翻來覆去想了好幾夜，雷軍提出了拆夥。一個創業團隊沒有兩三年的磨合期很難達成默契，但是他們一起創業的時間卻只有短短半年。經過了創業的煎熬，回到校園的雷軍心頭有種久違的輕鬆，一個人走在武漢大學的櫻花路上，覺得陽光是那麼燦爛。

　　雷軍後來總結說，創業就像跳懸崖，只有5％的人會活下來。我不支持大學生創業，除非你優秀如比爾·蓋茲，一般的大學生就不要試了。不僅大學生創業難，對所有人來說創業都很艱難。當你不具備社會資源，沒有資金，不知道運營一個企業需要做哪些工作時，只用滿腔熱血和衝動去創業，結果只會被撞得頭破血流。

CHAPTER 3

我的青春，我的金山

從好學生到好員工，從好員工到好主管。入職時雷軍青澀稚嫩，離開時已近不惑之年，從 22 歲到 38 歲，整整 16 年，雷軍將最美好的青春年華獻給金山，將自己熬成中國互聯網業的活化石。

與大多數鋒芒畢露、個性張揚的互聯網大佬不同，雷軍處事平和低調，踏實安分地行進在符合傳統價值觀念的職場軌道中，步步為營，水到渠成。雖然曾遇到坎坷風波，也曾跌倒困厄，但他依然勤奮堅韌，一往無前。他是中關村大名鼎鼎的員工楷模，每週七天，天天加班至深夜，風雨無阻。

把就業當創業，把職業當事業。這樣的青春，才算無怨無悔。

用別人睡覺的時間幹活

　　北京是中國電腦產業的聖地，是夢想者的天堂。年輕時的雷軍，為了胸中那個無法釋懷的夢想，跟其他北漂青年一樣，對北京有著飛蛾撲火一般的執著。他一畢業就義無反顧地來到北京，滿懷著做一番大事業的心情進入一家研究所，參與大型專案。

　　這家研究所在郊區，且工資微薄，但雷軍並不在意。畢竟年輕人豪情萬丈，也不怎麼在乎條件是否艱苦。可讓他比較惆悵的是，自己一直無法適應研究所那種氛圍，找不到參與大型專案的感覺，找不到發揮才華的絢爛舞臺。

　　凡是遙遠的地方，都對我們有一種誘惑。不是誘惑於美麗，就是誘惑於傳說。但現實與理想，總是存在著一定的差距。當初其他同學選擇深圳和廣州，講述那裡的鈔票盛況的時候，雷軍都沒有絲毫的心動，毅然獨自前往北京。沒想到自己現在卻淪為軟體生產流水線上的一顆不起眼的螺絲釘，他多少總有些不甘。

　　正在無限迷茫、惆悵的時候，他認識了蘇啟強。蘇啟強比雷軍年長 7 歲，他後來平均 5 年創辦一個企業的速度令業內驚嘆。除了很有特色的福建口音外，他最大的特徵就是生物鐘黑白顛倒，深夜上網已是常年習慣。他少年老成，低調卻不甘寂寞，1988 年從國務院機關事務管理局辭職下海後，和王京文創辦了交友軟體。

　　當時的蘇啟強已經是交友軟體的副總經理，公務員的閱歷使他對大局的把握有著先天的優勢。不甘寂寞的蘇啟強告訴同樣不甘寂

寞的雷軍，要他繼續開發加密軟體。他認為「很多事情，定了一個方向，每天都在做事，不受干擾，最後肯定能有所收穫。」

之前和王全國開發 BITLOK0.99 時，雷軍開發商品軟體的熱情和信心就已經被激發起來。隨著開發產品的增多，矽谷英雄的故事越來越灼熱地燃燒著他的胸膛。冉冉升起的英雄夢想，讓他越來越看不上 BITLOK，還自嘲它是雕蟲小技。說實話，他心裡早就不樂意再開發這些壓根不入他法眼的小產品。

但是，人總得面對現實。想想也沒別的選擇餘地，雷軍就聽從了蘇啟強的建議，繼續開發 BITLOK 新版。從雷軍開發第一個版本到他大學畢業，已經時隔兩年，他的水準自然有了飛躍般的提升。回頭看看過去的產品，居然有了一覽眾山小的感覺，於是他決定推倒重寫。

相比其他互聯網那些不服上級難以管理的員工，雷軍的性格棱角並不突出。從好學生到好員工，他幾乎都走在一條符合傳統價值觀念的軌道上，每一步都中規中矩，水到渠成。可實際上，他身上還有著射手男最典型的特徵——喜歡呼朋喚友、熱熱鬧鬧的生活。

規矩，愛鬧，這兩個相互矛盾的性格，像兩股洶湧的潮水在他的體內衝撞，同時也在他這裡得到了平息。白天，儘管辦公室沒多少事情可做，但雷軍也只能跟其他同事一樣規規矩矩。週末，雷軍風雨無阻去中關村會朋友。於是，開發 BITLOK 新版的時間就只剩下週一到週五的幾個晚上。

為了能全面協調好時間，各方面都有所兼顧，雷軍在還未榮獲中國勞動楷模稱號之前，就上演了「瘋狂的石頭」，經常用小時來

安排晚上的日程表。熬夜雖然很累，卻也能讓他的精神得到安慰。一個暫時不得志的年輕人，蝸居在黑夜的某個角落裡，瘋狂地寫程式，靠的就是有一種極大的精神在鼓舞著他：「我在用別人睡覺的時間工作。」每每這個時候，嘈雜的電腦風扇和敲鍵盤的聲音就成了悅耳的音樂。

對於使用電腦的人來說，最崩潰的事情莫過於當機。有一次，雷軍一直寫到凌晨四點多，就在程式快要寫完的時候，存檔時電腦當機，所有成果毀於一旦。已經很難把整晚的工作全部重寫，雷軍癱坐在電腦旁，一時有些呆滯。幸好同宿舍的朋友醒了，那人看到他快要哭出來，趕緊幫他從硬碟裡的第一個磁區逐一尋找。花了兩個多小時，終於將全部內容都找了回來，雷軍感激涕零。

那時的雷軍，每天都睡得很少。BITLOK 新版在一個又一個深夜的辛勤工作中悄悄生根、發芽、開花、結果。等待花開的寂靜，意味著寂寞。每每遇到難關，都得獨自解決、艱難闖關。與此同時，歷經艱難的成功，獨看花開時的喜悅，也是難以言喻的。花費很大力氣終於解決難題的時候，他經常像個孩子那樣高興得手舞足蹈。

寂寞，是一個人的狂歡。在無人分享的日子裡，雷軍獨自完成了 BITLOK1.0。讓雷軍欣慰的是，BITLOK 加密後的軟體在超過一百萬臺的電腦上使用過。

每一個研發者，對待自己的作品都像是對自己的孩子，願意付出感情溫柔呵護，助其茁壯成長。雷軍也不例外。或許開發時不大情願，但隨著時間的推移，他對 BITLOK 的感情卻是越來越深。後

來進入金山，雷軍依舊利用業餘時間繼續開發、完善這套產品，使之成為盤古元件中的一部分。

　　物以類聚，人以群分。遇到志同道合的朋友，與之共唱滄海一聲笑也是人生的一大幸事。在金山友愛的環境裡，好多同事都給了雷軍難得的幫助。例如，當雷軍完成一個版本的時候，同事會幫他試探解密。發現問題立即回饋給他，他再修改。這樣反覆修改之後，BITLOK1.2 在集體的力量中定型。

　　此時，BITLOK 已經是一套很完善的商品軟體。在朋友的幫助下，BITLOK 成為一個真正的商品，很快就贏得了不少客戶。這也在很大程度上鼓勵了雷軍，在之後的日子裡，他一直堅持開發，出了一系列新版。雷軍是一隻勤勞的小蜜蜂，不僅辛苦採蜜，還將用戶的好建議釀成了蜜，堅持將用戶的意見綜合到開發中去，BITLOK 也越來越受客戶的喜愛。

　　但是，冷靜分析 BITLOK 的整個商業前景，雷軍認為：「第一，加密軟體只有開發者才用，市場很小，整個市場每年不到一千套。作為業餘興趣還能接受，作為公司開發專案的話，並不合適。第二，隨著軟體市場的繁榮，國內不少軟體開始試探不加密銷售的方式，這是軟體市場發展的趨勢。不少朋友覺得加密軟體已經沒有必要再做了。」

　　這套軟體雷軍花了整整七年的心血，到底還要不要繼續開發？雷軍也感到非常困惑。不少朋友友善告知他一些新的解密方法、解密工具，老用戶也持續不斷地打電話來詢問新版本的開發情況，並提出修改意見。雷軍感到壓力很大：這款產品沒有商業前途，無法

帶來利潤；但與此同時，產品也屬於使用者，不是想停就能停得下來的。

　　思考良久，雷軍還是決定將它作為興趣愛好，願意無償付出更多的辛苦，寫出一個全新的 BITLOK3.0，徹底解決過去用戶提出的各種問題，讓過去的用戶有一次升級的機會。經過多年的修改，此時的 BITLOK 已經有了超過三萬行代碼，作為一個業餘程式，這已經不算短了，而且也很難再修改了。全部修改程式，更是需要很大的勇氣。

　　最後，在工作之餘，雷軍在原有的基礎上使用了一些突破性的技術，完成了 BITLOK3.0。雷軍說：「不管 BITLOK3.0 寫得如何，我盡心了。如果 BITLOK 還有人用，我就肯定會花時間來維護；如果沒人用了，也就到了壽終正寢的時候，我也該收手了。」

求伯君的今天就是我們的明天

　　20 世紀 80 年代末期，電腦作為一種跨時代的產品開始在中國出現。然而它的受眾卻極為狹窄，究其原因，一是 DOS 的操作介面對於當時大多數的中國人來說顯得過於專業，二是在漢字的文書處理方面，這款神器似乎並沒有做好相應的準備。

　　為了在 DOS 模式下實現漢字輸入，一大批科研工作者投入漢文字處理軟體的研究和開發中。那個時候，身為中國軟體史上標杆性人物的求伯君還只不過是四通公司的一個普通程式師。

當時，四通公司的 MS2401 印表機憑藉著自己的卓越性能，在銷售市場上上演了一個又一個神話。可就在這個時候，求伯君卻向公司提出了一個新的研發請求——開發相容 PC 端的文書處理軟體。對於四通高層來說，求伯君的這一請求是荒謬的，因為這個計畫一旦啟動，很可能會對 MS2401 印表機的市場形成強烈衝擊，這無異於自己人搶自己人的飯碗。

遭到拒絕後，求伯君選擇離開四通，在他茫然不知所措的時候，香港金山公司老闆張旋龍出現了。張旋龍是四通的重要合作夥伴，求伯君在四通的那段時間，張旋龍就被他在軟體發展上所表現出來的天分深深折服，因此在得知求伯君離開四通的消息後，張旋龍便馬不停蹄地找到了他。

為了表達對求伯君想法的支持和誠意，張旋龍在深圳羅湖區的一家民營飯店為求伯君買下一間屋子，同時承擔了他的所有生活費用。沒有了後顧之憂的求伯君，將自己的全部注意力都集中在了軟體代碼的編寫中。由於過於專注，求伯君一度積勞成疾，先後三次因肝病突發被送進醫院。

有道是「有志者，事竟成」，短短四個月的時間裡，求伯君憑藉超乎常人的毅力寫下了十萬行程式碼，相容 PC 機的漢文字處理軟體 WPS1.0 問世。那一年是 1989 年，後來的軟體人將這一年稱為「中國軟體的元年」。

作為一款通用軟體，WPS1.0 與以往只支援印表機的漢文書處理工具不同，它可以讓操作者直接在 PC 端進行文字處理，這一點引起了人們的極大興趣。1989 年，在金山公司沒有投入一分錢做廣告的

前提下，WPS1.0 刮起一陣旋風，橫掃當時的中文卡市場，僅用幾個月的時間便占據了 90％的市場份額。

在 WPS1.0 的強大攻勢下，行銷大王史玉柱攜帶著他的巨人中文卡且戰且退，在經歷過幾次升級之後，毅然離開了被 WPS 壟斷的中文卡市場。聯想中文卡和方正中文卡因為有著深厚的中國企業背景，成為這場文書處理軟體的戰爭中為數不多的倖存者。

除了對中文卡市場造成強烈的衝擊外，WPS 也給當時的軟體編寫者帶來了十分強烈的震撼。在他們看來，這款十萬行組合語言編寫完成的軟體如同神作，身為同行，他們對求伯君以及他所在的香港金山公司充滿敬意，雷軍就是這些人中的一個。

雷軍上大學時，已經是武漢軟體圈裡響噹噹的人物了，可在看到 WPS1.0 的華麗介面和強大功能後，他多少還是有些震驚。雷軍固執地認為中國不可能有人編寫出如此完美的程式，所以他一直將 WPS1.0 看成是某位國外專家的大作。當人們告訴他，WPS1.0 是比他大不了幾歲的求伯君的傑作時，雷軍暈了，他一直認為自己是頂尖的程式師，可是和求伯君一比實在是小巫見大巫。從那個時候起，雷軍對求伯君和 WPS 便有了一種無法抹去的情懷。

1991 年 11 月 4 日，在一次電腦展覽會上，雷軍如同朝聖一般拜訪了自己的偶像求伯君。那次見面，給雷軍的觸動更是深刻，以至於在二十年後，他依然能夠回想起來當時的情景：求伯君穿著一身名牌，優雅地站在他面前，言談舉止都頗有大家風範。在那次見面後，雷軍發誓要做一個像求伯君一樣的軟體人，因為那標誌著一個

程式師的成功。就在雷軍將求伯君視為榜樣，準備奮起直追的時候，求伯君卻率先向雷軍拋來了橄欖枝。

1992 年 1 月，求伯君向雷軍發出了邀請，希望他加盟香港金山公司，雷軍不假思索地答應了。在雷軍看來，同樣的年輕，同樣的愛好，同樣的努力，讓他們很容易就能開創中國軟體史上的大格局。事實上，也的確如雷軍料想的那樣，在接下來的幾年時間裡，香港金山確實進入了一個頂峰時期。

加盟金山後，雷軍成為北京金山軟體發展部的實際負責人。為了招募更多的程式高手，雷軍拋出一條極具誘惑力的廣告：「求伯君的今天就是我們的明天。」和雷軍一樣，求伯君式的成功是很多程式師所渴望的，所以幾天之後，雷軍身邊就聚集了十幾位當時業內數一數二的頂尖程式師。

理科生一向給人們留下呆板的印象，而雷軍則不然，他身上除了理科生的理性外，還兼具文人的浪漫，這讓他堅信 WPS 可以成為完美無缺的軟體。最初幾年，雷軍和他的團隊將更多的精力投入到 WPS 軟體的升級和更新中，他要將 WPS 打造成中國軟體人的一張名片，更要讓它成為世界範圍內通用軟體的佼佼者。

在雷軍這種精益求精的指導下，WPS 和金山辦公軟體進入到一個高速發展的時期。儘管當時 WPS 的批發價格高達 2,200 元，可金山公司依然能保持月銷售 2,000 套以上的傲人成績。這樣算下來，WPS 一年的銷售業績為三萬套，為金山公司帶來的營業額達 6,600 多萬人民幣，對當時的軟體銷售行業來說，這是一個相當了不起的成績。

WPS 的高歌猛進，使得它成了電腦辦公軟體的代名詞，很多電腦初學者接觸的第一款軟體就是 WPS。而電腦補習班的教學者們則樂此不疲地將《WPS 教程》、《WPS 使用指南》這一類工具書推薦給自己的學生。在那個年代，如果你不懂得操作 WPS，很難想像你能進入到與電腦相關的行業和領域中。

如果說 WPS 源於求伯君在深圳寫下的那十萬行代碼，那它卻是在雷軍的帶領下走向輝煌的。那幾年，金山和 WPS 的快速崛起讓中國軟體人看到了中國軟體業的未來和希望。WPS 承載的也已經不僅僅是金山的命運，從某種意義上來說，它也將中國軟體人的民族精神和民族使命感折射得淋漓盡致。

然而在電腦時代，科學技術的發展和進步可謂日新月異，軟體行業的發展更是一日千里，雷軍和他的開發團隊幾乎沒有時間去享受 WPS 給他們帶來的喜悅，就一刻不停地投入到新的工作中了。把WPS 做成一流的通用軟體是所有金山人的夢想。

可是，在前面等待他們的並不是鮮花與掌聲，而是萬丈深淵。

「盤古」無力

當 WPS 在中國文書處理軟體市場上做得如魚得水、風生水起的時候，微軟卻在全世界一掃六合，問鼎軟體市場，成為這個行業裡當之無愧的老大。

1989 年，微軟公司推出了第一款基於 Windows 平臺下的文書處理軟體──Word1.0。雖然一開始這款軟體飽受批評，但它還是給人們帶來了極大的便捷。1990 年，隨著 Word3.0 的推出，Word 軟體的銷售量開始節節攀升，微軟也借此在接下來的幾年時間裡成功地控制了個人電腦文字處理器市場。但在中國，他們對 WPS 的地位卻無可奈何。

1994 年，微軟攜 Word4.0 進入中國市場。這位在國際市場上呼風喚雨的軟體巨頭在中國卻表現得格外謙恭，他們沒有正面與 WPS 短兵相接，而是十分友好地向金山公司拋來了橄欖枝──希望 Word 與 WPS 在文檔格式上保持相容。

面對微軟的這一請求，包括雷軍在內的諸多金山高層持以贊成的態度。尤其是雷軍，他甚至認為這是一次難得的向國際軟體巨頭學習的機會。於是雙方很快達成協議，彼此可以透過中間層 RTF 格式來讀取對方的檔。然而正是這一決定，將盛極一時的 WPS 推向了死亡的邊緣。

早在 1992 年，雷軍就意識到 DOS 系統操作下的 WPS 已經不再適應潮流的發展，研發適應 Windows 作業系統的文書處理軟體迫在眉睫。在這樣的大背景下，盤古元件的開發計畫浮出水面。

盤古元件開發初期，雷軍認為這款基於 Windows 系統下的漢文字處理軟體將成為金山歷史上的里程碑產品，所以他主動放棄了早已被大眾熟悉和接受的 WPS 這個名稱，豪情萬丈地將它稱為「盤古」。之所以用這個名字，是希望它能夠為金山在軟體市場上開闢一片新的天地。

1994 年的中關村還遠沒有今日的繁華，但是川流不息的人群還是向人們昭示著這個地區的活力。一個年輕人帶著一臉的倦容在早餐攤位前風捲殘雲般消滅了老豆腐、油條這兩樣標誌性的北京式早餐後，話也不多說一句，將錢放在紙盒裡便自顧自地低頭離開。這個人便是雷軍。

那段時間，雷軍和他的夥伴們剛剛將辦公地點從四季青遷到知春路 22 號，在那座紅磚砌成的四層小樓裡，他們沒日沒夜地編寫著盤古元件程式。經過一夜通宵達旦的忙碌後，雷軍吃過早餐，然後一個人走在熙熙攘攘的小販間，他們有的賣電腦零件，有的在賣盜版光碟，但不管是做什麼，他們的吆喝聲、叫賣聲讓中關村顯得活力十足，那是雷軍每天僅有的愜意時刻。

每天面對形形色色的小商小販，但是雷軍的眼界卻沒有被遮蔽起來，他看到了更廣闊的未來和更廣闊的市場前景，他相信金山和盤古一定會走出這熙熙攘攘的街道，走出中關村，走進所有的電腦平臺，成為中國人自己的辦公軟體。

雷軍對未來充滿希望，但現實卻遠沒有他預想的那麼樂觀。首先「盤古」是一款基於 Windows 平臺的文書處理軟體，這與 DOS 系統下的 WPS 有著本質的區別，也就是說之前金山在文字處理方面的優勢已經蕩然無存。其次，微軟攜 Word 兵臨城下，面對軟體行業的龍頭老大，金山在研發過程中不容有一絲閃失。最後，對於當時的軟體創業者而言，盜版光碟無疑是他們的惡夢，金山和雷軍也同樣繞不過這個阻礙。

　　困難很多，但是雷軍不打算放慢自己的腳步。1995 年 4 月，在經歷了長達三年的研發和改進之後，盤古組件在眾人的期待中亮相。在此之前的一個月，雷軍動員北京研發部的所有員工參與盤古元件的廣告策劃和銷售宣傳，他要帶領著自己的團隊打一場大勝仗。

　　軟體開發的確是雷軍和他團隊的強項，但銷售他們卻不在行。所以，那段時間他們做的唯一工作就是不停地做廣告。在他們看來，廣告做出去了，買家自然就上門了。殊不知，他們的廣告內容恐怕也是十分糟糕的，因為在廣告刊登了半個月後，人們打電話來問的不是盤古元件的價格，而是盤古元件是個什麼東西？

　　沒有絲毫市場經驗的雷軍打了自己人生中的第一場敗仗，這場敗仗讓他敗得潰不成軍。當時基於 WPS 在市場上的統治地位，在盤古元件上市前，雷軍樂觀地認為至少能售出 5,000 套，可是半年之後市場卻無情地給他潑了一盆冷水。因為在這半年的時間裡，盤古組件僅僅售出 2,000 餘套，而金山在這場戰役中卻已經耗費了 200 多萬鉅資。盤古沒有給金山帶來一分錢的盈利，還將金山過去幾年的資產賠了個底朝天。

　　盤古沒能像雷軍想的那樣開天闢地，相反它悲壯地倒下了。一直認為自己能夠做一番大事業的雷軍如同喪失鬥志的公雞，看不到方向，找不到出路了。更讓他感到痛苦的是，他覺得自己對不住求伯君，也對不住金山，更對不起那些日日夜夜陪著自己奮戰的夥伴們。那些天，雷軍可謂是身心俱疲。

　　盤古兵敗除了給雷軍造成極大的打擊外，也對其他金山人產生了消極的影響。他們最初加入金山，是為了像求伯君一樣功成名就，

可如今等來的卻是這樣的結果，從感情上來說他們無法接受這一現實。一些極端的員工甚至認為，自己選擇軟體發展這份工作本身就是錯誤的，他們決定離開金山這個傷心地，離開這個他們曾經鍾愛的職業。

當時發生的一幕幕，雷軍始終銘記於心，直到現在，當他回憶起那段往事時，內心還是會無比苦澀：「當時有很多程式高手，都是為了夢想加入金山的，結果我們卻做得一團糟。明明付出那麼多，最後卻沒有一點回報，那種滋味是難以忍受的。當時有很多人離開了，我一點都不怪他們，要怪只能怪我自己，畢竟在盤古的開發上，我的責任比誰都大，是我對不起他們。」

盤古兵敗的另一個消極影響是，金山北京開發部失去了往日的忙碌，曾經那支活力無限、豪情萬丈的開發團隊陷入了無所事事的狀態之中。堅守下來的十幾個人不用加班，不用熬夜，他們的工作格外清閒，可是卻一個個焦躁不安，因為他們失去了清晰的目標。雷軍也不清楚腳下的路該如何走下去，那段時間他做得最多的事就是把自己鎖在辦公室裡反思。

1995 年，對於曾經承載了中國軟體光榮與夢想的金山來說，無疑是充滿惡夢的一年，但是對於整個中國軟體甚至互聯網產業來說，卻又是孕育希望的一年。那一年，寧波電信員工丁磊一封辭職信，把自己的鐵飯碗砸了個粉碎，在大學教書的馬雲也不安分地離開了講臺……一個時代的序幕就要拉開。

歸去來

俗話說得好，「福無雙至，禍不單行」，盤古元件的潰敗並不是金山公司惡夢的結束。隨著微軟公司對中國市場的日漸熟悉，這個國際軟體巨鱷的本性終於暴露了出來，它不再像以前那樣彬彬有禮，而是轉間變得無比霸道，它貪婪地吞噬著中國軟體人的希望，甚至連曾經的合作夥伴都不肯放過。

透過與金山公司的格式共用，微軟公司很快熟悉了中國用戶的習慣，這個時候金山公司對於他們來說已經變得毫無價值。為了儘快在中國推廣 Word 產品，財大氣粗的微軟公司投鉅資研發出了一款符合中國消費者習慣的 Word，並大力度地進行廣告宣傳，原本被 WPS 壟斷的市場大門，就這樣被微軟叩開了。

此時的金山公司依然深陷於盤古元件的失敗泥沼中，但是為了捍衛自己的市場地位，他們不得不筋疲力盡地迎戰微軟。由於缺乏後續資金，金山的反抗有些力不從心，雖然他們試圖推出更加符合中國國情的稿紙格式，同時也對 WPS 進行了深度優化，但是他們所做的一切努力都如同螳臂當車，這個時候的微軟已經不是他們所能抵擋得了。直到這時，雷軍才醒悟過來，他們當初上了微軟的當。

客觀來說，微軟的 Office Word 產品無論從品質，還是穩定性來說，都遠遠優於同期的 WPS。1995 年之後，Windows 作業系統已經迅速地將 DOS 系統淘汰，基於 Windows 系統的 Word 實現了非常好的相容，在文字處理方面所體現出的人性化和多功能化也很快贏得了人們的好感。

　　除了微軟給金山帶來了巨大的威脅外，另外一個致命因素也同樣不容忽略。20 世紀 90 年代，電腦產品的興起，使得盜版光碟如同蝗蟲一般蠶食著正版軟體的市場，再好的軟體只要一上市，就會有大量盜版產品蜂擁而至。Word6.0 上市後，盜版商們海量生產，這對於資產雄厚的微軟來說，無關緊要，但是對於想與微軟打價格戰的金山來說卻是致命的。因為人們總是更願意選擇品質優良的盜版，因為它僅需要 10 塊人民幣左右，這實在是一種莫大的嘲諷。

　　盤古元件的失敗使得金山陷入了大蕭條之中，而盜版市場給金山造成的重創則成為壓垮它的最後一根稻草。1996 年，金山公司陷入了難以為繼的困境，WPS 跌到了歷史谷底。金山應該如何走下去，成為擺在每一位金山人面前的殘酷問題，對於雷軍來說，尤其如此。

　　1995 年底到 1996 年初，雷軍度過了他一生中最難熬的幾個月。原本規劃好的宏偉藍圖被毀得慘不忍睹，曾經的志得意滿、滿懷信心到頭來不過是一場空。雷軍在短時間內無法接受這一現實，尤其是回到珠海的金山總部，看到昔日熱鬧的辦公室裡只有稀稀落落的十幾個人時，年輕的雷軍崩潰了，他陷入深深的自責之中難以自拔。

　　為了給金山上上下下一個交代，雷軍決定辭職。1996 年 4 月，接到雷軍辭職申請的求伯君大吃一驚。其他人離開金山他可以接受，唯獨雷軍離開他不能答應。因為金山是一棵樹，枝枝葉葉斷了不要緊，但根不能折了，只要保住根，金山就有翻身的機會，如果連根都保不住了，金山就真的倒了。求伯君沒有批准雷軍的辭職申請，他給雷軍放了六個月的假。

在那六個月裡，雷軍並沒有因為離開金山而開心起來，他的情緒依然十分低落。起初他想去國外待一段時間，但最終沒有成行。後來，他有一度想開一個小小的酒吧聊以度日，但是最後卻發現自己根本不熱愛那樣的生活。就這樣在百無聊賴中度過六個月之後，雷軍想明白了，還是得回金山，跟著求伯君帶領金山走出低谷。

做出這個決定後，雷軍開始重新振作精神，對自己過去幾年所做的事情進行了一次徹底的大反思，這讓他有機會對自己和金山進行了一次再認識。中國軟體業興起的最初幾年時間裡，金山公司憑藉著一款品質還算不錯的產品在市場上贏得了良好口碑，這多少讓自己有些妄自尊大。等到國外的軟體業豪強們殺入這個市場，才發現人為刀俎，自己不過是魚肉任人宰割。市場競爭是殘酷的，理想主義的創業者不能僅憑自己的熱情去苦幹，理想有時候過於脆弱。在意識到這一點後，雷軍便不再緊抱著盤古開天地的雄心壯志不放，而是變得更加踏實，更加沉穩，雖然依然懷揣夢想，但是已然不像當年那樣心比天高了。

1996 年 11 月，雷軍重新回到金山公司後，有幾條路可供他選擇。第一條是做保健品，在金山陷入低谷的那一年裡，同樣做過中文卡生意的史玉柱在保健品市場大放異彩，如果金山也能夠順利轉型，或許會在保健品市場上占據一席之地。第二條出路是做房地產，雖然海南的地產泡沫給世人敲響了警鐘，但是這也讓更多商人覓得了一線商機，金山公司可以抓住這樣的機會進軍地產業。三是繼續做WPS，繼續搞軟體發展，這一行他們最為熟悉，但是他們所經歷的一切也最為慘痛。

　　到底是做保健品、房地產，還是忍著心中的痛扛起民族軟體的大旗繼續走下去，這讓金山人進退兩難。就在大家不知如何是好時，雷軍拿定了主意：繼續開發 WPS，繼續在軟體這條路上走下去。

　　之所以做出這樣的決定，除了雷軍內心深處依然對軟體產業有著很深的感情外，更重要的原因是雷軍意識到軟體產業將成為下一個十年的先鋒產業。他堅信會有越來越多的資金湧入到這個產業中，只要金山人堅持下去，他們就一定能夠回到中國辦公電腦的桌面上去，重新扛起中國軟體的大旗。

　　雷軍的這一決定當時在很多人看來是不明智的，但是也正是這個決定讓雷軍成為軟體行業裡頂級的戰略家和戰術家。在接下來的幾年時間裡，金山以 WPS 為旗幟，又陸續開發出了多款實用軟體。1997 年，銷聲匿跡一時的金山重新回到了人們的視野之中，只是這次回歸的腳步相對於之前來說更加穩健。

　　1996 年，回來的不僅僅是雷軍，遠在國外的張朝陽回國創業，搜狐應運而生，邊春曉、王志東這些後來的互聯網大佬們也開始竭盡所能地為拉開中國互聯網序幕做著各種準備，互聯網與軟體行業的春天即將到來。但是，他們都有一個不容迴避的對手——微軟。

對手微軟

　　雷軍決定帶領金山重新回到軟體行業中的時候，做的第一件事就是重新審視自己的老對手——微軟。這位國際軟體業的巨頭，憑

藉著 Windows 系統的優異表現，正在世界各地剿殺著自己的競爭對手。產業內甚至有了「微軟之下，寸草不生」的俗語，微軟公司的董事長比爾·蓋茲更是放出了「即使盜版，也只能盜我們的產品」的狂言。

事實上，在軟體產業裡比爾·蓋茲說出什麼樣的狂言狂語都不算過分。因為對於任何一個電腦使用者，或軟體編寫者來說，比爾·蓋茲都絕對是這個領域真正的 NO.1。在他的帶領下，微軟帝國在過去幾十年的時間裡，締造了一個又一個的傳奇，把中國軟體人遠遠地甩在了身後。

鑒於微軟在軟體產業中的特殊地位，在這裡，我們必須對它做一些簡單的介紹。因為在可以預見的未來，不管是對雷軍和金山，抑或其他的軟體人來說，微軟都將是他們無法迴避的話題和橫亙在他們面前的一座大山。

與雷軍相比，微軟的創始人比爾·蓋茲在編寫第一款軟體的時候更加年輕，那個時候他只有 17 歲，他憑藉著這款軟體賺取了 4,200 美元。19 歲那年，在讀大三的比爾·蓋茲突然發現哈佛並不是一個能夠實現自己夢想的地方，他對自己的老師說：「我要在三十歲時成為百萬富翁。」然後就再也沒有出現在哈佛的校園裡。

退學後的比爾·蓋茲找到自己的高中同學保羅·艾倫一起創建了微軟公司，最初他們只是為一些中小公司提供簡單的程式設計語言和軟體服務，直到 1977 年，微軟公司搬至西雅圖的雷德蒙德後，他們才開始致力於電腦系統程式的開發。

1980 年，美國最大的電腦製造商之一 IBM 公司，委託微軟為他們的新 PC 編寫關鍵的作業系統軟體。對於當時微軟這樣的小企業來說，這絕對是一個千載難逢的機會。但是由於時間緊、任務重，比爾·蓋茲自己沒有進行研發，而是以五萬美元的價格從程式編制者派特森那裡買下了作業系統 QDOS 的使用權。經過一系列的改寫，比爾·蓋茲將這款軟體命名為 MS-DOS（也就是微軟 DOS），並將它提供給 IBM 公司，從此微軟迎來了企業發展的轉捩點。

20 世紀 80 年代初，IBM 的 PC 機在電腦市場上取得了巨大的成功，它的 MS-DOS 系統也因此受到了眾多消費者以及電腦生產廠家的熱烈追捧。短時間內微軟公司扶搖直上，成為電腦作業系統的實際壟斷者。

1983 年，MS-DOS 在作業系統市場上攻城掠地時，微軟公司的研發人員為了讓它更加人性化，而開發出一款文字處理的應用程式，也就是 Word1.0。這款文書處理軟體在推出後不久，便像 MS-DOS 一樣受到了人們的熱烈歡迎，更有甚者，一些 MS-DOS 以外的系統也紛紛引進這款文書處理軟體，其中最具代表性的就是蘋果公司。

20 世紀 80 年代後期，微軟公司不斷地嘗試推出更加人性化的作業系統，Windows 系統呼之欲出。1985 年，Windows1.0 誕生，這款作業系統的介面被人們廣為詬病，一時間惡評如潮。但是，鑒於 MS-DOS 幾近壟斷的地位，微軟公司並沒有為此而受損，相反在接下來的兩年時間裡，微軟還先後推出了 1.01 版、1.02 版、1.03 版和 1.04 版。

1987 年，微軟推出了 Windows2.0，這同樣是一款不成熟的產品，再加上高達 100 美元的售價，使得人們對它敬而遠之。雖然 Windows 系統依然沒有為微軟帶來可觀的利潤，但是在 Windows1.0 和 Windows2.0 的開發過程中，微軟人積累了十分寶貴的經驗和教訓，這讓他們距離成功越來越近。

1990 年，經歷了前兩次的平淡後，微軟公司推出 Windows3.0。由於在介面、人性化、記憶體管理方面取得巨大改進，Windows3.0 在上市後不久就贏得了良好的口碑。微軟公司也以它為基礎，叩開了非英語國家的大門。

在開發 Windows 作業系統的過程中，微軟並沒有忘記他們的文書處理軟體。早在 1985 年，在比爾·蓋茲的牽線下，微軟公司的一個開發小組為蘋果電腦成功研製了可以展示不同字體、大小和粗細功能的 MAC-DOS Word。

隨著 Windows 時代的來臨，微軟公司近水樓臺先得月，早在 1989 年便率先研製了基於 Windows 系統平臺下的 Word。在 Windows3.0 推出後不久，微軟公司在文書處理軟體的開發上迅速跟進，一款不同於 DOS 系統下的文書處理軟體就這樣誕生了。微軟也憑藉此舉毫無爭議地控制了個人電腦文字處理器的市場。

1993 年，Windows 作業系統迎來了革命性的發展，這一年 Windows3.11 加入了網路功能和隨插即用技術，同時還多了一些局域網功能。然而，這也不過是微軟帝國興起的熱身活動罷了。

1995 年 8 月 24 日，微軟公司對外發布了 Windows95，這是一款支援 32 位元的作業系統。相對於之前的作業系統來說，Windows95

所體現出來的性能優勢是巨大的，它的桌面系統更強大、更穩定，同時也更實用。Windows95 的推出也徹底結束了電腦桌面的紛爭時代，微軟帝國正式形成。

在 Windows95 推出的過程中，MS-DOS7.0 作為最重要的主件之一也同時發布。從某種意義上來說，微軟的這一系列舉措，預示著一個全新時代的到來，而在中國市場上，雷軍卻依然在堅持盤古元件的開發，並且天真地認為它能夠開創新時代。

但是我們不能責怪雷軍的幼稚和輕狂，在盤古元件的開發上，金山公司可謂是傾盡所有，最大程度上提供了物質支援。在北京，包括雷軍在內的數十名軟體發展人員更是嘔心瀝血，一刻不敢懈怠。但是，他們對抗的畢竟是動輒就砸幾十億、一個項目就有幾千名程式師的微軟帝國。從這個角度來看，我們完全沒有理由對金山的失敗求全責備，而是應該給予他們更多的敬意，因為正是他們堅守著中國軟體的陣地。

在接下來的十多年時間裡，微軟帝國依然穩如磐石，但是 WPS 以及金山的進步也是顯而易見的。作為競爭了十多年的老對手，雷軍已對微軟當初所做的一切釋然了，相反他還對微軟心存幾分感激，因為如果不是微軟這個標杆在前面，他很有可能做得遠不如現在這麼好。

以戰養戰

兵敗盤古後，雷軍並沒有像人們想像中的那樣安然度過六個月。那段時間，雷軍做得最多的事情恐怕就是反思與讀書。那一年他也不過 27 歲，可是與大多數同齡人不同，他讀的卻是《毛澤東選集》。雷軍就是從閱讀「毛選」開始頓悟的。

盤古元件開發失敗後，金山公司瀕臨破產。雷軍回歸後，面臨的第一個大難題就是錢。沒錢，任何慷慨激昂的回歸都沒有意義。為了解決錢的問題，求伯君毫不猶豫地將張旋龍給自己買的珠海別墅賣了出去，但是雷軍心裡明白，這點錢只能救急。從發展的角度來說，金山必須儘快盈利，只有這樣，WPS 的開發才能繼續下去。

1996 年 4 月，在金山陷入困境時，一款播放機軟體「金山影霸」成功地阻止了金山急劇下滑的頹勢。金山影霸的成功雖然沒有為金山公司帶來暴利，但是卻足夠金山公司養家糊口，這也讓金山公司保住了自己的最後一口氣。

回到金山後，受金山影霸的啟發，雷軍決定全面出擊，什麼軟體賺錢就做什麼，哪怕是小軟體。如果在正面戰場上不能突破微軟公司的全面封鎖，那就努力地做好敵後工作，把微軟公司不願意做、看不上的小軟體做精、做好，這樣金山公司就能夠以戰養戰，逐漸壯大。與當初那個心比天高的毛頭小夥子不同，現在的雷軍已經成為一名出色的戰略指揮家。

1996 年年底，WPS 重建計畫仍在繈褓之中的時候，金山公司高調地推出了一系列小產品，其中就包括「中關村啟示錄」、「劍俠

情緣」、「金山影霸」、「電腦入門」等。很多不明就裡的人對此紛紛表示不滿，在他們看來，銷聲匿跡近三年的金山公司身負中國軟體人的寄託與希望，如今他們不把精力放在 WPS 的開發上，而是去做這些讓人不屑一顧的小東西，實在是有些不務正業。可是誰又知道金山人背後的痛楚呢？

雷軍以戰養戰的策略很快獲得了成效，作為中國第一款商業遊戲軟體，中關村啟示錄的銷售狀況出人意料，雖然定價為 96 元，但是在很多銷售管道，它都呈現出供不應求的景象。在泥沼中掙扎了近一年的金山，開始逐漸走出泥沼。

但是，雷軍的理想可不僅僅是這些。他經常告誡自己的開發人員，眼光不能局限在這款 96 元的小產品上，不能因為剛剛有了一點收穫就心滿意足，要把自己的眼界放寬，放長遠，只有這樣金山才能重新回到每一臺電腦上。

為了瞭解客戶的需求，雷軍身先士卒，每天待在店面裡。在近三個月的時間裡，雷軍忘記了自己的身份，只把自己當作一個普通的銷售員。每天他都要面對成千上百的顧客，然後陪著他們說成千上萬句話。那段時間，雷軍一度認為自己說的話比過去二十多年都多，很多時候看著別人唾沫橫飛，雷軍倒有些羨慕，因為口乾舌燥是他的常態。

1996 年，電腦雖然遠沒有現在這般普及，但是學習電腦卻十分熱門。但待在店面的過程中，雷軍經常遇到打聽電腦入門類軟體的人。作為一個職業程式設計人員，雷軍發現向顧客作這樣的推薦竟

然也是一件十分困難的事，因為大多數軟體過於專業化，而入門級
軟體卻少之又少，雷軍敏銳地察覺到這是一塊巨大的市場。

回到辦公室後，雷軍第一時間通知軟體研發部門，要求他們在
最短的時間內開發出一款電腦入門級的軟體，就這樣「電腦入門」
誕生了。一個月之後，電腦入門輕輕鬆鬆地售出一萬餘套，取得了
非常不錯的業績。

真正讓金山從谷地翻身的是「金山影霸」。這款產品在 4 月份
剛剛上市的時候，一天之內就售出了 150 套。這個數字讓當時所有
的人都大吃了一驚，因為這樣的銷售數字在之前是從沒聽過的。

回到金山後，雷軍沒有忽略這款功勳產品。考慮到當時更多的
用戶對電腦知之甚少，為了最大程度上給他們提供方便，金山影霸
添加了自動播放功能，也就是說用戶只需要將影碟放入光碟機，金
山影霸就會自動播放，而不需要使用者再去選擇檔。這樣小小的改
變，對於軟體發展者來說不算什麼，但這卻標誌著雷軍市場意識的
覺醒。從那以後，雷軍便不再只是埋頭於軟體程式的編寫，而是拿
出精力做市場了。

憑藉著金山影霸的精彩表現，瀕臨破產的金山公司在懸崖邊上
止住了下跌的頹勢。這個時候，很多金山人開始彈冠相慶，雷軍卻
明白這僅是金山重回正軌的第一步，他還在醞釀著更多精彩的表演。

1995 年年底，雷軍應邀到聯邦董事長蘇啟強家中做客。酒過三
巡，菜過五味，兩人閒聊起來。蘇啟強建議雷軍花 60 萬買下當時暢
銷的「譯林」軟體（作為一款翻譯軟體，譯林的市場前景十分廣闊），

但是雷軍卻不認同蘇啟強的觀點，他認為金山公司能夠用更小的代價，研發出比譯林更好的軟體。

1997 年，做一款翻譯軟體的舊事重提。在雷軍的主持下，金山詞霸的研發提上日程。5 月，金山詞霸 I 作為詞典類工具軟體正式面世，定價 48 元，短短幾個月的時間裡就售出五萬套。雷軍決定趁熱打鐵，在 10 月份又推出了金山詞霸 II，定價 78 元，雖然賣得不溫不火，但是金山卻在詞典市場上後來居上，一舉成為霸主。

在金山的小產品一路高奏凱歌的同時，金山的當家產品 WPS 也在醞釀許久之後重新踏上了征程。這一次，雷軍沒有了盤古開天地的豪氣，他們沿用了在中國消費者中早已建立起良好口碑的 WPS 品牌，將新產品命名為 WPS97。在盤古事件後，雷軍又一次回到了通用軟體的平臺上來，這一次，他希望自己能夠走得更遠。

1997 年，作為一種全新的事物，互聯網在中國迅速發展起來，並在很大程度上帶動了軟體行業的飛速發展。一時間，形形色色的軟體研發公司成立起來，各種各樣的軟體充斥在這個市場上。這個時候，雷軍和金山公司一樣已經從幼稚走向成熟，等待他們的是一個全新的時代，可是他們依然任重道遠。

價格改革

1997 年 6 月，WPS 的程式師沈紅宇帶著 WPS97 的 α 版參加北京軟體展覽會。在這次展覽會上，沉寂了幾年的 WPS 再次引起了轟

動，參展商家對 WPS97 好評如潮。直到這個時候，人們才發現，金山並沒有忘記他們曾經所做的一切。

1997 年 10 月，基於 Windows 平臺下的 WPS97 問世。這是第一款運行在 Windows 平臺下的中國文書處理軟體。中國很多權威媒體將 WPS 的回歸評為這一年中國電腦界的十件大事之一。

WPS 重歸市場之後，昔日輝煌重現。在短短兩個月的時間裡，就銷售了 13,000 多套，金山公司向當時的經銷商連邦公司的店面派出了大批駐店人員。與此同時，很多國內軟體廠商將 WPS 與自己的產品進行捆綁銷售。一時間 WPS97 出現在各種軟體套裝之中，企鵝套裝、聯想套裝、洪恩工具套裝等等層出不窮。這一年，金山公司還應邀為成都軍區量身定做了 WPS97 軍用版。

金山影霸在關鍵時刻保住了金山的身家性命，WPS 的回歸意味著昔日的王者歸來，但是真正拉開金山重登王者寶座序幕的卻是「金山詞霸Ⅲ」。

1998 年 8 月 31 日零點，微軟為了順利推廣新系統 Windows98，微軟公司在海淀劇院門前舉辦了名為「午夜瘋狂」的露天發布會。這場發布會聚集了名車、美女，可謂光彩奪目，但是由於涉嫌擾民，被警方出面制止。

那天夜裡，微軟著著實實地給雷軍上了一課。早已專注市場開發的雷軍第一次意識到軟體推廣可以這樣做，他決定現學現賣。在接下來的兩個月時間裡，金山公司聯繫了歌手白雪、零點樂隊，又聯繫了北京友誼賓館，與此同時雷軍還組織人手、加印海報，將「秋夜豪情──金山詞霸Ⅲ首發儀式」的消息傳遍北京的每個角落。

1998 年 10 月 10 日晚間 8 點，北京友誼賓館的前廣場人山人海。兩個小時的首發儀式高潮迭起，1,000 多套金山詞霸 III 被趕來的人們購買一空，10 臺問天電腦和 15 臺 LJ2110P 雷射印表機作為獎品也被參與活動的人們悉數抽走。這次活動後來被求伯君和雷軍視為一次完美的、無懈可擊的商業運作。

秋夜豪情發布會是金山第一次大規模的市場推廣活動，當時市場反應十分熱烈，在接下來很短的時間內金山詞霸 III 就售出 30,000 多套。但是當秋夜豪情的熱情消散後，金山詞霸 III 的銷售額也很快歸於平淡。

當叫好不叫座現象出現的時候，雷軍決定做一件大事情，那就是價格改革。長久以來，金山產品的價格並不像微軟那樣高高在上，當微軟的 Word 動輒幾百元的時候，WPS 也始終奉行的是低價政策。金山詞霸的銷售價格更是低到了冰點，僅僅為 48 元。

1999 年「金山詞霸 2000」和金山公司的新產品「金山快譯 2000」相繼推出，當時很多人堅持將銷售價格定在 48 塊人民幣，但是雷軍提出了異議。他認為在盜版橫行的市場大環境下，價格是用戶唯一關心的，所以在經過長時間的調查和研討後，金山公司將這兩款新問世的軟體價格定在了 28 塊人民幣。

事實上，對於 28 塊人民幣的價格雷軍心裡也不是很有底，畢竟盜版光碟的價格遠比 28 塊更便宜。如果兩款產品上市後沒人買帳，那金山將面臨多種危機。為了徹底摸清市場，雷軍前往石家莊，拜訪了連邦公司的銷售點。讓雷軍欣喜的是，這個價格得到了連邦的

擁護，他們承諾購買 20,000 套。有了連邦的承諾，雷軍才把心放寬了一些。

1999 年 10 月 21 日金山公司正式透過媒體宣布，在為期三個月的促銷期內，金山詞霸 2000 和金山快譯 2000 的價格將從 168 元直接下調為 28 元。這個消息一經公布，馬上在軟體行業和電腦使用者中掀起了軒然大波。

10 月 30 日，金山詞霸 2000 正式上市，北京圖書大廈的銷售現場人潮爆滿，購買者排成了長長人龍，在六個小時內就售出了 3,000 套。當天，整個北京地區的銷售量達到了 27,000 套。三天內，金山詞霸 2000 首批軟體銷售告罄。這一結果大大出乎雷軍的意料，等他反應過來的時候，金山詞霸 2000 和金山快譯 2000 已經在全中國賣斷貨。

為了最大限度地滿足市場需求，金山公司在 11 月 6 日，再度向市場供應了 15 萬套金山詞霸 2000 和金山快譯 2000，結果僅僅兩天時間就再次斷貨。那段時間，雷軍的電話每天都被各式各樣的催貨電話打爆。為了應付催貨的經銷商，雷軍不得不親自監督生產線，以保證貨源的供給，金山的員工甚至不得不停下手中的開發任務，去充當搬運工。

一個月後，金山詞霸的第 100 萬套產品下線。作為中國國產軟體史上零售最多的正版軟體，中國國家圖書館對金山詞霸 2000 和金山快譯 2000 作永久珍藏。

2001 年，在北京申奧成功沒多久，金山公司推出金山詞霸 2002 和金山快譯 2002。在發布會現場，雷軍破天荒地給李陽頒發聘請證書。作為「瘋狂英語」的創始人，李陽對軟體發展可謂知之甚少。

這一年的 10 月 20 日，一場更大規模的行銷活動在中國首都體育館拉開了帷幕。那天，當兩萬多名觀眾手舞足蹈地與李陽一起用英語高喊的時候，雷軍感慨萬千。然而好戲並沒有就此結束。

2002 年，為了讓 WPS 適應新的發展趨勢，金山推倒了過去 14 年積累下的 500 多萬行代碼，對 WPS 進行重新編寫。這一次，雷軍將競爭的目標直指微軟。

2003 年開始，WPS 與微軟在政府採購市場上大打出手。憑藉著自身的優良性能和國家的政策支援，金山贏得了 56％的採購份額，贏了與微軟交手以來的第一個回合。2005 年，WPS2005 橫空出世，與體積龐大的 Word 相比它的體態可謂是無比輕盈，只有區區 15MB。這次 WPS 贏得了眾多用戶的支持，金山再下一城。

如果說政府採購帶有一定的政策指導性，使得金山在中國市場創下高收益的話，那麼 2006 年，在日本市場上，WPS2007 憑藉自身的出色性能在登陸日本市場短短幾天後，一躍成為日本最受歡迎的辦公軟體，則可以說是 WPS 在正面市場上對 Word 的一次完美阻擊。時隔半年，WPS 在越南上市，在當地掀起了購買狂潮，金山從此開始在世界辦公軟體市場上與 Word 分庭抗禮。

作為一個理想主義者，看著這一連串高潮迭起的演出，雷軍並沒有迷失自己，他總是一遍又一遍地提醒自己，腳下還有很長的路

要走。作為中國通用軟體的帶頭人，一路走來，雷軍的確要比大多數人更艱辛一些。

勤學苦幹的 IT 勞動楷模

若非熱愛，誰肯做勞動楷模？誰肯沒日沒夜地跟自己做到底？雷軍肯。他說，金山是一座山，16 年，他所有的精力都在爬這座山。金山上市，甚至給了他攀登珠穆朗瑪峰的感覺。可儘管千難萬難，他終究還是攀登上去了。

2007 年 10 月，金山在香港上市。求伯君累了，休養去了。雷軍卻仿佛不知疲倦，情緒激昂地對著一波又一波的記者侃侃而談。但是，兩個月後，雷軍出乎意外提出辭職，毅然決然地離開金山，引起整個行業的震撼、迷惑和不解。

只有雷軍自己才知道，多年來，沒有周休二日，每天工作超過16 小時，已經讓他的身心受到損害，無止境的疲憊如影隨形。休了四周的假之後，這位中關村裡公認的勞動楷模，最勤奮的勞動楷模，終於扛不住，放手了。每個人都有一個極限，一旦過了那個極限，反而會不管不顧、理直氣壯地隨心所欲了。徹底放棄，對他而言，未嘗不是一種解脫。

長期以來，雷軍都在發揚不怕苦不怕累的勞動楷模兼鐵人精神，死扛著打硬仗，可金山依然苦難深重。就連當初懇求金山收購的騰訊，都已經家大業大，可金山還在為利潤不到一兩千萬而發愁。尤

其在前有微軟，後有盜版的窠臼裡，金山的生存環境相當之惡劣。微軟之下，寸草不生。1994 年，微軟進入中國後，WPS 被 Windows 取代，金山差點倒閉。為了反擊，雷軍嘔心瀝血研發盤古組件，卻以慘敗告終。

1996 年，金山公司幾乎到了難以維持的地步，200 多人的公司，走得只剩下 20 來個。哪怕只是這樣的規模，金山也為工資發愁。為此，求伯君甚至賣掉了自己的別墅。雷軍在家裡足足休息了六個月之後，11 月重新回到金山，幫著求伯君收拾殘局。

2003 年 5 月，金山終於抓住了一根救命稻草── 8,000 萬孤注一擲投入網路遊戲。進入完全陌生的領域，大家起初都有點不知所措。但是雷軍依然充滿激情，集中了一批主管馬不停蹄地做了起來，公司上下包括司機、前臺人員都玩起了遊戲。好幾個月，雷軍基本上都是白天工作，晚上通宵玩遊戲，親自測試產品品質。這一點，恐怕在圈子裡只有同樣狂熱的巨人老闆史玉柱能夠做到，史玉柱也曾一天十幾個小時都在玩遊戲，四五臺機子一塊打。

雷軍經常自嘲說：「總而言之，我是以勤學苦幹出了名的，行業裡對我最多的美譽就是 IT 勞動楷模。」因為雷軍的事必躬親，下面的工作人員壓力很大。可也正是這種基於完美主義的苛求，挽救了金山。

隨著《水滸 Q 傳》、《大話春秋》、《石器時代》、《劍俠情緣網路版》等網路遊戲的出現，金山終於擺脫了前有炮轟後有追兵的狼狽，年均營業額增長 68％。

「好風憑藉力，送我上青雲」，正在上升狀態的金山很快就得到淡馬錫、英特爾投資基金和新宏遠投資基金三家風投的支持。有了充沛的資金，金山終於成功上市。

「我們一跑跑了八年，相信絕大部分公司都被上市拖垮了。」雷軍感嘆說。隨著金山的上市，一個中國最大的程式師富豪群開始誕生。根據金山公告顯示，年初發放了 1.08 億巨額期權，大約有 30％的員工獲得了股票期權，其中 60％集中在研發部門。根據雷軍透露，金山至少有 100 名程式師身家超過 100 萬元，430 多名員工從中受益。

執掌金山 16 年，雷軍歷經痛苦不堪的失敗，在泥濘中匍匐前行，其艱難可想而知。金山上市之後，他不希望金山繼續扛著深重的苦難前行，希望能夠邁著快樂輕盈的步伐，能夠輕鬆快樂一些；也不願再看到兄弟們繼續睡地鋪，沒日沒夜地熬夜加班，苦兮兮地看著別人過富足的生活。

與此同時，這位最年輕的老革命家也開始陷入反思：做企業，真的需要這麼艱難嗎？問題出在哪裡？我不比別人笨，還比別人勤奮，為什麼我弄個企業就這麼磕磕絆絆，那麼不容易？為什麼馬雲那麼容易，陳天橋那麼容易？

想了很久之後，他終於找到了答案——順勢而為。選擇比努力更重要，高山上的石頭，順勢踢它一腳，它自己就滾下去了，就成功了，巴菲特講的滾雪球，也是順勢而為。

「在金山後期我就覺得不對了，當你堅信自己很強大的時候，像坦克車一樣，逢山開路，遇水架橋，披荊斬棘。但是當你殺下來

以後，遍體鱗傷，累得要死，你在想，別人成功怎就那麼容易？」雷軍說。

殺敵一萬，自損三千。有時候，猛打猛捶的努力是不管用的，選對方向才是關鍵。金山有中國最優秀的一批工程師，是一支戰鬥力很強、執行力很強的精銳部隊。但是，在中國 PC 工業時代、中國互聯網時代的多次市場機遇中，於埋頭苦幹中錯失了機會。別人做互聯網的時候，他繼續做軟體，最後軟體業整體不行了。在他一邊做軟體一邊做互聯網的時候，又錯過了互聯網發展的黃金時間，最後還被軟體給絆住了。

而那些早年默默無聞的騰訊、盛大、新浪、淘寶等企業，卻因緊緊跟隨時代的浪潮，輕輕鬆鬆就青雲直上，勢如破竹，獲得了令人矚目的成功。最令雷軍鬱悶的是，他年復一年地苦幹硬幹，摸著石頭過河，最後卻悲劇地發現──河上原本有座橋，石頭都白摸了。

離開金山後，他無心插柳地做起了風險投資，投資於他的熟人圈子，結果逢山開路，遇水搭橋，玩得風生水起。他投資凡客、UCweb、尚品網等企業，很少失手。徐小平曾經說，在投資界雷軍就是神一樣的人物，非常非常厲害。

憶及往昔，雷軍只是淡淡地說道：「20 年前，我會知其不可為而為之，覺得沒有什麼不可能做的事情。現在，我會事先掂量一下──沒有必要什麼事情都去做，要做重要的事情，少做點事情。」

CHAPTER 4

得失卓越

20 世紀 90 年代末的互聯網行業氣勢高漲。雷軍找到老朋友陳年，在 2000 年共同創辦卓越網。雷軍給每個人投資時都會講清楚，大家一起共事四年，第一年搞砸了沒關係，第二年再做，如果做了四年還不成功那就算了，他有四年耐心。

2004 年 8 月 19 日，卓越以 7,500 萬美元出售給亞馬遜，如雷軍所言，他正好堅持四年。談判結束後，據說雷軍大醉四天，痛徹心扉的感覺外人無法知曉。他後來說：「賣掉卓越對我是個很大的打擊。有半年的時間，我非常痛苦，有賣兒賣女的感覺。」

但與失落相比，收穫似乎更大。「人在痛苦中才會思考，我思考的結論是要順勢而為。」

「雷校長」觸網

「1993 年夏天的一個晚上，雷軍被一個朋友神神秘秘地帶到中國中科院高能物理研究所的 Internet 機房。這是中國第一條接入 Internet 的線路。螢幕上一行行的 Unix 的命令在不停地刷新跳躍，雷軍的心也跟著跳得很快。上去之後，雷軍做的第一件事就是下載軟體，因為沒有索引，加上不瞭解，他花了很多工夫才找到自己想要的工具軟體；第二件事是將自己剛剛完成的一個小工具上傳到國外好幾個軟體下載網站。回去後，雷軍分析了剛下載的一個工具軟體，還給遠在美國的作者打了一個電話，1994 年初，雷軍去美國的時候還去拜訪了他。幾天後，雷軍再次登上 Internet，發現自己放在下載網站上的工具軟體得到了很多好評。」

這是 DONEWS 發起人劉韌在那篇著名的《雷軍追網》中記錄雷軍第一次接觸網路的經歷。

1992 年加入金山做通用軟體的雷軍，一直有一個夢想，就是能讓自己做的軟體運行在每一臺電腦上。這也是金山的夢想。1993 年雷軍與互聯網的這次親密接觸，讓雷軍發現，互聯網能為這個夢想開啟另一個通道：分享軟體。

但是，1993 年的互聯網對於大多數中國人來說，就像是研究室裡的超級電腦一樣遙遠，還只是象牙塔裡的一個學術名詞。互聯網最初只局限在科學研究領域。

那時，雷軍和求伯君等金山同事玩得最多的還是 CFIDO 網的 BBS。CFIDO 網也就是中國的 FIDO 網，這是一種字元終端模式的

BBS，不需要上網，而是透過普通 MODEM 撥號到伺服器端進行發送和接收論壇的帖子（也稱信件）。CFIDO 在 1991 年傳入中國，立即吸引了很多熱衷新玩意、迷戀新技術的人。CFIDO 也是互聯網興起前中國最大、最早的 BBS 網站。

1996 年 3 月，金山投資 15 萬元，在珠海開通了三條線的西點BBS 站；5 月，在北京開通了四條線的西點 BBS。BBS 讓人們第一次體驗到和千里之外的人交流和溝通的快感，能夠在一個虛擬世界中分享多元化的聲音。

對於雷軍來說，BBS 不僅是一個交流的地方，也是一個釋放自己情緒的地方。

1995 年，雷軍投入了三年的盤古組件上市後反應平淡。當年，求伯君對雷軍寄予重望——凡事都有第一次，讓雷軍這個以前沒做過管理的程式師主導盤古元件產品的開發和推廣，最後盤古的挫敗成為大家都不願看到的結果。

這時也是雷軍人生中最低潮的時期。1996 年 4 月，雷軍乾脆不去金山上班，在家休假，BBS 成了他最好的精神慰藉。可以說，雷軍是躲進了一個地方，一個可以肆意宣洩情緒和抒發感想的地方。

雷軍一直對西點軍校很推崇，經常用西點的管理理念思索當下的商業道路。在當時的西點 BBS 上，因為雷軍是站長，所以人們都稱他為「雷校長」。雷校長筆耕不輟，每天能寫兩萬字。就是在這個時期，雷軍洋洋灑灑地寫出《我的程式人生》。這是雷軍對過往的回顧，這種回顧也是一種能量的積蓄。

在那段日子裡，雷軍甚至一天寫過 200 多封信，與人瘋狂寫信，看誰寫的帖子多。1996 年可以說是中國 BBS 狂歡之年，1997 年的《大連金州沒有眼淚》這個帖子在 BBS 上瘋狂傳播，將這一狂歡推向高潮。這篇由 8848 的創始人老榕撰寫的帖子，透過 BBS 的傳播引發全中國網友的強烈共鳴，也成為表示互聯網影響力的一個真實標本。

在 BBS 的一畝三分地上，各種聲音此起彼伏，聊天文地理，談技術系統，甚至引發口水戰。在這一片喧嘩聲中，有丁磊、馬化騰、周志農，1996 年混 BBS 的這群人在以後的人生道路上，都再也沒離開過互聯網。

發明漢字編碼自然碼的周志農創辦了大自然站。雷軍在大學期間曾經癡迷於解碼，在破解中驚嘆大自然碼是軟體中的極品，雷軍來北京後最想見的人就是周志農。

1996 年還在寫小說的洪波坦言，自從買了電腦後，馬上就變了一個人，每個月 1,000 多塊人民幣的工資，都拿去繳交電話撥號上網的費用了。

當然，最著名的還是深圳 Ponysoft BBS 站長馬化騰。當時申請一條電話線的費用是 8,000 塊人民幣，再加上買電腦的錢，馬化騰建站個人投資超過 5 萬塊人民幣，這相當於馬化騰兩年工資的總和。當時的站友回憶，馬化騰最願意和別人聊的就是產品，當時誰也沒想到馬化騰後來會把 QQ 搞那麼大。

1995 年初，馬雲偶然去美國，第一次接觸到互聯網。馬雲專門請人給自己的翻譯社做了一個中文網頁，3 個小時就收到了 4 封郵件。當時的馬雲意識到：互聯網必將改變世界！

那真是一個群星閃耀的時期。這一時期的出現，預示著一個全新時代的開啟。

那些錯過的機會

1996 年，金山在建 BBS 站時，雷軍向金山的同事說了一句：「直接建一個 Internet 站。」同事聽了後驚訝地回應：「你怎麼有那麼多想法？」

早在兩年前的 1994 年，互聯網流覽器的誕生讓斯坦福大學的楊致遠和大衛‧費羅兩人以網站導航的形式建立了奇摩的雛形，奇摩網站流量大增，互聯網網頁進入飛速發展期。1994 年末，安德森和克拉克推出網景流覽器，大受歡迎。這些當然都是互聯網上的成功。

雷軍感到互聯網已經是大勢所趨。1995 年年底時，創建四通利方的王志東興沖沖地告訴雷軍：「我們開了一個 Internet 網站。」四通利方由香港的立方投資公司與北京的四通集團共同投資，成立於1993 年。王志東主持開發的 RichWin 中文平臺，是全球唯一支援多個作業系統，並全面支援互聯網應用的多內碼語言支援系統，在全球使用中文者中很受歡迎，為中國國產軟體之最。作為軟體公司，四通利方的互聯網網站一開始主要就是做 Rcihwin 升級用。

雷軍有上這個網站看過，認為沒多少人，還不如 BBS 人氣旺呢。

如果說當時的雷軍只是將互聯網看成一個技術趨勢的話，那麼，王志東在四通利方網站看到的實際上是一種創業模式。四通利方是

間二、三十人的公司，當時將辦公室設在了中關村一所小學裡面。當時中國媒體都在高調地稱中關村為中國矽谷。事實上，身處中關村的王志東看來，中關村缺乏一種體制——模式上的創新。

王志東在 20 世紀 80 年代北京大學無線電電子學系就讀時，也看過《矽谷之火》這本書。創建四通利方時，王志東的設想就是創建一家能夠體現矽谷模式的公司。但是 1995 年時的王志東感覺四通利方還是一家小公司，缺乏成長。這時，他受到微軟的邀請，有機會去美國學習，去了嚮往已久的矽谷。

在那裡，王志東見到當時促成網景上市的摩根士丹利專案經理，摩根士丹利的專案經理給王志東提出了融資建議。矽谷模式說到底，就是技術和資本能量的聚合。事實上，融資並不是單純的資金注入。做融資，是把公司的身份、體制變一變，在王志東看來，就是得走這條路。

王志東的矽谷之行，可以說是中國軟體公司邁入國際資本圈的第一步。這時他才明白，原來四通利方軟體公司，只是總部在北京，四通利方完全可以走一條國際融資、美國上市這樣的道路。王志東當時所設想的這條資本之路，也成為後來很多中國互聯網企業的融資套現樣板。

1996 年，王志東結識了在美國羅伯森斯蒂文森公司工作的馮波，並與羅伯森·斯蒂文森公司簽訂了融資合約。這份合約對於中國來說意義非同尋常，它是中國創業者資本國際化的開端。

互聯網與其說是一門技術，不如說是一種觀念，一種打通與交流的方式，一種本土與國際對接的橋梁。

　　與四通利方一樣，同樣在做互聯網網站的還有一個叫作愛特信的網站。雷軍偶然發現這樣一個網站，就記住了這個名字，是因為雷軍感覺這個名字有點像愛立信。愛特信有一個指南針的服務，上面有一些網站的連結，顯然這是在模仿奇摩，這個網站就是搜狐的前身。

　　1995 年，張朝陽畢業於美國麻省理工學院回來中國。張朝陽的第一份工作是在一家叫 ISI 的美國公司出任中國首席代表。ISI 的業務主要是將來自中國、波蘭和全世界新興市場的商業資訊，彙集到同一個伺服器上，透過付費的方式提供給各大公司，主要是華爾街的投資機構。張朝陽接觸的主要是新華社，從那裡收集資訊，建立中國的資訊資料庫。

　　1996 年，張朝陽用一段中國大國崛起的演講，說服了曾經寫出《數位化生存》的尼古拉斯·尼葛洛·龐帝投資 20 多萬美元。1997 年，他又找到了英特爾。當時的英特爾正為錯失奇摩這樣一個機會而惋惜，同時又急於推動自己硬體產品的銷售，但在中國也只是投了洪恩軟體，對於互聯網還沒有接觸。這時，張朝陽找英特爾算是恰逢其時。

　　1997 年 10 月，雷軍與張朝陽在聚會上第一次見面，兩人聊了幾句，但沒什麼特別感覺。

　　張朝陽和王志東的國際資本之路為中國催生出兩大門戶網站。等到雷軍幡然醒悟，找到這條拿美國人的錢再去美國股市上賺美元的道路時，那已經是 2,000 年，此時互聯網的泡沫正在破滅。

1997 年正是雷軍實施以戰養戰的關鍵時期，為了將 WPS 堅持下去，金山推出金山詞霸等產品，用這些小東西來為 WPS 積蓄能量，拓展市場。但是雷軍內心感到互聯網已是大勢所趨，可又無暇顧及。他對於互聯網充滿期待，有感於張旋龍資本之手的巨大能量，所以在互聯網戰略上行動較慢的雷軍，開始把目光投向那些可以收購的資源。

1997 年，FoxMail 上線，這款強大、運行效率高的郵件終端一下子讓雷軍看到機會。他主動找到張小龍，兩個人的第一次談話還是很愉快的，並且初步敲定了 15 萬元的收購價格。一切都在電話中敲定，但後來事情的進展而發生了逆轉。

當時雷軍正在北京忙著聯想投資金山的事，實在走不開，就請研發部的同事去和張小龍談，結果沒談成，原因是研發部認為「張小龍那個東西，我們一兩個月也能做出來」，他們還反問雷軍：「值得嗎？」

後來，廣東做網站服務的博大公司以 1200 萬元收購 FoxMail，張小龍加盟博大，任首席技術官。雷軍對金山錯過這次機會十分痛心，他後來說：「直到今天，還有程式師告訴我，一兩個月就能做好一個 FoxMail。」

1997 年 5 月，當時混跡於 BBS 的丁磊在廣州成立網易，開始用自己的錢開發一款分散式免費郵件系統。1998 年，微軟以四億美元收購 Hotmail 的舉動啟發了丁磊，他依靠賣郵件系統獲得 500 萬的利潤。很多人都來找他談投資，這其中也包括雷軍。

請了兩次，」磊才到珠海與雷軍、求伯君坐下來面談。網易當時成立剛剛兩年，只有七八個人。雷軍提出以 1,000 萬收購網易，但是丁磊一點興趣都沒有。

這就好比一位蓄勢待發的少年，想要在廣闊天地裡大展拳腳之時，迎面走來一位步履蹣跚的中年人，對他說：「你跟我回家去吧。」

丁磊當時笑而不語。

卓越網從軟體下載起步

1997 年，中國提供中文互聯網資訊的網站寥若晨星，遍地都是機會，雷軍將目光放得更長遠。

這時，網易開始派發大容量的免費個人網站空間，於是也就有了中國的第一批個人網站，同時也給中國的互聯網帶來了大量實用的資訊和內容。在中文資訊匱乏的年代，是這些個人網站一度支撐了中國互聯網的人氣。

1997 年 10 月，一個名叫「高春輝的個人主頁」訪問量突破 2 萬人次，「高春輝的個人主頁」成為第一個進入 CNNIC 排名的個人網站。高春輝是雷軍在 1996 年混 BBS 時的熟人，雷軍從大學時代起就對軟體的加密和解碼很癡迷，高春輝也是同道中人，兩個人經常打電話切磋技藝。

從雷軍在中科院高能所第一次接觸互聯網開始，互聯網對於他來說最大的現實意義就是下載軟體。可見他的軟體情結太深了。雷

軍給高春輝打了一個電話，並不是單純地聊技術。談完之後，他讓高春輝拿出一份軟體下載的解決方案，做一個網站。但是根據雷軍對高春輝的瞭解，高春輝是一個個性很強的技術人員，因此雷軍對他的管理能力還是沒有把握，於是只是先投了 50 萬元。

1999 年 2 月，網站開始上線試營運，當時僅有 5 名員工，屬於金山軟體公司下屬的一個事業部。這個網站就是卓越網，很多人都不知道卓越網一開始是一個軟體下載網站。

作為互聯網的第一次試水溫，雷軍對卓越網投入了很大的心血，寄予了很多的希望。他事必躬親，參與到卓越網具體的管理中去。對於那段歲月，雷軍用「左手卓越，右手金山」來形容。

等到 1999 年年底，金山一共向卓越投了一兩百萬人民幣，使卓越在 CNNIC 排名到第 33 位。1997 年成立的中國國家互聯網資訊中心——CNNIC，主要是對中國互聯網資訊進行監測，CNNIC 的這些指標也是當時風投追逐目標公司的一個重要參數。

在 1999 年，中國互聯網的商業模式還不算清晰，互聯網廣告是商業計畫書上的一個主要盈利模式。只要網站訪問量足夠大，流量排名靠前，而且有很好的定位，鎖定垂直行業，似乎就能有廣告收入。但是，事實上，中國的互聯網廣告等到 2003 年 SARS 時，才迎來了轉捩點。SARS 導致更多的人足不出戶，以前投戶外廣告的人開始想起了互聯網這個媒體，於是網站才迎來了互聯網廣告的曙光。

在這之前，互聯網廣告還屬於新興媒體，即使有流量，廣告商也不認。在雷軍看來，不能帶來利潤的流量實際上都是垃圾。

在那本書寫中國互聯網發展歷程的《沸騰15年》中，記錄雷軍和陳一舟在1999年年底的一場討論。這場討論至今仍別具意義。

雷軍和陳一舟是武漢大學的校友，雷軍經常去ChinaRen找陳一舟聊互聯網。1999年，陳一舟與斯坦福大學校友周雲帆、楊寧共同創辦了ChinaRen.com公司，他們用一年燒1,000萬美元的速度將網站做得熱血沸騰。

「ChinaRen的人氣的確不錯，但你靠什麼賺錢呢？」雷軍問陳一舟。

陳一舟回答：「來我這裡的都是年輕人，有很強的消費能力。他們在我這裡聊天、做個人網頁，非常高興，然後我就可以向這些人賣手機。」

雷軍立刻告訴陳一舟這種想法沒戲，他說：「你的這種想法和我們1996年做CFido的想法一模一樣，我那個時候出錢買伺服器，付電話費，網友們在我這裡也玩得很高興，但他們覺得來我這裡就是在給我面子，我賺不到錢。」

陳一舟不同意雷軍的觀點，他覺得，只要人聚在一起，就可以賣東西給他們。

兩人誰都沒說服誰，事實上這次談話反倒讓兩人各自對於互聯網的理解更堅定了。此後陳一舟還執著於人人網，而雷軍也有了新的方向。

卓越網即將迎來一次重大的變革，事實上卓越網的變化也昭示著雷軍對於互聯網的認識與感悟的不斷深化。在經歷了互聯網帶給

人們的興奮與集體狂歡之後，我們能用互聯網做點什麼呢？怎樣才能用互聯網掙到錢呢？這是雷軍思考最多的問題。

此時的雷軍已經開始領悟到，互聯網就像是水和電一樣，就是一種工具，最終還是得落在解決實際問題上。

1999 年，美國《時代》週刊將亞馬遜創始人貝佐斯作為當年的封面人物。貝佐斯一手打造的亞馬遜商業帝國，用電子商務為顧客節約了金錢支出和寶貴的時間，讓互聯網為客戶創造出真正的價值。但貝佐斯和亞馬遜所開創的電子商務道路還僅僅是個開始。

同一年的 5 月 18 日，王峻濤（網名老榕）一手操辦中國第一家線上銷售軟體、圖書的 B2C 網站正式上線，取名為「8848」，以珠穆朗瑪峰的高度命名。中國電子商務的道路從此開啟，能夠達到的高度只能留待時間去證明。

1999 年 11 月北京，在圖書出版行業打滾了 10 年的李國慶、俞渝夫婦創建了中國第一家網路書店——當當網；在杭州，剛剛從北京回來的馬雲，在城郊湖畔花園的一間屋子裡建立阿里巴巴電子商務網站；在上海，邵亦波和來自哈佛的校友創辦易趣網，這是中國的第一個 C2C 電子商務網站。

傳統商業走上互聯網這條資訊公路，會發生怎樣的巨變？這是一次重新發現的旅程，在這場變革面前，稍許的遲疑都可能使你在未來的競爭中陷入被動，甚至導致一無所獲。

想做電子商務

1998 年王峻濤做 8848 時，就想拉雷軍做天使投資，但是雷軍沒投。事實上，雷軍腦海中有一個更大的計畫。

1999 年年底，雷軍終於想明白了。他給金山的大股東張璿龍看 PPT，拿出一個未來的互聯網商業計畫，就是做電子商務網站。此時張璿龍對投資互聯網正躍躍欲試，他並未完全明白雷軍到底想弄出什麼東西，總之投資互聯網就對了。

就在雷軍說服張璿龍投資互聯網之時，一場席捲全球互聯網行業的風暴正在醞釀。1999 年 12 月，摩根士丹利語出驚人：在美國資本市場上，科技、網路和電子通信股票已經高出其合理價格的 45％到 50％。摩根士丹利預言，科技股的泡沫終有一天要爆破，投資人對科技股的信心過高，科技產業的獲利表現，實際上不可能達到這種高度的預期——從美國資本市場上一脈傳承的中國網路股無疑也將面臨巨大的風險。

在美國經濟經歷十年之久的高速擴張後，大量國際資本流入造成了投資需求的過度膨脹。2000 年 3 月 10 日，美國的科技股市場納斯達克指數從 5132.52 點一瀉千里，大約 60％的互聯網公司紛紛倒閉。

這時，雷軍要找國際資本投資互聯網比登天還難，他最後說：「如果是金雞母的話為什麼不自己投資，還有什麼比我們自己投資更有信心？」

2000 年伊始，聯想分拆，投資業務交給朱立南管理的聯想投資。2000 年 3 月，聯想從香港二級市場中套現 30 億人民幣，正想投資互聯網。於是，當雷軍找到朱立南時，後者欣然應允。

雷軍是互聯網的堅定信仰者。在寒冷的冬天，他對互聯網價值的信心一直沒有動搖過。雷軍在回憶這段經歷時說：「我覺得做什麼事情想清楚，如果能從信念上升到信仰的話，你無所畏懼。」

雷軍信心十足，非常看好卓越，甚至提出自己擔任 CEO，但是董事會不同意。於是，他找來王樹彤。

王樹彤於 1993 年加入微軟，擔任市場服務部經理和事業發展部經理。在微軟公司做到第六個年頭的時候，王樹彤的業績已十分優秀，微軟在中國的 3,000 萬美元的銷售額中，有三分之一是王樹彤領導的團隊完成的。總是喜歡挑戰自己的王樹彤又跳槽到思科。1998 年錢伯斯訪華，思科開始在中國市場全面發展。王樹彤當時是思科中國公司高級主管中唯一的女性，她領導的團隊被公司評為亞太地區最佳團隊。

很多人都對雷軍找王樹彤很納悶。雷軍看準王樹彤，是因為這些年來她非常瞭解市場，而且與客戶往來的經驗也多。他對王樹彤說：「我們現在想做電子商務，你有沒有興趣來做？」他繼續鼓勵道：「這是一個重新洗牌的機會，你可以循規蹈矩地過下去，但你也可以選擇另外一種生活方式。」一周後，王樹彤欣然同意。

雷軍又找到陳年，與雷軍同歲的陳年是《書評週刊》的主編。雷軍的想法是仿效亞馬遜，從圖書音像銷售起步，所以卓越網一開始就想做一個網上書店。在雷軍的朋友圈裡，陳年最懂書，兩人經

常在一起聊書。當時陳年對互聯網的想法還停留在怎麼用它去看國外的新聞，他說：「大家早期都是從這兒開始的。」

2000 年金山召開春節聯歡會，雷軍邀請了陳年、王樹彤兩個人。那天，他們遠離聯歡會上熱鬧的人群，在西苑賓館聯歡會外的一張桌子上談了一個多小時。這或許可以當作卓越網的第一次高層會議。

5 月的北京，金山和聯想共同投資單獨成立卓越公司。聯想出資 450 萬美元，占 30％的股份，金山原有的資源作價占 70％的股份。雷軍任董事長，公司定位於中國 B2C 電子商務業務。

北京紫金大廈 100 多坪的地下室裡放了一些書、唱片、玩具，大廈的第 20 樓就是卓越網的辦公室，卓越網的電子商務之路也由此開始。

卓越成立時設立了三個部門：音樂事業部、圖書事業部、軟體事業部。雷軍、王樹彤和陳年當時的想法就是：「這個東西只有在我這兒才能買得到。」所以這三個部門的任務就是做出獨一無二的內容來。

在卓越網的辦公室裡，曾經有這樣一群人，要嘛頭髮特別長，要嘛就是光頭。一會兒一個人說道：「下個禮拜把王菲搞定！」這就是卓越網最早的音樂事業部。他們所說的搞定就是出唱片。接著其他人討論說：「我們出一張唱片，這張唱片一定是最紅的唱片，透過卓越網能賣 100 萬張或者是 1,000 萬張。」陳年回憶起當時的音樂部時說：「那群人也很神。」結果這群人第二周並沒有把王菲搞定。

卓越曾付給音樂人宋柯 70 萬元讓他幫忙做一張 CD，結果銷量不盡人意。有人告訴雷軍，其實做一張 CD 30 萬元就夠了。後來雷軍遇到宋柯提到此事，宋柯樂了：「不宰你們，宰誰啊。」

陳年當時是圖書事業部的負責人，他找衛慧寫書，結果衛慧很快就被封殺了，而軟體部門的軟體也不是一時半會兒就能出來的。剛剛上線的卓越網賣什麼呢？

燒錢機器

陳年帶著圖書部裡從清華、北大畢業的年輕人，開始忙著採購、編輯、銷售圖書，所以，剛開始圖書成為卓越網最主要的業務。這時候，雷軍和陳年驚奇地發現，其實也沒搞定誰，業務就這樣進行下去了。

2000 年 5 月，他們發現賣得最好的一套圖書是《加菲貓》，黃健翔的新書就是賣不過《加菲貓》，《加菲貓》第一次讓卓越有了收益。但是，雷軍覺得，不能只賣《加菲貓》吧？

2000 年年初，在新浪、網易、搜狐之後，8848 提出了自己的 IPO 計畫。有著國際背景的譚智出任 8848 CEO，8848 的業務也由單一的 B2C 變成 B2B 與 B2C 並行發展。王峻濤是個充滿激情的人，他跟譚智在對企業發展方向的理解上存在差異，這也同時埋下了兩人日後分道揚鑣的種子。最終，8848 變得只遵循資本方的主觀意志。接著王峻濤離開 8848，引爆資本市場對於中國電子商務的信任危機。

也許在 2000 年亞馬遜股票應聲跌落的時候，資本市場對 B2C 還抱有最後的一絲幻想，但王峻濤的離開向投資者傳遞出這樣一個信號：B2C 概念已經沒有任何投資價值。

在中國電子商務史上，具有創世紀意義的 8848 已經隕落，這是一個終點，還是一個轉折呢？雷軍找到陳年和王樹彤，一起反思 8848 的成敗得失。

如果說 8848 剛開始是王峻濤個人理想的體現，那麼隨著第一筆風投的進入，8848 實際上就變成一個資本推動的概念，它仿效的是亞馬遜大而全的供貨方式。實際上亞馬遜 1995 年成立時，本來打算四到五年實現盈利，但是因其間經歷了 2000 年的互聯網泡沫破滅，直到 2002 年才實現盈利。

雷軍、陳年、王樹彤，他們三個都是有個性的人，完全模仿亞馬遜的事情他們誰都做不出來。

那段時間，雷軍總在琢磨卓越網如何賣貨。在買 T 恤時雷軍發現，在當時的中國消費市場中，有一種趨同的消費心理，與國外追求個性化的消費方式不同，大眾樂於買同一種商品。

《加菲貓》就是個好例子。事實上只要挑選出真正符合大眾的、流行的品種來，就能把《加菲貓》的成功不斷複製，這就是後來卓越網自己總結的小而精的精品路線。精品策略的好處在於供貨品種比較少，能以相對少的庫存保證交貨時間，縮短了供貨週期。同時，在有限的幾樣商品上大量鋪貨，能大大降低成本。

從《加菲貓》開始，到後來的《東京愛情故事》、《大話西遊》，這些都是卓越網打造的精品。陳年說，當時賣《大話西遊》的時候，

旁邊還擺著義大利新現實主義作品代表作《偷自行車的人》。他對於作品早就練就了非同一般的感知力，卓越網也形成了一套自己的眼光、口味、愛好。卓越網頁被注入一種文化基因，這種基因後來又伴隨陳年創辦凡客，在凡客體的病毒行銷中再次顯現。

暢銷品選定後，如何提高銷量，讓雷軍、王樹彤和陳年絞盡了腦汁。最後的方案是：將《大話西遊》的正版價格賣到盜版價格，基本上這張盤買來多少錢就賣多少錢。這時卓越網賣的就是口碑，賣的就是廣告。後來陳年創辦凡客，29 元初體驗的行銷策略就來源於此。卓越網讓雷軍、陳年，和王樹彤加深了對互聯網、行銷的理解和認識。在後來的日子裡，陳年、王樹彤在電子商務的道路上越走越遠。

卓越剛起步的時候，每天處理 100 張訂單很容易，但從 100 張單到 500 張單就發現倉庫不夠。卓越後來一日處理 1 萬張單，再到 10 萬張單就極其痛苦。做 10 萬張單，僅北京的倉庫就要 3 萬平方公尺，相當於 6 個標準足球場。

消費者每天打開網站，購買自己想要的商品，這看起來稀鬆平常。但是，在卓越網的身後有一個龐大的供貨平臺，而支撐這一平臺的是一系列技術管理、流程管理、成本控制系統。同時，電商還要投入巨大的資金量展開宣傳攻勢，再加上中國物流配送系統不健全，支付手段不成熟，電商實際上是在用真金白銀向人們宣傳一個網路購物的概念。

　　如果說 B2C 行業就是一臺燒錢機器，卓越網燒的錢都是自己的錢。當當網和 8848 都在資本市場賺到錢，而卓越網只有自己的1,600 萬元。雷軍感嘆道：「我們甚至陷入了差點關門的境地。」

　　互聯網資本市場從 1994 年網景上市後的狂熱泡沫到 2000 年的冰河世紀，所有冰火兩重天的冷暖雷軍全部經歷過。2003 年，雷軍遇到以前的同學陳小紅，後者已經在美國做投資 10 年，對於美國的資本市場相當熟悉。最後，由陳小紅做中間人，促成了老虎基金投資對卓越的交易。老虎基金在美國與索羅斯的量子基金齊名，也是最早進入中國市場的美國風險投資公司之一。

　　老虎基金曾大方地問雷軍：「你們缺多少錢？」

　　但聯想和金山都不想讓自己的股權被稀釋，他們不願失去對卓越的控制權，所以投資規模被限制在 5,200 萬元。2003 年 10 月，老虎基金成為卓越網的第三大股東，金山約占 50%，聯想投資和老虎基金各占約 20%，其餘 10% 為管理團隊控股和職工期權。

　　經歷 2000 年的互聯網泡沫破裂後，老虎基金投資於卓越也表明一個信號：互聯網資本回暖的時節已經到來，這些資本大鱷早就嗅到了市場的變化。

　　雷軍給卓越算過一筆賬，卓越當時面臨當當、貝塔斯曼等國內國外競爭者的步步緊逼，要實現穩健盈利，至少還要再投入 10 億人民幣。

　　誰能雪中送炭？

亞馬遜的中國站

2003 年 8 月 24 日，英國《經濟學家》雜誌的封面報導聚焦於當當網，他們認為當當網正在創造一個中國電子商務的奇蹟。

這篇報導對於美國的第一大 B2C 網路零售商亞馬遜來說，意義尤為重大。亞馬遜 CEO 貝佐斯在這篇報導中看出了事情的緊迫性，並很快派出亞馬遜副總裁一行 5 人來到北京。亞馬遜來到中國的目的只有一個，就是要全力進入中國市場。

2004 年情人節，亞馬遜的高官團隊參觀了卓越網，當時雷軍和陳年都感到莫名其妙，因為在他們看來，亞馬遜要投資的是當當網。其實早在 2002 年 12 月，李國慶、俞瑜就秘訪過亞馬遜，當當網為此還制訂代號為「紅寶書行動」的計畫，足見當當網對於亞馬遜投資在戰略上的重視。

這一年，中國的電商進入了消耗戰。電子商務網站在經歷了 2003 年 SARS 機遇的爆發式增長後，進入了價格戰階段。卓越和當當都打出了低價戰略的牌，目的就是要消耗對手。在這場價格戰背後，實際上是一場資金實力的較量。

但是，外資收購中國本土企業是一把雙刃劍，由此產生的水土不服甚至可能演變成一場自我毀滅的悲劇。2000 年 4 月，作為聯想互聯網戰略的 FM365 門戶網站上線，2001 年 6 月聯想宣布與美國線上合作。從那天起，FM365 的噩夢就來臨了。首先，FM365 與美國線上的談判就經歷了漫長的膠著期，兩個公司的部門設置不一樣，給談判造成很大困難。後來在美國線上的介入下，FM365 進行了一

次大規模裁員，這次裁員簡直就是 FM365 的一次自殺。FM365 從此一蹶不振，直至灰飛煙滅，成為聯想觸網的敗筆。

　　亞馬遜自 2000 年經歷互聯網泡沫破裂的風暴後，在 2003 年終於迎來股票的回漲，從這一跡象中，亞馬遜開始嗅到未來市場的前景，於是在 2003 年底決定進入一個全新的市場。這個市場就是中國。

　　亞馬遜的目的很明確，把中國最好的 B2C 公司買下來。亞馬遜全力控股的意願是不會更改的，而當當網的堅持讓雙方的談判陷入僵局。亞馬遜在 2 月和 3 月共來中國兩趟，第一次分別拜會卓越和當當，第二次卻只找了卓越。

　　雷軍和陳年天天早起學英語。後來隨著談判的深入，雷軍和陳年也弄明白了，自己要做的就是向亞馬遜證明卓越是最好的就行。「當然，報表這個東西是瞞不了人的。」陳年如是說。

　　在收購價格上，亞馬遜當時給當當網開出的價格是 1 億美元，給卓越開出的價格卻只有 7,500 萬美元，有人認為卓越被賤賣了。但卓越網如果放棄亞馬遜，轉向中國國內風投的話，情況可能更糟。中國的風投當時胃口也不小，而且動不動就要求控股，最終逃不出一個結果：股份被稀釋，金山失去主導權，無情出局。

　　雷軍最後無奈地說：「見好就賣吧，這樣對得起股東也對得起員工，不能等到撐不下去了關門。」事實上，在一個企業的發展過程中，對股東起決定性作用的，有時並非完全是因為缺錢，而是他們認為在那個時候出手是一個合適的選擇。

　　卓越自 2000 年成立，直到 2003 年才開始盈利，雷軍預測：「以卓越當時的盈利，股東要想收回投資恐怕得過 10 年到 20 年。」

透過這筆交易，金山獲得 4,000 萬美元，聯想控股獲得 2,250 萬美元。收穫最大的是老虎基金，投入 5,200 萬元人民幣不到一年就有豐厚回報。陳小紅也因為這筆交易成為老虎基金合夥人，此後開啟對中國電商地毯式的投資步伐，京東商城、當當網、凡客誠品、樂淘等一系列電子商務網站都有陳小紅的手筆。

對於此次收購，雷軍心情沉重。從立志做「中國的亞馬遜」到後來「亞馬遜的中國站」，鍋中滋味只有雷軍嘗盡，外人無法體會。談判前後歷時六個月，雷軍從開始的不捨、痛苦、猶豫變成後來的無奈、決絕和果斷。談判結束後，他無奈地說道：「讓我先緩一緩。」2004 年 8 月，與亞馬遜正式簽約後，雷軍連醉四天。

王峻濤後來在網上發帖子回憶說：「我到現在都還清楚地記得，那個夏天的夜晚，雷軍坐在友誼宮外面的噴泉旁邊，說他有個計畫，『要做中國的亞馬遜』。現在，真的成了中國的亞馬遜。」

或許隨著時光流逝，雷軍終將淡忘過去許多傷痛悲涼的失意時刻，但他絕對不會忘記那個挫折與希望並存、沮喪與驚喜交替的 8 月，忘記破釜沉舟般艱難邁出的那一步。創業路遠，有人硬著頭皮緊咬著牙前行，最終頭破血流；有人乾脆把企業賣掉變現，趁勢全身而退。雷軍屬於第三種人，放下包袱，再挑重擔。

CHAPTER 5

「毒霸」的硬功夫

從 WPS 到詞霸、毒霸，再到遊戲。迫於上市和財務報表壓力，金山每個新業務往往只開發一年多就偃旗息鼓。先後與四通、聯想的合作更像依賴豪門，理想主義逐漸淪落為機會主義。有人說，金山多年上市無疾而終，就是因為缺乏真正的核心力量。

雷軍就像定海神針一樣默默支撐著，儘管他曾向副手和部下推心置腹地傾訴「自己不容易，大家不容易，活得太窩囊」，甚至情到深處潸然淚下，但他依然以勞動楷模的精神帶領大家衝鋒陷陣，並且戰功卓著。圍繞金山毒霸的大小戰役顯現出雷軍的戰略思想和指揮能力。

芯黑才能把病毒殺乾淨

在雷軍潛心研究盤古元件的那幾年時間裡，中國的電腦領域還發生了一件大事情，那就是互聯網正式登陸中國。

1994 年，中國加入國際互聯網的要求獲得批准，NCFC（中國國家電腦網路）工程透過美國一家名叫 Sprint 的公司成功地連接到 64K 的國際專線中，首次實現了與國際互聯網的全功能連接，中國正式進入互聯網時代。

雖然互聯網在中國起步相對較晚，但是它的發展勢頭卻格外迅速。當時，在北京中關村白頤路南段的街角處，一個巨大的看板上寫道：「中國人離資訊公路有多遠——向前 1500 公尺。」這是中國互聯網第一人——張樹新為自己的公司瀛海威打造的廣告，這個廣告在當時看來的確奪人目光，可是現在回頭去看，卻發現在 1,501 公尺的地方，電腦病毒正如同餓狼一般，窺探著即將到來的一切。

早在互聯網產生之前，病毒就如同令人厭惡的寄生蟲一般，盯上了老式電腦，雖然它的起源只是一個小小的惡作劇。1982 年，一個叫裡奇・斯科倫塔的 9 年級學生，為了戲弄自己的朋友，編寫了一款惡意程式。當它在電腦上發作時，電腦螢幕上就會自動彈出：「It will get on all your disks.」（它會占領你所有的磁片。）「It will infiltrate your chips.」（完全潛入你的晶片。）「Yes, its cloner！」（是的，它就是克隆病毒！）「It will stick to you Iike glue.」（它會像膠水一樣黏著你。）「It will modify ram too.」（也會修改你的記憶體。）「Send in the cloner！」（傳播這個克隆病毒！）

與國外的病毒惡作劇相比，中國的第一款病毒「小球」略顯滑稽。這款 1988 年首次發現的中國國產病毒，會在整點或半點的時候觸發。小球發作後，桌面上會出現一個活蹦亂跳的小圓點，它肆無忌憚地遊走，如果有文字或者圖片阻礙了它的前進路線，它就會毫不猶豫地將這些路障削個七零八落，直到系統徹底崩潰無法運行。

小球出現後不久，國外的一些病毒也開始陸陸續續地進入中國。這些病毒讓中國的駭客大開眼界，在它們的啟迪之下，中國國產病毒也變得愈發精緻新穎。而那些遭遇病毒侵擾的人們，一邊對病毒的程式設計技藝大加讚賞，一邊卻又為消除不了這些病毒而愁眉不展。防毒軟體就在這樣的大背景下誕生了。

1988 年，小球橫掃大江南北的時候，尚在大學讀書的雷軍對它的開發者佩服得五體投地，他甚至一度認為小球就是軟體行業中的工藝品。不過年輕人的好勝心激發了雷軍的鬥志：你做的雖然好，但是你對人們無益，我做一款比你更好的，還能消滅你！於是雷軍的第一款防毒軟體免疫 90 問世。這款防毒軟體雖然談不上成熟，但在那個年代，已然是很不錯的產品了。

加入金山公司之後，雷軍將更多的精力投入到 WPS 的升級以及盤古元件的開發中。至於防毒軟體，雷軍將它塵封在自己的記憶中。

1996 年 5 月，瀕臨倒閉的金山公司，憑藉著金山影霸的出色表現給自己留下了存活的一口氣。當時，在連邦公司的銷售排行榜上，金山影霸長時間占據第一位。江民防毒軟體公司的老總王江民對此耿耿於懷，多次遷怒於連邦公司，指責他們銷售不利。為了改變江民軟體銷售不利的局面，王江民索性留職停薪親自到中關村坐鎮指

揮。這一招十分見效，'王江民公司在短短幾個月的時間裡拿到 150 萬人民幣的訂單，這是一個非常了不起的成績。

雷軍知道這件事後，起初心裡很不痛快，總覺得王江民這個人有點倔強，金山都落魄到如此地步，竟然還有人落井下石。但是這種情緒並沒有持續多久，在王江民取得 150 萬份的訂單之後，雷軍驚喜地發現了一塊有待金山開發的新大陸——防毒軟體。

經過研究分析，雷軍發現王江民的防毒軟體 KV200 雖然優秀，但是缺乏特點，只要肯做，金山公司一樣能做出這樣的產品。他的這一想法得到了金山程式編寫人員的認可。他們從專業角度審視，一致認為 KV200 是一款極普通的防毒軟體，甚至可以說毫無亮點，並且信心滿滿地相信自己能做得比 KV200 更好。但是鑑於當時 WPS97 的推出刻不容緩，這件事情還是暫時擱置了下來。

1997 年，WPS97 在市場上捷報頻傳，低落了一年的金山公司終於重入正軌。這個時候開發新的軟體、新的市場成為雷軍關注的重點，於是防毒軟體的開發被重新提上日程。與一年前相比，金山公司在這個時候可謂是兵強馬壯，要錢有錢、要人有人，萬事俱備只欠東風。可讓誰來做這件事呢？這是困擾雷軍很久的問題，最後想來想去，雷軍將目光放在了盧新冬身上。

盧新冬是金山公司的老員工，也是一個非常優秀的程式師。在金山陷入困境時，堅持下來的人並不多，而盧新冬則是這些人中最任勞任怨的那一個。WPS97 成功上市後，盧新冬又馬不停蹄地與求伯君一起研發 WPS 的 NT 版。所以當雷軍突然說要他去金山反病毒小組做組長的時候，他多少有些不知所措。

　　1997 年 11 月，金山反病毒小組在雷軍的授意下正式成立，小組組長盧新冬，小組組員盧新冬，整個小組只有盧新冬一個人。脫離了 WPS 開發團隊的盧新冬，一下子變得安靜了很多，人們幾乎忘記了這個人的存在。那段時間，盧新冬自己一個人靜靜地待在辦公室的角落裡，看著電腦發呆，看著電腦思索。

　　互聯網興起的最初幾年時間，網路病毒還遠不如現在這般氾濫，當時中國所有的流行病毒加起來也不過 2,000 多個。盧新冬待在公司的一隅之地，很快就編寫出了一款足夠應付這些病毒的軟體，其表現還真不比 KV200 遜色多少，連雷軍這樣的狂人都對它讚賞有加。

　　盧新冬交出了一份優秀的成績單，但是雷軍沒有因此而滿足。要想在防毒軟體行業走得更遠、更好，僅僅靠盧新冬一個人是肯定不行的，必須儘快壯大這支隊伍。那段時間，雷軍成了祥林嫂，見人就問「有認識會開發防毒軟體的人嗎？記得介紹給我。」還真有人把這件事放在了心上。

　　1998 年，連邦公司在泉州的一位老闆給雷軍打來電話，向他推薦了一名年輕人，叫陳飛舟。有人牽線，搭起橋來也就格外方便，雷軍與陳飛舟很快取得聯繫，一來二去聊得很是投機。不久，雷軍就主動邀請陳飛舟來珠海金山總部面試。

　　面試那天，金山公司的幾位大佬悉數到場，章立新、董波、求伯君不惜放下手中的工作，親自做主考官。面試進行得十分順利，沒多久三個大佬就拍了板，於是陳飛舟成了金山反病毒小組的第二個成員。陳飛舟的加入，為金山毒霸的崛起打下了基礎。

1999 年，醞釀了一年多的防毒軟體測試版即將推出。這個時候，人們開始思考，叫什麼名字好呢？有人說金山防毒王挺好，有人說金山毒王不錯，也有人認為金山除毒更合適。各式各樣的建議名稱聚在雷軍那裡，可是雷軍卻一個也不滿意。最後關頭，雷軍玩起了獨裁，用了「金山毒霸」這個名字。

金山毒霸上市後，有用戶調侃說：「這名字真黑，真霸道。」雷軍看了不以為然，在他看來，防毒軟體就得芯黑，因為只有芯夠黑，才能把病毒殺乾淨，才能保護用戶的根本權益。但更多的用戶還是對金山毒霸持讚賞的態度，這個時候，雷軍便總是自嘲：「黑就黑吧！」

三國演義

從病毒誕生的第一天起，破壞屬性如影隨形。到了 20 世紀 90 年代初期，病毒的破壞性開始加劇，破壞威力也遠遠超出了小球等初期病毒。為了遏制病毒的肆虐，第一塊硬體防病毒卡誕生。1994 年，病毒查殺工具從硬體開始向軟體承載的形式過渡，一直專注於病毒防護的瑞星公司抓住了機遇，一躍成為中國防毒軟體行業無可爭議的老大。

所以，1996 年，王江民在中關村叫賣 KV200 時，矛頭其實並不是指向金山公司，而是一家獨大的瑞星，而金山影霸被 KV200 從連邦銷售排行的頭把交椅上拉下來不過是附帶的。江民 KV200 銷售出

150 萬套之後，工江民憑藉一己之力成功地狙擊了瑞星公司，中國防毒軟體市場就此進入了群雄割據的時代。

這一年，江民 KV200 在防毒軟體市場上大放異彩，讓很多軟體發展商嗅到了其中的商機。華美星際、藍盾、經緯、北信源等防毒產品如雨後春筍一般出現在市場上，它們憑藉著各自的優勢，在瑞星和江民的夾縫中搶得了一杯羹。那是一個混戰的年代，每個人都夢想著能夠在這個市場上成為下一個霸主。

群雄混戰，還沒來得及分出個高下勝負，金山也挾 WPS97 的餘威進入了這個市場。1999 年 4 月，作為當時最優秀的中國產通用軟體製造商，金山公司推出了他們的首款防毒軟體——金山毒霸測試版。喧囂了許久的防毒市場，一下子歸於寂靜，因為沒有誰傻到願意和金山打一場免費仗。

1999 年，互聯網在中國的普及態勢如同燎原的大火，一發不可收拾，短短幾年的時間，中國互聯網用戶就突破了 800 萬人。這是一個巨大的消費群體和市場，要想讓人們認識金山毒霸，互聯網無疑是最佳途徑。可是對於雷軍來說，這畢竟是一種與以往完全不同的行銷模式，如何利用好這一模式是個關鍵問題。

當時市場上的主流防毒產品價格多為 258 塊人民幣或 358 塊人民幣，金山毒霸測試版上市後，應該如何定價？金山詞霸曾經以 28 塊人民幣的低廉價格為金山打了一場漂亮仗，如今以 28 塊人民幣的價格繼續行銷金山毒霸，網友會不會買帳？金山在防毒市場上終究是新產品，憑什麼把瑞星、江民的固有消費群體挖過來呢？這次推出的僅僅是測試版，如果效果不好，惡評如潮怎麼辦？

　　這些問題十分現實，一旦考慮不周，很有可能會將金山拖進客戶不滿和競爭對手攻擊的雙重泥沼之中。但是作為一個決策者和戰略家，雷軍也清楚地明白當斷不斷，必留後患的道理。在經過長時間的深思熟慮之後，雷軍頂著極大的壓力，力排眾議，決定做一筆與以往不同的買賣——免費推出金山毒霸測試版。

　　20世紀90年代末期，軟體產業如日中天，正處於一個暴利時代，28塊人民幣的價格已經低得觸目驚心了，免費這兩個字更無異於天方夜譚，但是雷軍將它變成了現實。1999年4月，金山毒霸測試版以免費形式高調進入防毒市場，在互聯網和IT行業裡掀起軒然大波。

　　在金山的競爭對手們看來，這種做法與地痞流氓的巧取豪奪並無二樣，他們一度聯合起來圍剿金山。但是，互聯網和媒體卻對金山的動作熱烈歡迎，包括新浪、搜狐在內的200多家網站迅速在自己的網站上發布了金山毒霸測試版的下載連結。平面媒體也不甘落後，以《中國電腦報》、《電腦報》、《大眾軟體》為首的10多家媒體將金山毒霸測試版作為配套光碟，免費提供給自己的消費者。原本被瑞星、江民盤踞的，看上去固若金湯的防毒軟體市場瞬間土崩瓦解。

　　金山毒霸測試版免費推廣期間，至少有150萬線民參與這次公測。期間，金山毒霸一度被各大媒體評選為最受歡迎的熱門軟體，在《大眾軟體》的使用者評選中，更是位居防毒軟體的第二位元。與此同時，金山還先後收到了兩萬多名用戶的回饋意見，有效意見達到1,200多條。

　　人無遠慮，必有近憂。雖然免費推廣讓金山毒霸取得巨大的成功，但雷軍卻一點也高興不起來。公測中，看似美好的金山毒霸暴露出了很多的問題，其中防毒引擎的缺陷尤為嚴重。與國外的防毒軟體相比，金山在技術積累方面的弱勢顯而易見，短時間內，用戶可能會為這次免費的午餐叫好，但說到底，使用者真正關心的還是軟體的品質。

　　雷軍的擔心不無道理。那幾年，防毒軟體層出不窮，但是病毒的種類更是五花八門，防毒軟體的程式設計人員需要隨時隨地保持高度警惕，因為沒人知道什麼時候會有新的病毒冒出來。如果一個新病毒出現後，防毒軟體毫無還手之力，那就意味著它被市場拋棄的日子不遠了。

　　為了儘早應對可預見的危機，雷軍決定擴大金山反病毒小組的規模。那段時間，金山陸陸續續網羅了十幾名中國頂尖的反病毒高手。隨著毒霸研發團隊的不斷壯大，雷軍將毒霸的命運交到了陳飛舟的手上。

　　深得信任的陳飛舟自然明白雷軍的良苦用心。出任反病毒小組的組長後，陳飛舟做的第一個決定就驚壞了所有人——停止對金山毒霸測試版的更新，從底層構架開始重新編寫防毒引擎。這意味著金山第一款防毒軟體壽終正寢，金山毒霸即將迎來全新的開始。

　　為了儘快推出金山毒霸的正式版，陳飛舟整整一個月沒有走出珠海的金山大廈。餓了到六樓的金山食堂吃點東西，累了到二樓的金山宿舍休息片刻，然後再打起精神重新回到四樓的研發中心。在

所有反病毒小組成員的努力下，金山人自主創新研發的第二代防毒軟體於 2000 年 6 月問世，同年 11 月金山毒霸正式版進入市場。

11 月 8 日，雷軍信心滿滿地出現在北京新世紀飯店的新聞發布會現場。為了活躍氣氛，雷軍饒有興趣地組織市場部表演京劇小品三國演義。表演結束後，雷軍對採訪他的記者朋友放出豪言：「明年的現在，金山一定是市場上最受歡迎的防毒軟體。」這時的雷軍多少有些霸氣。對於一個軟體公司負責人來說，豪氣和霸氣都不是憑空而來的，它們皆源於產品的優良品質。

2000 年前後，一些廣為中國使用者熟知的防毒軟體退出了歷史舞臺，從此再也沒有回來。曾經風起雲湧、群雄紛爭的防毒市場，只剩下瑞星、江民、金山這三款防毒軟體笑傲江湖，雷軍這次表演的不是小品，而是實實在在的三國演義。

作為金山公司繼 WPS 之後的又一款拳頭產品，金山毒霸正式版的上市，雖然吸引了眾多媒體和經銷商，但是他們對於金山毒霸的未來卻保持了謹慎的樂觀。他們的擔心不無道理，因為僅僅在短短十幾天之後，金山毒霸就讓金山公司陷入了巨大的危機之中。

雷軍又再次提心吊膽了起來。

驚心動魄的病毒屍體

1995 年左右，電腦生產技術迎來了高速發展時期，486、586 這樣的老式處理器完成了自己的使命，取而代之的是性能更高的 CPU

產品。作為電腦最重要的組成部分，CPU 快速的更新換代，使得高居不下、動輒上萬元的電腦價格開始鬆動，電腦進入尋常百姓家成為可能。

電腦產品的普及，使得剛剛進入中國的互聯網，在短時間內受到熱烈追捧，中國的互聯網發展呈現爆炸增長的態勢。1999 年，李彥宏、馬雲、陳天橋紛紛投身於互聯網事業，中國互聯網迎來了瘋狂的一年。市場上，網路科技股成為股市的領頭羊，這給人們造成了一種全民互聯網的時代就在眼前的錯覺。

但現實終究沒有人們預計的那般樂觀。電腦雖然已經逐漸進入百姓家中，但是互聯網的真正普及卻不是在短時間內能夠實現的。這種狀況導致的直接後果是，很多家庭雖然有了電腦，但是它更多的是在充當遊戲機、學習機、工作機的角色，沒有發揮與網路的互聯功能。

沒有網路的電腦相當於一個孤島，它們很少與外部世界交換資訊，但是即便如此，它們依然無法保證自己的安全。無孔不入的病毒透過磁片、光碟等有限的途徑在它們身上搶灘登陸，個人電腦的安全問題日漸成為使用者關心的話題。

發布金山毒霸時，金山公司考慮到單機使用者無法線上即時更新病毒庫資料，於是以附件的形式向使用者提供了一張空白磁片，這樣金山使用者就可以到軟體店拷貝離線升級包，從而實現金山毒霸的離線更新。這一想法的出發點是非常好的，它能為用戶提供極大的便捷，可是讓人沒想到的是，這張附帶的空白磁片中卻隱藏著一場禍事。

製作這張空白磁片時，由於設備所限，金山公司的製造商無法成功對這些磁片進行格式化，因此他們決定借助一種空白的母盤來完成這一步驟。讓人遺憾的是，製造商並沒有對這張母盤進行嚴格的檢查，以至於在生產過程中，這張母盤始終攜帶著一種已經失效的病毒殘骸。由此造成的結果是，金山公司的所有附贈磁片無一例外地攜帶了這種失效病毒。

客觀地說，失效病毒已經不具備病毒特性，它不會給電腦帶來任何實質性的危害。但是作為一款防毒軟體，附贈產品竟然本身含有病毒——雖然僅僅是病毒屍體，這讓廣大的金山用戶感到無比憤怒。一時間，市場上對金山毒霸的抵制情緒迅速蔓延，甚至傳出了金山毒霸本身就是病毒製造者和傳播者的謠言，對金山的聲譽造成了非常消極的影響。

這個消息對於雷軍而言，簡直就是晴天霹靂。盤古組件的失敗至今記憶猶新，金山決不能因為這一點小小的疏忽，重新上演 1996 年的悲劇。慶幸的是，與四年前相比雷軍已經成熟了許多，這一次他沒有選擇逃避，而是面對問題，衝在搶救危機的第一線。如何用較短的時間解決危機是他唯一關心的問題。

為了維護產品形象，防止用戶們誤解導致不利局面，雷軍在北京主動向公安系統說明了情況，並向他們保證病毒殘骸不會對使用者造成危害。但是，公安機關只能證明金山公司是無辜的，沒辦法幫他們保全龐大市場。要想打動消費者，他們要做的工作還有很多。

2011 年 11 月 15 日，雷軍召開了緊急動員會，要求 40 多名市場技術人員馬上出發，奔赴中國 32 個重點城市，對已經售出的 4 萬餘

套產品進行截流。在這些技術人員離開之前，雷軍再三叮囑，讓他們一定要對各級分銷和零售商講明事情的真相，因為只有這樣才能有效地遏制謠言的擴散。

15 日深夜至 16 日凌晨，這 40 多名金山員工成了與時間賽跑的人，他們以秒為單位，一刻不停歇地從北京奔赴各地。很多人下了飛機之後，去的第一個地方不是旅館，而是火車站。他們唯一關心的就是，在運輸金山磁片的火車到來時，能夠成功截獲這批產品，從而對病毒屍體進行處理。

在金山毒霸到達各銷售點後，在那裡等待的金山技術人員馬上拆封，對附贈的空白磁片重新進行格式化，或者更換磁片。18 日，金山毒霸正式上市那天，很多金山的忠實消費者購買到的金山毒霸是被拆開過的。他們並不知道這個細節背後發生的故事，更不知道在過去兩天時間裡，金山人承受著怎樣的煎熬。

16 日晚間，在各級管道的通力合作之下，金山售出的首批 4 萬套金山毒霸附贈磁片全部更換。一些升級磁片也在技術人員的努力下全部回收。金山的技術人員完成了一件看似不可能完成的任務，然而這件事情並沒有結束。

17 日 15 時，度過了驚心動魄的兩天之後，雷軍和金山高層透過媒體向公眾公布了病毒事件的真相，對此次事件做出了詳細的解釋，同時向公眾表達歉意。為了能夠更直觀地向產品使用者說明問題，他們還公布了金山珠海研發中心的調查報導，告訴人們病毒殘骸的安全性，證明它不具備任何病毒具有的破壞性和傳染性。這次發布

會後，金山毒霸的用戶稍稍放寬了心。整個 IT 行業也在虛驚一場之後，重歸平靜。

11 月 18 日，金山毒霸按照計畫上市，在經歷了風雨之後，所有的人都期盼著彩虹的到來，但他們都沒能如願以償。金山毒霸上市初期，金山公司的研發、管道、市場人員全部 24 小時待命，生怕橫生枝節。可是在接下來的一個月裡，市場出奇的平靜，原本預料中的火爆場面並沒有出現。隨後的三個月，這一狀況依然沒有改變。雷軍敏感地意識到市場出了大問題。

正如雷軍所料想的那樣，金山毒霸在市場銷售上確實出了不小的問題，人們對新上市的金山毒霸仍然保持懷疑態度。上市的前三個月裡，金山毒霸的銷售額始終維持在一個相對較低的水準，這與雷軍最初的預期顯然是不相符的。

羅馬不是一日造成的，在逐漸趨於成熟的防毒市場上，金山毒霸作為晚輩要走的路還很長。他們要做的第一件事就是丟掉病毒屍體這個屈辱的標籤，只有這樣才有機會與瑞星、江民直接對抗。為了儘快擺脫困境，雷軍邀請遠在珠海的陳飛舟北上商討下一步計畫。

一場聲勢浩大的金山毒霸反擊戰即將拉開序幕。

緝毒萬里行

與金山毒霸測試版免費發放時的熱鬧場面相比，金山毒霸正式版上市後可謂門庭冷落。金山公司的行銷人員一度變得十分消沉，

同樣是防毒軟體，而且性能更加優越，為什麼金山毒霸得不到人們的認可，這是他們自始至終都在思考的問題，但是他們卻無法給出答案。

與行銷人員的情緒低落相反，金山的研發人員卻個個鬥志昂揚，他們堅信金山毒霸會成為最優秀的防毒軟體之一。就在金山的程式師們埋頭苦幹，試圖證明自己時，上天給了他們一次絕佳的機會。

2001 年 7 月，一款名為「CAM 先生」的病毒開始在互聯網上出現，它透過電子郵件的形式傳播，中毒使用者的電腦資料和資料會遭到破壞。但是，當時的防毒軟體都不具備網路查毒防毒功能，所以在很長一段時間裡，人們竟然對 CAM 先生無計可施。

為了儘快殲滅 CAM 先生，金山的程式師陳睿（現任金山毒霸技術總監）不停加班，編寫了 CAM 先生專殺工具，也是中國第一款專殺工具。編寫完成後，陳睿給雷軍寫了一封郵件，向他徵求意見。雷軍看過後十分滿意，還特意叮囑陳睿將這款軟體命名為「專殺工具」，同時要求陳睿將它火速免費推向市場。

CAM 先生被金山的專殺工具消滅後，金山公司在市場上贏得非常好的口碑，也為「金山毒霸 2001」的推出營造了良好的市場氛圍。雷軍認為事不宜遲，於 8 月 8 日推出金山毒霸 2001。在新聞發布會上，雷軍豪氣萬丈地宣稱，中國互聯網時代即將來臨，而金山毒霸 2001 無疑是互聯網時代的防毒利器，值得廣大互聯網用戶擁有。

新聞發布會後，雷軍緊繃的神經沒有放鬆下來，他早已做好了帶著金山毒霸 2001 打一場持久戰的準備。8 月 18 日，雷軍在北京對外宣布金山公司即將在中國進行一次緝毒行動。他的話音剛落，

金山南京公司和廣東公司紛紛回應，同時進行了「緝毒萬里行」誓師大會，就此展開一場大規模的行銷活動。

為了扭轉金山毒霸在市場上面臨的被動局面，雷軍動員了金山公司的所有行銷力量，讓他們奔赴緝毒萬里行第一線。當時，金山公司的行銷人員可謂是上下一心，他們喊著「走遍千山萬水，歷經千難萬險，說盡千言萬語，走進千家萬戶，將毒霸進行到底」的口號，不辭辛勞地奔波在各個城市的軟體銷售點，竭盡所能地將金山介紹給每一位客戶。

2001 年，軟體產品的銷售還沒有像現在這般依賴網路，一款軟體的銷售主要還是依靠銷售管道的地區推廣能力。金山的緝毒萬里行活動同時在華南、華東、華西、華北四個區域點燃戰火，可是在這四個區域中，瑞星和江民都布控著重兵，一場沒有硝煙的戰役如火如荼地進行著。

在廣東，瑞星公司和江民公司早早枕戈待旦、嚴陣以待。過去幾年裡，他們在這裡苦心經營才有了如此穩定的市場，如今金山想分一杯羹，他們是絕對不會輕易答應的。而性格頗為倔強的雷軍，恰恰把這裡當作了對方的前哨站，要廣東公司的業務人員無論如何先將這裡拿下。於是，廣東的軟體市場上演了一齣慘烈的攻堅戰。

當時的廣州，幾乎到處都能見到金山毒霸的廣告：地鐵站裡，金山毒霸的看板很吸睛；電腦城門口，金山毒霸的巨型看板更是醒目；臺階上的提示標貼著金山毒霸的不乾膠貼；代理商的電話上印著金山毒霸的標誌；甚至各大軟體零售店的員工也統一穿著印有金山毒霸字樣的工作服。

　　廣東地區捷報頻傳，大大鼓舞了其他區域的銷售人員，他們也開始學習廣東的廣告戰術。為了擴大影響，金山當時的廣告幾乎都是整版整版在做，然後在版面上用十分醒目的文字將當地經銷商的位址和電話刊登出來。很多廣告人對金山的廣告策略嗤之以鼻，有的人甚至認為金山很傻，竟然在整個版面上刊登經銷商的聯繫方式，而不是產品本身。可是他們哪裡知道，這個小小的細節，在金山毒霸的銷售過程中立下了汗馬功勞。

　　中國軟體市場，盜版從來都是與正版結伴而行的。任何一款暢銷軟體，只要被盜版商盯上，不出幾日，盜版產品就會冠冕堂皇地出現在各大軟體銷售市場。而消費者對於軟體的鑒別能力非常低，他們往往花了正版的價格，買到的卻是盜版的產品，這讓他們深惡痛絕。金山在防毒市場上攻城掠地的時候，盜版光碟也跟著浮出了水面。很多用戶在購買金山毒霸時，都情不自禁地問一句：「你們不會是盜版吧？」這個時候，經銷商們便拿出金山的廣告對顧客說：「看到了嗎？我們是貨真價實的正版。」

　　在一些大城市取得成功後，一個新的難題擺在了雷軍面前。在一線核心城市，金山可以透過廣告的全面宣傳衝擊市場，但是在二三線城市卻很難做到，因為一些大經銷商早已被競爭對手掌控。經銷商不發貨，那金山的產品再好，廣告影響再大，消費者也依然無法成為金山的用戶。

　　為了有效突破同行的封鎖，雷軍一聲令下，要求金山行銷人員實施大城市向小城市滲透的策略。接到通知後，金山各區域的行銷人員進入二三級城市，他們走到哪裡，就把活動做到哪裡，使得早

已對金山有意的消費者歡呼雀躍。這些城市的二線經銷商見金山毒霸賣得這麼好，馬上與金山公司取得聯繫，希望能夠成為金山的區域代理。也有一些索性聯合起來脅迫一級經銷商馬上為他們供貨，在這樣的壓力下，大的經銷商們也只能就範了。

2001 年 9 月底，在經歷了短短一個月的行銷活動後，金山毒霸初步奠定了自己的市場地位。在這次緝毒萬里行活動中，金山公司上上下下的行銷人員奔赴中國各地，進行了一次中國的反電腦病毒長征，行程達到 4 萬公里，遍及中國 100 個城市。他們每到一個城市，就會全力以赴地宣傳反病毒意識，免費贈送反電腦病毒的 VCD，進行電腦義診活動，將金山這個品牌送入了廣大用戶的心中。

但是雷軍心裡很清楚，雖然緝毒萬里行給競爭對手造成了一定程度的重創，金山卻還不足以與他們分庭抗禮。在這個戰場上，乘勝追擊是他們唯一的選擇，於是一場範圍更大的革命風暴上演了。

藍色安全革命

2002 年，中國防毒軟體市場上呈現出金山、瑞星、江民三分天下的態勢。但是，剛剛奪得大片江山的金山根基並不牢靠，尤其是被金山搶掉市場份額的中小防毒企業，他們隨時都有可能發動一場針對金山的反擊戰。比如東方衛士為了收復失地，就在這一年四月掀起了「PC 安全萬里行」活動，把鬥爭矛頭直指金山。

除了一些中小公司對金山不滿外，國外一些防毒軟體廠商也在虎視眈眈地窺伺著中國這塊巨大的蛋糕。誰能成功進入這個市場，誰就能成功地在這裡分得一杯羹。與中國中小軟體商相比，他們的技術優勢十分明顯，資金力量也格外雄厚，一旦他們主動介入，金山的地位勢必會受到威脅。

如何穩固金山毒霸的市場地位？這個問題讓雷軍絞盡了腦汁。緝毒萬里行這樣的活動雖然十分有效，但是不宜反覆實施。必須尋找一種新的推廣方法，只有這樣，剛剛取得輝煌戰績的金山毒霸才能在市場上站穩腳跟。為了儘快想出對策，雷軍決定召集金山反病毒小組的管理人員開一次秘密會議。

2002 年 8 月，在北京龍脈溫泉一個餐館的包廂裡，雷軍、陳飛舟、時任毒霸產品經理的馮鑫、時任金山行銷副總裁的王峰等齊聚一堂。在這次會議上，大家對金山毒霸的產品品質達成了共識——與瑞星、江民相比，金山毒霸在防毒功能上並沒有處於劣勢，相反在某些方面還占有優勢。雖然與國外的大品牌防毒軟體還存在一定差距，但是這種差距已經微乎其微了。有了品質這塊基石做保證，雷軍變得底氣十足，因為這意味著不管怎麼折騰，金山毒霸的品質都是經得起考驗的，即使新的行銷方案失敗，那它也不會因此成為失敗的產品。

在接下來的幾天時間裡，大家一直都在討論，但是始終沒有找到合適的行銷方案。最後，馮鑫提出了一套「返璞歸真」的方案。他認為金山詞霸當年曾以 28 元的價格在市場上掀起紅色風暴，說明

消費者在追求品質的同時，也很看重產品價格，既然如此不如再來一次價格戰，將優惠實實在在地帶給消費者。

雷軍最初對馮鑫的這一觀點並不十分認同，因為降價促銷實在是再普通不過的一種促銷手法，沒有絲毫新意。馮鑫卻一直堅持自己的觀點，金山毒霸在市場上占據了超過 30％ 的份額，完全具備對市場的控制力，這次降價不應該僅僅是一次簡單的促銷，應該將它視為一次革命。

在經過反覆討論和爭辯後，雷軍開始認同馮鑫的觀點。這的確是一場革命，長久以來，國產防毒軟體的價格居高不下，這實際上是給廣大消費者設置了一個高門檻，很多人被擋在了大門之外。要想讓更多人成為金山的用戶，那就要進行一場革命暴動，打破長期以來形成的價格屏障。最後，大家一致贊成舉行一場名為「藍色安全革命」的行銷活動，讓金山走進千家萬戶。這次會議結束後，雷軍要求所有參會人員對會議內容嚴格保密，即便是對最親近的朋友和家人也不能透露，因為革命事業就要悄無聲息，這樣才能打敵人一個措手不及。

散會後，作為雷軍的特派員，陳飛舟當即飛往武漢，準備從連邦公司的武漢銷售處瞭解一些情況。讓人沒有想到的是，陳飛舟剛剛入住酒店，就有兩個黑衣人跟了進來，他們問陳飛舟是不是連邦公司的人，陳飛舟一口否認。黑衣人離開之後，陳飛舟馬上意識到大事不好，一定是競爭對手也找上門來了。果不其然，那兩個人正是競爭對手派來瞭解市場行情的。事後，陳飛舟一直暗自慶幸，如

　　果自己提前幾分鐘會見了經銷商，而經銷商又不小心將這個消息告訴別人，那革命也就無從談起了。

　　就在陳飛舟耐著性子在武漢察看市場、瞭解情況的時候，長沙的行銷人員早已等不及了，他們率先舉行了起義，革命風暴一觸即發。有了長沙的示範效應，廣州、武漢等地也顧不得太多，紛紛舉起了義旗，加入到革命隊伍之中。2002 年 9 月 11 日上午 9 點，一幅巨大的看板出現在北京中關村海龍大廈的門口，上面寫著六個大字：藍色安全革命。過往的行人紛紛駐足圍觀，金山的革命行動由此正式開始。

　　11 日上午 10 點，中關村人山人海，金山公司的銷售代表正式對外宣布，原價 199 元的金山毒霸 2003 降價至 50 元，原價 129 元的金山網鏢也同時降為 50 元，而之前包含金山毒霸、金山網鏢 2003 的安全套裝組合則由原來的 239 元降至 90 元。

　　金山的價格革命一經宣布，現場馬上被引爆了。一時間整個中關村都為金山而瘋狂，尤其是海龍大廈，完全成了藍色的海洋。樓梯間、牆壁上全部都被貼上了金山毒霸藍色安全革命的海報，很多金山用戶拿著剛剛買到的金山軟體奔相走告，沒有買到的人則排著長龍般的隊伍等待著購買。

　　有革命的地方，就有鎮壓。在金山毒霸的革命活動舉行得如火如荼的時候，一群地痞流氓衝進了海龍大廈，他們驅逐排隊的人群，撕毀金山的海報，還砸了金山的銷售櫃檯。為了保衛革命成果，金山員工奮起反擊，最後出動保全人員和員警才平息了衝突。

除了暴力相向外，媒體也開始對金山的革命行動提出了質疑。他們認為金山在破壞中國軟體行業剛剛穩定下來的大好局面，金山毒霸的低價傾銷看似給軟體使用者帶來實惠，實則對整個防毒市場造成了致命的打擊。金山公司看似在做一件好事，實際上卻是在做一件弊在當代，過在千秋的大壞事。與此同時，金山的競爭對手們卻顯得格外安靜，他們自始至終都保持沉默的態度，但是明眼人一眼就能看出，究竟是什麼人在搞鬼。

革命期間，壓力最大的還是雷軍。一方面是怕革命現場有人搗亂，傷害金山員工，另一方面媒體不斷抹黑金山，也給金山革命帶來一定程度的消極影響。雷軍雖然心急如焚，但最終還是選擇了沉默，作為一個革命者，這一切是他必須承擔的。

不論外界如何評價，金山的革命最終大獲成功。革命結束後，金山的知名度大幅度提高，市場份額更是水漲船高達到了46％。更重要的是，這場革命增強了全民網路安全意識，也客觀上帶動了瑞星、江民等業內同行的產品銷量，防毒軟體由此真正步入了良性迴圈的競爭軌道。

在此後的七、八年時間裡，中國防毒軟體市場保持了較長時間的相對穩定。瑞星、江民、金山各自稱霸一方，直到360推出終生免費的防毒軟體，市場才再度掀起波瀾，不過這都是後話了。

獵殺灰鴿子

2001 年，在金山公司忙著推出金山毒霸 2001 之前，CAM 先生的爆發給無數網路使用者帶來了巨大的麻煩。為了幫助廣大用戶解除煩惱，專殺工具誕生。然而 CAM 先生卻僅僅只是一個開始。

在隨後的幾個月裡，紅色代碼、綠色代碼、藍色代碼、尼姆達、尼姆達 II 等蠕蟲病毒先後爆發。在網路的世界裡，這些病毒不受限制地四處遊走，每到一處，都會給電腦使用者帶來極大的危害。這種現象甚至引起了中國中央電視臺的關注，病毒爆發的高峰期，央視在一天之內三次對病毒資訊進行報導，一時間人心惶惶。

為金山毒霸 2001 做準備的雷軍對這件事情也極為關注，他要求金山反病毒小組更快、更好地開發出一系列的專殺工具，用來對付猖獗的病毒。接到命令的金山反病毒小組，義無反顧地衝到了反病毒的第一線。

在尼姆達病毒最為倡狂的時候，金山的反病毒人員幾乎沒有休息的時間，很多人 24 小時在電腦前面隨時待命。最繁忙的時候陳睿一個小時就要編寫一款專殺工具出來。為了節約時間，陳睿將測試人員安排在自己身邊，往往是軟體剛寫完，測試人員就已經開始工作了，如果沒有什麼問題，兩小時後這些軟體就會出現在互聯網上。

比陳睿更忙碌的是當時金山毒霸的產品經理劉海峰，他一度為自己贏得了「鐵人」的稱號。為了第一時間狙擊蠕蟲病毒，金山的研發人員習慣在電腦旁邊架一張床，累了就在床上躺一會。可是劉

海峰卻從來不這樣做，他在座位上硬撐著，晚上受不了，就閉著眼睛休息一會兒。在兩個多月的時間裡，劉海峰始終保持著這一狀態。

有這樣一群戰士，金山在反蠕蟲病毒的工作上取得巨大成就。最快的時候，他們一天之內能更新十次防毒工具，使得病毒根本沒有生存的空間。競爭對手更是對他們望塵莫及。一些人甚至私下說：「我們不需要費心費力了，再怎麼快也快不過金山那幫傢伙。」

經歷了兩個多月的奮戰之後，金山的防毒工具越做越小，更新的速度也越來越快，瘋狂的網路病毒終於偃旗息鼓。但是，對於他們來說，戰鬥並沒有結束。

和 CAM 先生、尼姆達等網路蠕蟲病毒相比，2001 年興起的灰鴿子、木馬程式的危害性和持久性都更勝一籌。雖然金山反病毒小組在灰鴿子上花費了不少心血，但是因為灰鴿子的變種週期非常短，變種方式也多種多樣，所以金山的防毒工具一直沒能徹底誅殺灰鴿子。對於這件事，雷軍一直耿耿於懷。

2007 年 3 月，連續三年名列「年度十大病毒」的灰鴿子，再次出現了新的變種。從 3 月 1 日開始，短短十幾天內灰鴿子的變種數量就達到了 521 個。知道這件事後，雷軍格外惱火。作為一個防毒軟體領導者，五年時間沒能消滅一款病毒，這對於他來說無異於奇恥大辱。為此，雷軍透過媒體正式向灰鴿子宣戰，聲稱金山已經具備了一戰到底的決心。

在雷軍發出這樣的狠話之後，金山公司全員進入了戰備狀態。北京的行銷部門、珠海的研發部門，全部集結待命。因為透過過去

幾年短兵的相接，他們知道灰鴿子的工作人員一定會對雷軍的言論做出反應，攻擊隨時都有可能發生。

3月14日晚上，金山毒霸的市場部總監王欣在家中緊緊盯著電腦，產品經理朱磊則沒有回家的打算，負責運營維護的王振剛一走進家門就打開MSN和QQ待命，工程師李鐵軍透過業內一些熟人瞭解事態的發展情況，雷軍則緊皺眉頭在辦公室裡一動不動地冥想著。

晚上10點，負責官方網站內容更新的謝勇軍在打開首頁時發現，速度出奇的慢，一種不祥的預感開始籠罩在他心頭，後來的幾分鐘裡，隨著不斷的更新失敗，這種預感變得越來越強烈，「慘了，要出大事了！」

等金山的工作人員像謝勇軍一樣反應過來的時候，金山的官方網站已經近乎癱瘓，只要一打開就會自動下載木馬程式。與此同時，各式各樣的垃圾資料和變種病毒鋪天蓋地而來。來自歐洲、臺灣、香港、山西、河北，以及北京朝陽、昌平等地的上萬IP對金山官網實施不間斷的攻擊。更高明的是，攻擊者為了防止金山在短時間內追蹤到他的位址，高速地切換被操縱的電腦，更新IP位址，戰事一觸即發。

北京柏彥大廈21樓，早已專注於市場開發的雷軍又一次回到自己工作的起點，他緊盯著螢幕，不停地敲打著鍵盤。雖然在病毒軟體發展上他不是最專業的，但是作為一個指揮者，他依然希望自己能夠為員工們盡綿薄之力，哪怕僅僅是給他們加油、助威。

真正的戰場還是在珠海。負責毒霸研發的陳睿和戴光劍如同兩個殺紅了眼的指揮官，他們一邊緊急組織程式師，一邊時刻關注著

灰鴿子的變種和程式更新。整個研發部的辦公室裡，能聽到的只有劈裡啪啦的鍵盤聲，這個戰場將直接左右金山的勝負命運。

　　研發部之外，更多的人在為這次戰役奔波著。王欣的電話從來就沒有中斷過，她在不停地與辦公室的同事聯繫，瞭解事情的最新進展。她最擔心的就是伺服器癱瘓，因為這將會引發一連串的嚴重後果。王振剛則指揮著運營團隊不停地與各地的伺服器供應商溝通。李鐵軍則用極快的語速向各個網監單位彙報情況。這一夜，金山的所有員工都成了戰士。

　　經過三個小時的激烈交火之後，金山毒霸的官方網頁開始逐漸恢復正常。深夜兩點，奮戰了幾個小時的員工們伸伸懶腰，離開了自己的辦公桌。這一夜對於他們來說，是非同尋常的一夜，剛剛發生的那驚心動魄的一幕，讓他們明白了自己肩上的沉重責任。也就是那一夜，很多的年輕人決定將自己的前途交給金山，將金山的責任扛在自己肩上。

　　在灰鴿子戰役中，以雷軍為代表的金山最終勝出，雷軍也格外開心。進入金山以來，他曾經度過無數的不眠之夜，但是從來沒有哪一個讓他如此欣慰。金山成熟了，這是一個成功公司的標誌。然而，在與病毒做鬥爭的這條路上，金山要走的路還有很長。互聯網時代的真正來臨，讓防毒軟體面臨的環境變得更加錯綜複雜。

永久免費

在互聯網普及之後的很長一段時間裡，選擇一款什麼樣的防毒軟體一直都是網路使用者們關心的話題。2000 年以後，隨著金山毒霸的快速崛起，防毒市場上呈現出了三足鼎立的穩定局面。但是在互聯網走進千家萬戶之後，外國防毒軟體也順勢敲開了中國的大門，成為防毒軟體市場上的一股重要力量。卡巴斯基就是其中的代表。

卡巴斯基是俄羅斯著名的防毒軟體之一，由位於俄羅斯首都莫斯科的卡巴斯基實驗室研發。從 1997 年誕生以來，卡巴斯基就憑藉其敏感、高效的防毒能力受到人們的追捧。在短短幾年的時間裡，卡巴斯基實驗室就先後在英國、法國、德國、荷蘭、波蘭、日本、中國、韓國、羅馬尼亞等地設置了分支機構，合作夥伴更是超過了500 家，成為全球市場占有率較高的防毒軟體之一。

2002 年，為了在中國市場上占得一席之地，卡巴斯基高調進入中國。可是讓俄羅斯人沒有想到的是，在產品品質絕對占優勢的情況下，他們並沒有有效地打開這裡的市場。唯一值得慶幸的是，盜版光碟的橫行，幫助卡巴斯基在防毒市場上樹立起良好的口碑。

由於長時間無法進入個人家用電腦的安全市場，卡巴斯基不得不調整思路，他們將目標瞄準了中國的一些大型網站。很快包括網易等門戶網站在內的郵箱使用者在查閱自己的電子郵件時，都會在郵件後面看到一個小小的提醒：是否需要使用卡巴斯基查殺病毒。這一招為卡巴斯基引來了非常大的關注度。可這一次，他們依然沒有擺脫叫好不叫座的惡運。

在卡巴斯基的行銷人員為打不開市場而絞盡腦汁的時候，壞消息接踵而至。由於卡巴斯基對電腦的配置要求相對較高，很多正版使用者在使用軟體的過程中出現了電腦卡死的現象，消費者對此十分不滿。同時，盜版的卡巴斯基軟體也因為製作的粗糙而極大地損害了卡巴斯基的聲譽。為了最大程度上維護卡巴斯基的聲譽，尋找一家瞭解中國市場的本土企業合作成為卡巴斯基迫在眉睫的事情，奇虎 360 就這樣進入了卡巴斯基中國公司的視野。

奇虎創始人周鴻禕在中國軟體業打滾近十年，當他知道了卡巴斯基的合作意向後，馬上拍板將這件事情定了下來。兩家公司非常順利地簽訂合作協定。

2006 年 7 月 27 日，卡巴斯基公司正式宣布，將為奇虎旗下的「360 安全衛士」免費提供防毒功能。網友只需使用奇虎 360 安全衛士，就能免費獲得卡巴斯基提供的最新反病毒 KAV6.0 個人版正版軟體。這次合作，使得卡巴斯基防毒軟體在中國防毒軟體市場上成功登陸，防毒軟體市場的平衡再次被打破，金山毒霸的市場受到嚴重損害。

這場競爭，看似是卡巴斯基與中國國產防毒軟體的對抗，事實上卻不盡然，歸根到底還是一場中國安全軟體之間的內鬥。奇虎這家原本名不見經傳的網際網路安全公司，藉此成為中國安全軟體市場上的新貴，而周鴻禕也開始成為 IT 界爭相議論的焦點。

說起周鴻禕，此人與雷軍還頗有淵源。1995 年，研究生畢業的周鴻禕在北大方正工作，透過朋友的介紹與雷軍相識。由於兩人的年紀相差無幾，又是同鄉，相互來往後就成了十分要好的朋友。那

個時候，雷軍總喜歡開著求伯君送給自己的福斯，去找周鴻禕他們喝酒聊天。後來由於彼此忙於事業，關係逐漸疏遠，但偶爾在一起時，兩人依然十分友好。2003 年，周鴻禕賣掉自己的 3721 時，特意邀請雷軍和朋友們一起喝酒。隨後一年，雷軍將卓越賣給亞馬遜，周鴻禕也還是雷軍的座上賓。

周鴻禕涉足安全軟體領域後，雷軍與周鴻禕之間成了直接的競爭關係，但二人並沒有為此產生過不愉快，相反兩家公司還彼此合作，互相提醒對方軟體中存在的漏洞。在雷軍看來，周鴻禕的做事方式雖然有些孩子氣，但只要把軟體做好，同樣是為中國軟體事業錦上添花。那個時候，雷軍想得更多的，還是如何應對卡巴斯基帶來的挑戰。

在與卡巴斯基合作之後，周鴻禕開始嚐到防毒軟體帶來的巨大甜頭。為此他還專門將公司由奇虎更名為 360，這標誌著公司的主要業務開始由搜尋過渡到安全軟體行業。這次轉型，也為隨後與金山的鬥爭埋下了伏筆。

2008 年，不按常理出牌的周鴻禕甩開卡巴斯基，出人意料地推出了完全免費的 360 防毒軟體。周鴻禕的這一舉動，可謂一石激起千層浪，人們紛紛指責周鴻禕這種完全「流氓式」的競爭手段。金山公司雖然沒有對此表態，但是從內心深處來說，他們對周鴻禕的做法同樣深惡痛絕，因為這嚴重危害了金山公司的企業利益。

360 免費防毒軟體的推出，使得周鴻禕輕輕鬆鬆幹掉金山、瑞星這些安全領域的前輩，一舉成為這個市場上的龍頭老大。可是，爭鬥並沒有就此結束。2010 年 5 月 21 日，360 安全衛士藉口相容問

題，要求用戶卸載「金山網盾」。這一動作使得金山和 360 的矛盾徹底激化，雷軍和周鴻禕也因此時常透過媒體隔空喊話，昔日的好友反目成仇。

為了應對 360 的這一突然襲擊，保住金山毒霸和金山網盾這些年打下的江湖地位，雷軍在第一時間組成金山毒霸研發小組對金山毒霸進行全方位改良和升級。然而雷軍這一次的行動多少還是略顯晚了些，因為被搶走的東西要想再搶回來，實在是比登天還難。有鑑於此，金山公司不得不於 2010 年 11 月 10 日 15 點 30 分宣布，金山毒霸的防毒功能和升級服務開始實施永久免費的策略，以此來捍衛金山毒霸僅存的市場占有率。

在與 360 的這場江湖惡鬥中，雷軍輸得顯而易見。但是，這次敗局卻沒有給金山帶來太多的負面影響，甚至對金山的經營狀況都沒有造成太大的衝擊。因為早在 2003 年左右，雷軍就將金山的盈利重點放在了網路遊戲上，甚至為此錯過了在納斯達克股票交易所上市的機會。現在回憶起當時所做的一系列決定，金山人不得不佩服雷軍的深謀遠慮。

CHAPTER 6

八年上市路

許多企業家口頭指責資本運作是邪門歪道，內心卻對沃倫·巴菲特、喬治·索羅斯、彼得·林奇、李嘉誠等人滾雪球式的財富增長手法敬佩不已。深受融資難、資金短缺等問題困擾三十多年的民營企業家，對上市有難以言說的複雜情結，他們像崇拜精神圖騰一樣對上市融資無限嚮往。金山也不例外，前後闖關八年，五次被拒之門外，仍然屢敗屢戰，雖九死其猶未悔。

2007 年 10 月 16 日，金山在香港上市。身為成功者，雷軍卻有著外人無法理解的挫敗感。金山市值 6.261 億港幣，這個寒酸的資料就像在嘲笑他 16 年的無盡付出微不足道。兩個月後，雷軍離開金山。

上市讓雷軍深刻意識到，愛迪生所說的「成功就是 99％的汗水加 1％的靈感」的後半句才是精華，「1％的靈感重要性遠遠超過前面的 99％。」

錢從哪兒來？

1996 年，受盤古元件拖累，金山公司的經營收入跌落谷底，那段時間雷軍想得最多的一個問題就是：「錢從哪兒來？」對於當時的金山公司來說，錢的確是一個大問題。儘管求伯君靠賣別墅拿到 200 萬，但是對於危局中的金山來說，這不過是九牛一毛，僅僅夠養活剩下的員工。要想謀求更大的發展，只靠金山公司的自有資金是很難有所作為的，所以尋求資金支持迫在眉睫。

然而現實十分殘酷，沒有人願意將自己的錢投給一家瀕臨破產的公司，所以金山公司始終沒有尋找到合適的融資管道。直到 1997 年，金山公司走出谷底，一些投資商才開始正眼看待他們。

作為金山公司的創始人之一，張旋龍的優勢不在於技術，而在於他在投資界和 IT 界廣泛的人脈資源。金山公司的經營狀況有所好轉之後，張旋龍在第一時間找到方正公司，希望他們能為金山投資。在張旋龍的積極推動下，求伯君一度與方正研究院副院長肖建國達成一個口頭協定：北大方正出資 2,000 萬元收購金山公司。

讓肖建國沒有想到的是，這筆看上去穩賺不賠的買賣卻遭到了集團領導的反對。當時一些方正集團高層認為，金山這樣的軟體公司不能為方正集團的發展帶來任何實質性的幫助，這兩千萬投給金山，只會將方正帶進泥潭。在這件事情上，方正集團的高層的確做了一個糟糕無比的決定。

與方正談判破裂之後，張旋龍沒有氣餒。好產品不怕找不到好買家，他開始尋找新的融資物件。這個時候聯想闖了進來。早在方

正準備收購金山時，聯想公司就對這筆交易給予了高度關注。與方正集團領導的觀點不同，聯想公司十分看好金山，而且他們願意付出更高的收購費用。

在經過一番簡單的談判後，金山公司讓出了自己30％的股權，而聯想公司則為金山提供了900萬美元的資金支持。這筆資金由兩部分組成，一部分是現金，一部分為商譽費用，每一部分450萬美元。這次融資後，聯想公司成為金山的單一大股東，而金山的估值也從一年前的2,000萬人民幣一躍達到3,000萬美元，真可謂是今非昔比。

聯想公司的資金注入後，金山如同麻雀變成鳳凰，為了更好地適應這種嶄新的發展模式，金山公司不得不進行重組。聯想集團的高級副總裁楊元慶成為金山公司的董事長，原來的一把手求伯君成為金山公司的總裁，雷軍出任總經理。

關於這次任命，雷軍一開始是不接受的。他的夢想是做中國最好的程式師，而不是在管理崗位上施展才華。但是，面對求伯君的多次邀請和聯想董事的支持，雷軍不好拒絕。但是他強調，一旦有更加合適的人選，自己就會讓賢。這一年雷軍才剛滿29歲。

成為金山總經理後，雷軍依然喜歡在閒暇之餘坐在電腦前面操作那些自己熟悉的程式。直到一次偶然事件的發生，才讓這位昔日的程式精英真正實現向管理角色的轉變。

為了應對生產規模的擴大，金山公司陸續招用了大批的技術人員。一位劉姓技術人員就是在這個時候加入金山的。與其他技術人員相比，這位劉姓技術員的第一份工作可謂幸運——幫雷軍整理硬

碟。對於一個程式操作員來說，這實在是再簡單不過的工作。所以，劉姓技術員竭力想將這件事情做好，原本對系統進行覆蓋安裝即可，可他還是十分細心地將硬碟格式化了一遍，然後裝上了各種必需的工具，這才將電腦歸還給雷軍。

讓這位劉姓工作人員深感意外的是，他得到的並不是褒獎，而是雷軍憤怒的眼神。他哪裡知道，那臺電腦的硬碟裡有雷軍過去多年積累下來的程式碼，他的格式化操作使得雷軍多年的努力付諸流水。可是對於金山公司來說，這次誤作卻利大於弊，因為在接下來的時間裡，雷軍終於可以離開電腦桌，將自己的全部精力傾注到對企業的管理中。

雷軍在改變，金山的其他人也在改變。在此之前，求伯君這位金山的領導人可謂是既當爹，又當媽。公司資金有缺口，求伯君賣別墅補缺口；軟體研發的技術人員缺乏，求伯君就抱著電腦和程式師一起編寫程式。融資成功以後，求伯君做的第一件事就是招兵買馬。微軟公司有幾千人在開發 Word，金山雖然沒有那麼雄厚的實力，但是在 WPS 的研發上一樣需要高投入。這個時候的求伯君已經成為一名規劃者，描繪著金山的未來藍圖。

聯想的介入，除了給金山公司帶來豐裕的資金外，還給金山公司帶來先進的管理體系。在此之前，金山公司在求伯君和雷軍的帶領下運轉得也還算不錯，但從長遠來看，這對金山公司的發展並沒有太多益處，畢竟這兩位是軟體行業的精英，但在管理方面只能算是門外漢。雷軍對這一點有十分清楚的認知，他曾經在多個場合對聯想表示由衷的感謝：「楊元慶和馮雪征都先後在金山做過董事長，

除了在資金方面給予了金山巨大的幫助外，他們對金山的管理能力的提升，也有非常大的貢獻。」

　　然而，金山的融資並不是一朝一夕的事。在 2000 年後，為了讓公司更好發展，金山公司早早做起上市的準備。當時，聯想的 CFO 馮雪征兼任金山的董事長。這位被外界稱為財經專家的管理者，在財務管理方面給金山提供了很多支援，直接推動了金山財務工作的健康發展。但即便是這樣，金山還是在上市的道路上整整走了八年。

　　2007 年 10 月 9 日，金山公司在香港成功上市。這一天清晨，雷軍在酒店裡坐立不安，他有很多話要對跟隨自己多年的員工們說。這八年的時間裡，金山的每一個人——從公司領導到基層的程式師，再到盡忠職守的行銷人員都付出了艱苦卓絕的努力。可以說沒有他們的付出，就沒有金山的輝煌。想到這裡，雷軍刪掉秘書早已準備好的文本，用幾句簡單的話語給金山的所有員工寫了一封公開信：「一路上有你，苦一點也願意，一起哭過笑過的兄弟們，讓我們一起舉起慶功的酒杯，一起為我們自己大聲歡呼：我們上市了！」

　　是什麼讓金山在這條路上一走就是八年呢？這與金山的發展理念密切相關。

選擇網遊，推遲上市

　　20 世紀 90 年代初期，電腦遊戲在中國並沒有受到人們的追捧，只有少數遊戲玩家在一個狹小的圈子中交流國外的遊戲作品。由於

沒有光碟機，受儲存介質的限制，那個時候的遊戲體積都非常小，比如《戰斧》、《刺殺希特勒》，僅需要儲存在磁片中即可。

對於求伯君來說，《戰斧》、《刺殺希特勒》這樣的小遊戲，他可是一點都不陌生。雖然他將更多的精力投入在 WPS 的開發上，但是一旦有閒暇時間，他就會精神抖擻地拿起磁片在遊戲的世界裡笑傲江湖。開發一款自己的遊戲，是求伯君當時的夢想，為此在 1994 年珠海金山公司成立之初，求伯君就在媒體上發布了招聘遊戲製作人員的廣告。

1995 年，金山公司下屬的遊戲工作室在珠海成立，游戲迷求伯君特意為工作室取名西山居。之所以取這樣一個名字，是因為在求伯君的故鄉有一座西山，幼年時他時常去那裡玩耍，另外一個原因是求伯君覺得這是一個很有詩意的名字，像極了遊戲中武林高手的居住地，所以在他看來用這個名字來命名遊戲工作室再合適不過。

西山居成立後，很快推出了第一款遊戲——《中關村啟示錄》。這款經營類遊戲在短時間內受到人們的追捧，這讓西山居工作室的工作人員充滿了信心。在接下來的幾年時間裡，他們先後製作推出了一系列風靡一時的經典遊戲，其中《劍俠情緣》更是影響了整整一代遊戲人。

1997 年 4 月，西山居推出第一款角色扮演類遊戲《劍俠情緣 I》。與之前的作品相比較，《劍俠情緣》的故事性和遊戲性都遠遠超出了同期產品，所以在上市初期就受到了廣大玩家的關注和追捧，這讓金山公司意識到潛藏在遊戲行業中的巨大商機。

1997 年年底，為了將《劍俠情緣》打造成金山的品牌遊戲，金山公司為西山居提供了大量的人力和物力。在前後三年的時間裡，先後有 30 多人參與到這款遊戲的製作中，耗資更是達到了 300 多萬元，由此可見金山管理人員對於這款遊戲的重視程度。西山居的工作人員也大膽地對遊戲玩法做出了改革，他們拋棄了原來的回合制玩法，借鑒了國外遊戲《暗黑破壞神》式的即時戰鬥系統，使得《劍俠情緣》的可玩性大大提高。

2000 年 6 月，歷時三年的《劍俠情緣 II》一經推出，就引爆了遊戲市場。眾多遊戲玩家爭相購買《劍俠情緣 II》的正版光碟，一些玩家甚至一下就購買好幾份用作收藏。《劍俠情緣》的成功，使得金山的產品趨於多樣化，公司盈利能力迅速上升。

與 20 世紀 90 年代匱乏的遊戲市場相比，2000 年以後，國際大遊戲公司紛紛湧入中國，與此同時盜版光碟進一步氾濫，這些都對中國的遊戲軟體業構成了極大的威脅。在這種情況下，金山公司決定打鐵趁熱，鞏固《劍俠情緣》的市場地位。2001 年 7 月，他們推出了《劍俠情緣之月影傳說》，短短 5 個月後又推出《新劍俠情緣》。這兩款作品在延續《劍俠情緣》傳統風格的同時，徹底拋棄了令人厭倦的回合制，同時還為玩家奉獻了大量嶄新的地圖，對舊地圖也進行了擴充和更改，使得遊戲玩家耳目一新。

2003 年前後，金山公司的各項工作都進行得有條不紊，儼然成為軟體行業的領頭羊。當時中國掀起一陣上市風潮，很多公司都想方設法上市融資，金山公司如果憑藉自己當時的江湖地位提出上市要求，證監會一定不會為難他們，但雷軍卻讓金山人打消這一念頭。

　　隨著互聯網行業的迅速發展，遊戲也開始由過去的單機形式逐漸向網路遊戲的模式靠攏，遊戲玩家已經不再滿足於對著電腦馳騁江湖，他們開始注重與對手和戰友之間的交流，而網路遊戲剛好滿足了玩家的這一需求。於是在很短的時間裡，網路遊戲便占據了遊戲市場的半壁江山。

　　雷軍敏銳地捕捉到這一商機，在他看來單機版《劍俠情緣》雖然在市場上既叫好又賣座，但是這並不足以讓金山的遊戲部門高枕無憂。他們必須緊緊跟上網路遊戲這股大潮流，這樣西山居才不會被人甩在身後。

　　一邊是集中所有資本力量完成上市，一邊是集中精力跟上網路遊戲的浪潮，繼續瓜分遊戲市場，兩邊都是絕佳的機會，但是金山公司的資源有限，他們只能在二者之間選擇其一，雷軍選擇了後者。

　　有些反對者認為，金山完全可以將這兩個機會同時抓住，因為公司上市本身就是最好的融資管道，金山可以先集中精力、財力把上市工作做好，接下來再做網路遊戲也不遲。但是雷軍卻堅決不同意。網路遊戲雖然很賺錢，但凡是投資皆有風險，新興的網路遊戲風險更大。金山不上市，投資失敗虧的是自己的錢，上市後虧的就是股民的錢，這種不道德的事情，雷軍是絕對不允許發生的。

　　在雷軍的堅持下，金山錯過了在中國上市的最佳時機。當別人滿是誤解地責問他為何做出這樣的決策時，雷軍沒有辯解，他只是埋著頭和金山的員工們奮力拼搏。他比大多數人更瞭解金山，也比更多人知道金山應該如何走下去。在那幾年的時間裡，雷軍像是帶著鐐銬舞蹈，在別人看來優越無比，可錮中辛酸卻只有自己知道。

　　為了順利地追趕上網路遊戲的大潮，2003 年 9 月 20 日金山公司推出《劍俠情緣網路版》。遊戲推出後在網路玩家中掀起了軒然大波，西山居的論壇上一時間擠滿了來自中國各地的網路 ID，交流遊戲心得的帖子每天都是數以千計。這款投資近千萬的網路遊戲也讓金山公司在網路遊戲市場上初戰告捷，並為中國網路遊戲在網遊市場上占得一席之地。

　　在隨後的幾年時間裡，金山公司繼續將通用軟體做大做強，WPS、金山毒霸已經成為人們必備的電腦軟體。雖然金山網遊沒有它們那麼巨大的市場份額，但不能否認的是，西山居正在給金山帶來源源不斷的利潤。直到這個時候，雷軍才舊事重提，再次將公司上市這件事提到日程上來，這一次他將上市的目標鎖定在香港。

把步調慢下來

　　在得到聯想公司的注資後，金山公司的發展可謂順風順水，尤其在 2000 年以後，金山公司的發展進入了一個快速通道。很多金山人在這種順境中開始迷失自己，他們總是想做最快的、最大的、最好的。這種想法雖然是好的，但卻脫離了金山公司當時的實際狀況，這樣發展下去對金山公司是沒有半點益處的。

　　2006 年的一次高層會議上，金山公司的大多數董事認為，在錯過 2003 年的上市機會後，金山應該把握在納斯達克上市的機會，這可以為金山走向國際打下基礎。雷軍卻再次提出了反對意見。之所

以提出反對意見，是因為雷軍認為過去幾年金山人的腳步邁得太大了，走得太快。他建議大家把步調慢下來，這樣也好給大家一個調整的機會，急功冒進是不成熟企業的做法。

雷軍的這一想法遭到更多人的反對，在他們看來，錯過 2003 年在中國上市的機會，雷軍難辭其咎，這一次如果錯過納斯達克那簡直就是無法寬恕。對於這些想法，雷軍直接地表明瞭自己的態度，他認為這種想法是功利的、急躁的。大家都渴望成功，可是去納斯達克就是成功嗎？雷軍不這麼認為，在他看來，去納斯達克上市不過是讓金山多融七八千萬美元的資金而已，可是按照金山當時的發展態勢，他們完全可以從資本市場上募集到同等金額的資金。

經過長時間、多輪次的交涉之後，金山的股東們最終被雷軍說服，他們在公司的發展上達成了一致，那就是重新調整金山公司的發展節奏，繼續把一些基礎業務做好，比如產品的品質、客戶的體驗。他們重新認識到這些才是金山立足的根本，同樣也是金山成功的關鍵。於是在 2006 年，金山又一次與上市擦肩而過，不過這一次的停頓，卻為金山後來的大踏步前進打下了基礎。

既然不打算透過上市融資，那金山就必須透過資本市場獲得足夠的資金。為此雷軍積極地推動了新一輪的融資計畫，金山公司的董事會也在雷軍的勸說之下同意了這輪融資。在隨後的一個多月時間裡，雷軍變身成為道道地地的金融專家，開始與各大基金進行溝通和交流。在經過長時間的調查和研究之後，雷軍選擇了新加坡政府直接投資基金（即 GIC）、英特爾投資、新宏遠創三家基金，這三家基金聯合向金山公司投資 7,200 萬美元。

2006 年 8 月 18 日，金山公司對外宣布公司融資 7,200 萬美元，並準備在接下來一段時間裡加快金山的發展速度，在技術立業的基礎上開始逐漸實施國際化戰略。這次融資引起了媒體的廣泛關注，尤其是 GIC 一向有著「亞洲最神秘買家的稱號」，一時間關於金山的消息滿天飛。

《互聯網週刊》在報導這次融資時這樣說道：「GIC 管理著超過 1,000 億美元的基金，是全球最大的投資機構之一，也是『基金中的基金』，他們在投資過程中一向傾向於傳統行業中規模較大的專案，如中海油、泰康、李寧等。一般的創投基金的期限是 10 年，因此投資 3 ～ 5 年後就要考慮退出套現。但 GIC 卻是一個長期投資者，對於退出並沒有嚴格的時間表，只要看好企業便會持續擁有。或許這正是雷軍選擇這家基金的重要原因，因為雷軍向來不急於帶領金山公司上市，他更注重企業的長期發展。」

正如《互聯網週刊》報導的那樣，GIC 在投資界長期以來都給人一種穩健的印象，他們很少去投資高風險、高回報的企業，他們對那些具有長期成長潛力的公司更有興趣。比如在投資李寧體育用品時，GIC 不僅僅提供大量的資金幫助，還幫助李寧公司建立起透明的法人治理結構以及合理的薪酬激勵機制，這對於李寧的長遠發展是有著極大益處的。

在投資金山的過程中，GIC 的資金遠遠超出另外兩家，這也可以從另一角度看出他們對金山公司的信賴。因為 GIC 在投資前會進行非常謹慎的全面評估，所以一旦他們對金山給予認可，就說明金山的財務狀況和發展態勢，在較長的時間裡會維持比較良好的狀態。

這次私募完成後，一些敏感的財經人士品出了其中的含義，他們斷定金山當初之所以不在納斯達克上市，只是因為企業的規模還比較小，而這次融資後，金山的規模將會迅速擴大。與此同時，他們還認定這將是金山最後一次在資本市場上募集資金，因為在不久的將來，金山就會以一個「大傢伙」的身份進入資本市場。可是在更多的人看來，在錯過納斯達克之後，金山的這次私募不過是企業自發的普通融資行為罷了。

正如那些敏感人士所料想的那樣，這的確是金山釋放出來的一個強烈的上市信號，只不過由於金山處理得過於低調而被大家忽略罷了。在得到這筆資金之後，金山進入了一個快速發展期。而金山的員工在經過一段時間的調整後，急躁的心情逐漸平緩，好大喜功的行為開始逐漸消失，他們有條不紊地把自己的工作做到最好，為公司的建設添磚加瓦。踏實下來的金山，上市之路變得水到渠成。

2006 年下半年，金山公司所在的柏彥大廈 21 層時常坐滿陌生人，他們沒日沒夜地抱著筆記本進行著各種各樣的運算工作，這讓金山公司的員工們充滿好奇，因為明顯可以看出這些人不是在進行程式設計，而更像是在進行財務處理。他們哪裡知道，這些日夜忙碌的人來自世界上最好的專業諮詢會計師事務所之一——安永會計師事務所。

雷軍總是喜歡走在所有人的前面，雖然他曾經極力阻止前兩次上市，但是他知道隨著企業的快速發展，上市只是早晚的事情。在安永入駐金山之後，雷軍便開始積極地配合他們的工作人員完成審

計工作。與此同時，他還與律師、證券公司進行各種各樣的交流，最忙的時候，雷軍恨不得像遊戲裡一樣有一個分身。

所有的付出都會有收穫，在忙碌了整整一年之後，雷軍如釋重負，金山的發展更加健康，上市前的準備工作也已經全部就緒，接下來要做的就是從容面對市場的檢驗和股民的認可，豐收的季節即將到來。

黃金周

紙包不住火，上市消息隱藏了一年之久後，香港方面的媒體開始陸陸續續地得到一些隻字片語的資訊，透過這些僅有的資訊，他們判斷出金山公司即將在香港上市。但是這一消息卻沒有得到金山的官方證實，很多記者使出了渾身解數，想方設法地希望從金山那裡得到一點消息，但他們得到的回覆卻都是不清楚、不知道。

雖然金山方面一直沒有回應這些傳聞，但是一家媒體還是根據香港報紙揭露出的資訊對金山上市的新聞做了報導：「據《香港經濟日報》消息，國內知名的軟體發展商金山公司已經透過了上市聆訊，將在香港證交所籌資 2 億～ 3 億美元（約合 15.6 億～ 23.4 億港幣）。據瞭解，由於 8 月份很多基金休假，所以，金山的記者會可能會在 8 月底或 9 月初進行。金山方面表示不便對此消息發表評論。」在這條消息的最後，記者還十分用心地對「上市聆訊」這個詞做出了解釋，即上市前的全面評估。

以上消息一經公開後，各家媒體紛紛開始報導金山上市的相關消息。這個時候他們關注的已經不是如何從金山獲得第一手資料了，因為他們知道金山的主管們現在恐怕只會重複不清楚和不知道，他們開始根據自己的經驗來分析各個管道的資訊，然後寫出新的報導。

《每日經濟新聞》在一篇關於金山上市的稿件中這樣寫道：「透過上市聆訊，表示金山通過上市前的評估環節，通往香港資本市場的大門已打開。而金山方面的集體封口，意味著金山的上市籌備進入緘默期。據瞭解，金山上市的保薦人是雷曼兄弟和德意志銀行。」

當雷曼兄弟和德意志銀行被《每日經濟新聞》曝出後，人們開始相信金山上市已經近在咫尺了。因為雷曼兄弟與德意志銀行都是在國際上非常知名的投資銀行，在協助大型企業上市方面有著十分豐富的經驗，如今金山把這兩家企業都請來了，那傳聞十有八九也就可信了。雖然《每日經濟新聞》的消息來源本身也是傳聞，可是傳聞傳得多了，也就真的成了新聞。

媒體透過他們敏銳的嗅覺發現了很多蛛絲馬跡。2007 年 9 月 5 日，新浪科技在一篇名為《雷曼預測金山今年盈利將達 1.39 億 10 月 9 日上市》的新聞稿中，甚至直接指出金山公司當年的盈利目標、上市的集資規模，以及準確的上市時間，而這些數字也在金山上市後一一得到印證。

就在眾多媒體猜測不斷的時候，雷軍卻在 9 月 7 日悄悄地來到香港。在他之前，金山公司董事長求伯君已經先期到達，公司的CFO 王東暉、COO 任健也一併在香港出現。四人之所以同時出現在香港，是因為一個偉大的時刻即將來臨——金山公司上市記者會即

將開始。所謂的記者會，就是公司高管向投資者以及機構推銷自己公司的一個過程。由於記者會一般只在公司上市掛牌之前舉行，而且持續時間往往為半個月，所以金山 10 月 9 日上市的消息一時間被媒體傳得沸沸揚揚，因為這個時間點與金山記者會的時間極為契合。

9 月 18 日，金山公司的記者會在香港金鐘道 88 號太古廣場港麗酒店正式開始，出席記者會的除了金山公司的四人組之外，還有雷曼兄弟、德意志銀行的代表。在記者會過程中，雷軍向到場的投資者、基金經理、分析師以及證券銷售人員介紹了金山公司在過去十幾年的時間裡創下的輝煌業績，並描繪了美好的未來。

香港記者會結束後，求伯君、雷軍、任健、王東暉便馬不停蹄地趕往世界各地。鑒於當時網路遊戲概念在歐洲並沒有受到投資機構的重視，所以他們將重點放在了新加坡和美國，而歐洲他們只在倫敦設了一個點辦記者會。

9 月 22 日星期六，正在倫敦記者會的雷軍給金山的同事發了一封電子郵件，簡短地概括了自己這幾天以及接下來幾天的行程：「我們從週一開始舉辦記者會，在香港兩天、新加坡兩天，現在在倫敦。接下來的行程是倫敦兩天、紐約兩天、波士頓兩天、三藩市一天，記者會就結束了。到週五，我們已經收到了 2.5 億美元的訂單，已經是 2.5 倍認購！這個成績是非常好的成績！周日，是我們招股的新聞發布會，下週一開始散戶招股。」

雷軍在倫敦忙得不亦樂乎，香港的雷曼兄弟也沒有閒下來，作為金山公司上市的擔保人，他們在香港港麗酒店召開了金山招股新聞發布會。為了讓股民們對金山公司有更加深刻的瞭解，香港和倫

敦兩地還進行了連線。直到這個時候，媒體才第一次從官方管道獲得關於金山上市進展的消息。

9月24日，金山開始正式招股。在招股說明書中，金山對此次募集的資金進行了詳盡的說明：約1.7億港元將用於研究團隊聘請新的畢業生及資深研究人員；此外，還將約7,600萬港元募集資金用於拓展部分海外市場，1.158億港元用於進行與現有業務互補，或對客戶基礎、產品內容提供有利的策略性收購及合營項目。

在這份招股說明書中，1.7億用於招聘畢業生和研發人員的資產說明讓人跌破眼鏡。要知道這是金山募集資金中最大的一項開銷，從來沒有哪一家上市公司在絞盡腦汁實現資本聚集後，把引進人才作為最大的投資。

經過半個多月的記者會和推銷之後，9月29日金山股票定價揭曉，股價定為3.6港元。按照這個價格，金山將透過此次IPO融資到7.6億港元。這一消息發布後的第二天，雷軍和他率領的記者會團隊回到北京，迎接他們的將是為期七天的中國黃金周，他們終於能夠好好地休息休息了。

對於普通人來說，七天的假期總是那麼的短暫，可是那七天對雷軍來說卻格外漫長。從進入金山的第一天開始，他就在為這一天的到來而奮鬥著。可是當這一天即將到來的時候，橫亙在他面前的卻是七天漫長的等待。

等就等吧，畢竟雷軍迎來的是一個真正的「黃金周」。

功成身退

2007 年十一黃金周結束後，金山公司上上下下陷入了一片歡樂的氛圍中，人們都在為金山公司的正式上市做著最後的準備。在員工們忙裡忙外的時候，金山創始人張旋龍，高級主管求伯君、雷軍、任健、王東暉、葛珂等人離開了自己的辦公室，分別從北京、珠海、新加坡趕往香港，為第二天舉行的掛牌儀式做準備。

10 月 8 日下午 4 點，雷軍一行人剛剛入住酒店，還沒來得及喘口氣，一家電視臺的攝製組就堵在了門口，等待著訪問雷軍。雖然雷軍神情疲憊，但他還是十分配合地完成了整個拍攝工作。下午 5 點，一家仲介機構宴請金山高層。而對雷軍等人來說，這樣的晚宴與其說是宴請，還不如說是最後的公關。

10 月 9 日上午 8 點 45 分，雷軍早早地出現在了香港中環的交易廣場。一行人會合後，走上了金山上市前的最後一段道路。這段路不是很長，雷軍和其他人走得十分輕鬆，但是他們的內心卻一個比一個激動，尤其是張旋龍，從某種意義上來說，金山如同他的骨肉。

上午 9 點 10 分，金山的八位管理人員戴上了象徵他們身份的胸牌，緩緩走上聯交所交易大廳的貴賓廳。9 點 45 分，在工作人員的帶領下，雷軍等人來到交易大廳，他們將在這裡見證那激動人心的時刻到來。在此期間，聯交所上市委員許照中和金山軟體董事長求伯君分別致辭祝賀金山上市。10 點，所有嘉賓回到觀禮台，在這裡雷軍和其他嘉賓一起舉起香檳為金山的順利上市慶祝。10 點 05 分，聯交所與金山互換紀念幣，儀式宣告結束。

香港的交易所裡發生的一切被新浪科技全程直播，1,600 多名金山員工在大螢幕前分享了那激動人心的一刻。而百忙之中求伯君還不忘從現場打回電話向大家問候，他的這一舉動引來了陣陣掌聲。接下來珠海公司以及北京公司裡，鮮花、香檳酒、鑼鼓聲成為主角，金山人度過了一個狂歡日。

所有的喧囂終究會過去，所有的盛事也都會終結。在金山上市的過程中，雷軍鼓足了幹勁，始終帶領公司走在正確的道路上。可是當他終於將這個團隊帶到勝利的頂峰時，他卻發現自己一點都高興不起來。

客觀來說，雷軍確實是累了。加入金山這十幾年來，雷軍從來沒有真正意義上放鬆過，他每天都緊繃著神經做著各種各樣的事情。做程式師的時候，加班編寫程式是家常便飯。進入管理階層後，處理的事情更多了，他幾乎每天都在頂著巨大的壓力進行分析和做出決策。如今他該做的都已經做完了，但是身體卻吃不消了。

從另一個角度來說，在金山的經營模式上雷軍與公司的諸多主管產生了一定的分歧，先是就公司上市問題與諸多主管爭論，然後又在網路遊戲的經營上與求伯君產生了分歧，這讓雷軍感到身心俱疲。所以在別人慶祝金山上市的時候，雷軍卻從內心深處產生了歸隱的念頭。

10 月 9 日以後，雷軍突然從媒體的視野中消失，原本應該由他主持的金山高層會議也開始由求伯君代理。起初，這件事並沒有引起人們的注意，但是在長達一個多月的時間裡，雷軍都銷聲匿跡，

這讓人們感覺到不正常。一些媒體甚至開始猜測金山公司在上市後，因為股權和公司戰略問題引發內訌，從而導致雷軍出走。

為了防止外界對雷軍歸隱的事情繼續演繹下去，給金山公司帶來不必要的麻煩，12 月 19 日，金山公司正式對外宣布，因為健康原因，金山公司 CEO 雷軍主動辭去了職務，董事會已經批准了雷軍的這一請求，即日起董事長求伯君兼任 CEO。

這則消息如同一塊重石激起千層巨浪，網路媒體在第一時間內跟進報導，紛紛以專刊的形勢對雷軍離職的消息進行了報導，平面媒體也在當天夜裡加班對這一消息進行整理。對於 IT 界來說，這的確是一個大新聞。

在得知這個消息後，金山員工十分震驚，他們不知道究竟發生了什麼。這些員工在內心深處對雷軍是有感情的，他們之中的很多人從進入金山公司就跟著雷軍出生入死，將雷軍視為自己最親近的戰友和長官。如今在毫無徵兆的情況下，雷軍突然離職，他們在感情上一時無法接受。

對於求伯君來說，這同樣是一個考驗。長期以來，身為董事長的他幾乎很少過問公司的日常管理事務。如今雷軍離職，使得他不得不再次走到前臺，開始重新執掌公司，這對他來說多少有點陌生。唯一值得慶幸的是，在過去十幾年的發展過程中，金山的管理架構早已走向了成熟，雷軍的離職在短時間內也不會對金山的整體運營構成影響。

與求伯君的好脾氣相比，大哥張旋龍對雷軍的辭職事件卻表現出了相當大的火氣。他在接受媒體採訪時，坦然地承認了自己為此

還對雷軍大發了一頓脾氣，但是他也強調，雷軍的離職絕對不像外界說的那樣是因為矛盾不可調和，事實上他們之間並沒有什麼矛盾，十六年的兄弟之誼早已讓他們情同手足，不會因為一點小小的矛盾耍孩子脾氣。

面對媒體的炒作，競爭對手的惡意抹黑，雷軍反倒不急不慢了起來，他現在已經不是金山的 CEO 了，副董事的虛職對他來說沒有什麼實質性的意義，所以別人說什麼已經與他無關了。不過他還是覺得應該安撫好自己的員工，他不想自己打下的基業被外界的傳言毀掉。所以在 2007 年年底，雷軍攜手求伯君趕往金山公司各地的分公司，安撫員工情緒。

一個死過幾次的企業，怎麼會怕 CEO 離職？這恐怕是雷軍當時最真實的想法。他對金山的未來充滿了信心，即使自己離開，金山也一樣會沿著正確的道路走下去。從 22 歲一口氣幹到 38 歲，16 年了，是時候停下來想一想、看一看，緬懷一下自己的青春了，他不願意在自己老了的時候，沒有半點與青春有關的回憶。

CHAPTER 7

百戰歸來再天使

「投資就是在練兵、在磨刀。」雷軍說。他想做移動互聯網卻不懂,最好的辦法就是多聽、多看別人怎麼做,而天使投資就是交學費。雷軍的每次投資都有清晰的戰略意圖——全部依照移動互聯網、電子商務、社交三大板塊整齊分布。自幼養成的圍棋愛好讓他成為一個做事極有邏輯和目標的人,絕不浪費每一顆棋子。

2007 年年底離開金山之後,雷軍投資了近 20 家公司,市場估值 200 億美元,這恐怕是他當初未曾料到的成就。但是,我們不能將雷軍的天使投資定義為無心插柳,因為這些布局令他後來的創業順理成章,得心應手。

投資就是投人

2004 年，當時還在金山擔任 CEO 的雷軍接到了一個電話，這個電話是君聯資本（原聯想控股）的朱立南打來的，朱立南曾在 2000 年時與雷軍一起合夥投資卓越網。朱立南打電話來的目的是想向雷軍打聽一個人——孫陶然。

1996 年的中關村，雷軍參加一次會議，一進會場就看見一個年輕人在臺上講得慷慨激昂，這個人就是孫陶然。後來散會後，雷軍與孫陶然都沒有急著走，兩人一見如故，聊了很久。並且在之後的數年裡，雷軍和孫陶然多次見面交談，兩人對事物的諸多判斷和見解都驚人的一致。

孫陶然，吉林省長春市人，1991 年畢業於北京大學經濟學院，畢業後由於沒能拿到當時的留京指標，卻不甘心回老家，放棄分配開始了北漂的生涯。1996 年，孫陶然聯合投資創辦藍色游標公關公司。目前藍色游標已經發展成為亞太地區第一大公關顧問公司，也是中國第一家上市的公關公司。1997 年，他又創辦高尚社區直投雜誌《生活速遞》，這是中國最早的 DM 雜誌之一。1998 年，他又與人聯合創辦北京恒基偉業電子產品有限公司，任董事、常務副總裁，策畫了恒基偉業最著名的產品商務通。該產品在 1999 ～ 2001 年間，市場占有率一度超過 70％。

2000 年，孫陶然從商務通的常務副總裁的位置退下來以後，就靠打高爾夫打發時間，孫陶然自己說那兩年整天就是遊手好閒。後來朋友勸他說：孫陶然，不能就這麼退休了，你這麼年輕得再幹點

事。當時有個朋友說李嘉誠下面的一個基金想投資給他，當時的孫陶然玩心很重，說再說吧。但碰巧孫陶然帶著家人去香港，就順便去見這個基金的負責人。

當時孫陶然往長江大廈裡一坐，頓時感覺渾身上下非常寒冷。他當時就只穿著休閒短褲、短袖 T 恤，腳上套著拖鞋。

和孫陶然見面的是行政主席，他一上來就讓孫先生談一談專案。孫陶然說，沒有什麼專案，接著就介紹了一下自己的經歷。當時孫陶然公司裡的一些人正在做電子詞典的專案，他就重點把電子詞典講了一下。

香港會見後沒多久，對方開始跟進，說要投資這個專案，當時孫陶然心裡就開始猶豫。

因為這個專案他覺得不是很可靠，簽了之後怕搞砸了，不僅丟自己的臉，還丟中國人的臉，孫陶然良心上過不去，後來他就說，這個專案我不太想做了，別投了。

剛好這個時候他又碰到聯想的一個朋友，說聯想開始做投資了，問認不認識朱立南。孫陶然說：不認識。這個人說：「你太老土了，聯想三少帥，你都不認識。」

2005 年，在卸任聯想董事會主席後，柳傳志想透過資本路徑實現聯想的傳承與再造，主要培養了三個人：聯想投資總裁朱立南、融科智地總裁陳國棟、弘毅投資總裁趙令歡，媒體將這三個人稱做「聯想三少帥」。

後來，這個人就介紹孫陶然跟朱立南見了一次面。孫陶然那個時候因為已經歷了這些創業的思考過程，對於重新創業這些事已有

了想法，他當時想做金融服務，在他看來，金融服務業是遍地有黃金，關鍵是要找出切入點。

朱立南在見面後感覺孫陶然這個人比較可靠，但是和他畢竟是一面之緣，不太熟，心存疑慮，於是朱立南給雷軍打電話，問了很多東西。雷軍當時接到電話後，向朱立南說了好多孫陶然的好話，覺得孫陶然做什麼都能成。說到最後，朱立南說了一句：「雷軍，既然你覺得這麼好，那你要不要一塊出錢？」

那時雷軍也不清楚孫陶然到底要弄個什麼東西出來。事後，雷軍在部落格上公開說，拉卡拉是自己作為天使投資人的第一筆投資，「當時我確實沒搞懂他想做的事，但我還是毫不猶豫地決定投資。」

雷軍的原則就是投資投的是人。在人和專案之間，雷軍更看重的是人，人是決定性因素。在交往中，孫陶然務實低調的作風給雷軍留下深刻印象。雷軍立刻給孫陶然打來電話，問能不能給他個投資機會。孫陶然回憶說：「雷軍很謙虛。」

孫陶然求之不得。2004 年年底，孫陶然獲得聯想、雷軍的第一輪 200 萬美元的融資。但是，孫陶然剛創辦拉卡拉的時候，腦子裡有的只是一個進入金融服務行業的想法，這個想法還不清晰。

2005 年，拉卡拉還只是為銀行開發電子帳單的服務平臺，只是幫助銀行做網路、帳單、IT 服務。拉卡拉經歷了一個長期的模式和業務探索階段，甚至在有些方向上把產品都研發出來了，但後來發現缺乏支撐的管道和網路，又中途退出，走了近兩年的叉路。

「1996 ～ 2006 年是電信服務提供者（SP）的十年，2006 年後金融開放，金融服務肯定有市場。」這是雷軍對孫陶然說的一句話，就是這句話堅定了孫陶然的信心。

幫忙不添亂

拉卡拉是把便民金融服務發展成一種商業模式。為此，雷軍和孫陶然常常一起琢磨。

孫陶然曾高度評價說：「雷軍一個人基本上相當於拉卡拉的半個創業團隊。「創業初期的很多創意和模式都是他們一起探討和摸索出來的，經常是已經深夜 11 點了，他們還在外面的茶館開會。孫陶然說：「雷軍是百戰歸來再天使，這樣的人給創業者投的不僅僅是錢，還有寶貴的歷練和經驗。」

2007 年的一天，聯想的會議室裡，拉卡拉決定進行第二輪融資。第一個問題就是關於拉卡拉的估值問題。作為親身經歷拉卡拉從出生到成長的當事人，雷軍和孫陶然心裡都有個數，這時雷軍起身在會議室的白板上寫下了一個數字，這個數字也是對協力廠商支付市場的一次認識與思考。雷軍寫完後，朱立南覺得差不多。但是，一手把拉卡拉創立起來的孫陶然，感覺這個數字和他心中的期待相去甚遠，他便在白板上又寫了個數字，是之前的兩倍。

雷軍見狀對孫陶然說：「企業是你做的，你覺得是這個估值，我們就支持你。」一旁的朱立南也是這個態度。

隨後，孫陶然帶著這個估值見了 20 多個投資人，都是見了一面之後就沒什麼消息。

事後雷軍這樣對孫陶然說：「其實我們認為你當時期望這個數是不對的，但是你很有經驗，也是一號人物，我們也不好意思說不讓你出去。實際上就是不想支持你，讓你出去走一走。」後來第二輪融資，按照之前雷軍給出的建議實施。「雷軍作為天使投資人，特別能夠關照到創業者的感受」孫陶然至今回憶起來都很感慨，「這是非常難得的，我也非常感謝他。」

雷軍作為天使投資人，通常的做法是，融資的事情都是由自己一手包辦。這當然得益於雷軍這麼多年來在業界累積起來的人脈與信用。但是在拉卡拉的融資上，他卻沒怎麼管。孫陶然曾經拿著這個問題去問過雷軍，得到的回答是：能者多勞。

2007 年，中國各大銀行的發卡規模不斷擴大，信用卡還款、網點不足等壓力相繼出現，這時的孫陶然想到了如果將遍布城區大街小巷的連鎖便利商店、賣場作為網點，進行還款等繳費業務，豈不是一樁便民生意。在經過很多波折之後，孫陶然認清了便利商店這個方向。從第一家合作的連鎖便利商店上海快客開始，拉卡拉進入北京、上海地區。

這個戰略性的方向，也讓拉卡拉順利引入了 2007 年 3 月的第二輪 800 萬美元的融資。投資人在協約中明確規定，拉卡拉必須全力進入便利商店，否則就不投。現在看來，當初的這個約定讓拉卡拉明確了目標，開始了快速發展。

孫陶然的特質是「越是新鮮的市場，我越興奮」。在他看來，越難做的市場越容易建立起競爭門檻。拉卡拉一家家跑便利商店和連鎖超市，用幾年時間部署其終端網路，競爭對手已很難再在短期內對其構成威脅。更關鍵的是，類似拉卡拉這樣的運營型業務一旦建立好系統，收益將十分穩定。

2008 年，拉卡拉進入廣布網點狂燒錢的階段。這段時期，拉卡拉進行了 2,500 萬美元的第三輪融資，而這回的投資方是阿里巴巴的馬雲。在奧運前一天，雷軍收到孫陶然發來的訊息：融資已經完成。

剛開始，孫陶然因為手握支付寶的阿里巴巴與自己的業務可能產生競爭而有所顧忌，但後來經過柳傳志的撮合，還是促成這樁融資。即使在資本市場異常寒冷的 2008 年，拉卡拉仍然穿上了三件棉襖過冬。

隨著中國電子商務的興起，首要解決的支付問題衍生出很多的金融 SP（提供商），先行者支付寶已經牢牢掌握線上帳戶支付的半壁江山，拉卡拉則將目光牢牢地盯著線上下市場。

然而，對比模式較為成熟的支付寶，拉卡拉還有很多問題需要解決。首先，支付寶有淘寶的支持，而依靠便利商店的拉卡拉如何達到龐大的客戶群？第二，支付寶的線上支付方式省去了鋪設終端的成本，拉卡拉則花了大量的資金在網路鋪設和管理上。第三，在阿里巴巴集團的影響下，支付寶最初就具有一定的口碑效應，而拉卡拉似乎就沒有了這種依託。

拉卡拉的優勢在於，花費巨大的資金建設一個巨大的便利商店網路，這也成為以後支付寶和銀行與之合作的重要原因。它的商業

未來並不是簡單裝在店裡的一臺機器，信用卡還款只是其中一項業務，其重點在於將淘寶、支付寶、手機以及中國移動等進行整合。

當然，拉卡拉需要解決的問題還很多，但雷軍等投資人沒有過多要求盈利。雷軍做天使投資，經常掛在嘴邊的話就是幫忙不添亂。

這種耐心和信任讓孫陶然感到如魚得水。

你得選肥的市場

雷軍曾說：「我在《評估創業專案的十大標準》中給出了評估團隊的六條標準：(1) 能洞察用戶需求，對市場極其敏感；(2) 志存高遠並腳踏實地；(3) 最好是兩三個優勢互補的人一起創業；(4) 一定要有技術專業並能帶隊伍的技術帶頭人（互聯網專案）；(5) 低成本情況下的快速擴張能力；(6) 履歷漂亮的人優先，比如有創業成功經驗的人會加分。」

2005 年年初的一天，雷軍徹夜未眠，昔日老友李學凌來家裡聊天，兩人聊了一個通宵，20 多個小時。雷軍 1998 年就與李學凌相識，當時李學凌是《中國青年報》的記者。作為記者，李學凌沒少罵金山，但是雷軍卻認為李學凌的話都有點出問題。有一段時期，李學凌對反微軟投入巨大的熱情，這讓兩人的關係更進了一步。

雷軍很喜歡和媒體圈裡的人交朋友，這從當年結識陳年就能看出來。陳年當時在《書評週刊》當主編，後來雷軍拉他一起做卓越網。其實，說到底，雷軍骨子裡也是個文藝青年。

在媒體圈，記者的車馬費已經司空見慣，但是李學淩卻拒收車馬費。從這一點不難看出，李學淩有自己的想法，有理想。雷軍真正喜歡結交的是那些志向高遠且腳踏實地的人。

2003 年，經雷軍介紹，李學淩結識丁磊，加入網易，任內容總編。入口網站經歷了 2000 年紮堆上市的資本眩暈之後，2001 年走入低潮，各大入口網站的股價一度走向冰點。這時的入口網站都痛定思痛，開始走向務實的作風，並於 2002 年 7 月迎來了入口網站的第二春。

當時李學淩進網易就是朝著扳倒新浪的目標去的。他當時計畫著網易鎖定電商產業的打法，但是，當時的網易一心想做網遊，將房產頻道賣給搜房網，這讓李學淩感覺被潑了一盆涼水。

鬱積於胸的李學淩找到雷軍。早在做記者時，李學淩就對 .COM 投入了極大的熱情，是最早關注這個行業的記者。這麼多年來不遺餘力地觀察思考，是因為李學淩一直想創業，單純的紙上談兵當然不能滿足他。

2005 年應該說是中國的部落格之年。有著部落格教父之稱的方興東，他的部落格剛獲得上千萬美元的投資，發展迅速，惹得傳統入口網站新浪和搜狐都想搭上這趟車，相繼推出了部落格。部落格這種自我書寫的 UGC（使用者產生內容）模式為互聯網行業注入了一枚興奮劑，中國互聯網行業也迎來了 WEB 2.0 的商業探索時期。李學淩早就對 WEB 2.0 形式著迷，總想做點 WEB 2.0 的東西出來。

李學淩向雷軍提出了做 RSS 部落格訂閱產品的想法。雷軍給出的意見是：「這個市場太小，太虛，看不到錢的影子。寫部落格的

人不到 5%，需要部落格的人不到 1%，我們做 1%的市場幹什麼？從商業的角度考慮，你得選肥的市場，捨小的市場。」

金山從 2000 年開始做網游，雷軍對這個市場相當瞭解。他認為，遊戲廠商投放廣告的意願很強。再加上 2004 年盛大網路和九城的成功上市，為中國遊戲行業注入了一劑強心針。在這個時候，雷軍的想法是做一個遊戲資訊網站。

2005 年 4 月 11 日，李學淩在海外註冊華多科技公司。雷軍作為天使投資人投資 100 萬美元，這在當時的創投界，也應該是大手筆。公司一開始確立了兩個核心業務，一個是遊戲資訊網站——多玩網，一個就是 RSS 閱讀訂閱工具。

顯然，在公司成立之初，雷軍和李學淩在業務戰略方向上還沒有達成統一，作為投資人的雷軍並沒有說服李學淩遵從投資人的意見。即使這樣，雷軍也願意出錢，而且放開手讓李學淩去做。

2005 年 9 月，李學淩躊躇滿志地推出了「狗狗」，這就是他所設想的部落格訂閱產品。李學淩認為，作為一個互聯網產品，必須推動社區的形成。但後來「狗狗」的發展證明，「狗狗」達到了作為一款非常好的 RSS 訂閱工具的預期，但是用戶之間的交流還是太少了，李學淩所設想的互動社區也成了泡影。

「狗狗」所對應的 RSS 應用市場，在中國還是非常初級的階段。這和中國用戶的習慣、需求水準有一定的關係。2007 年，李學淩將「狗狗」賣給了迅雷。自此，「狗狗」也真正蛻變成一個娛樂搜尋引擎，專注於影視、BT、音樂、遊戲方面的內容搜索，也為迅雷惹上甩不開的版權糾紛。

　　「狗狗」的失敗或許可看作是 RSS 訂閱工具的失敗。正如雷軍所說，這個市場太小了，中國網友上網的最主要驅動力還是娛樂。賣掉「狗狗」之後，雷軍和李學淩的主要精力全都投入了多玩網上。

1.5 億美元也不能賣

　　網遊市場有多大？雷軍給李學淩定了一個目標：用 5 年時間做到一億元人民幣的規模。

　　IDG[5] 給出的調查顯示，2004 年中國遊戲市場規模為 36 億元，2005 年的規模為 55.4 億元，中國網遊市場進入快速發展期。在國內，互聯網對於普通大眾來說，還只停留在文化娛樂上。在這種需求的刺激下，網路遊戲的市場規模、廠商數量、產品數量都迅速增加，遊戲廠商投放廣告的需求強烈。

　　2003 年，作為三大門戶網站之一的搜狐花 2,050 萬美元收購了遊戲資訊網站 17173。創建於 2001 年 3 月的 17173，當時年營收不過 80 萬美元，利潤最多 20 萬美元，張朝陽用 100 倍的市盈率將 17173 收入囊中。自此，17173 完成從一個網遊資訊平臺到中文網遊第一門戶的巨大跨越。搜狐對 17173 的收購也證明了網遊資訊網站的商業價值，100 倍市盈率的收購，表明資訊網站黃金時代的到來。

---

5. 即 IDG 技術創業投資基金，又稱 IDG 資本，主要進行風險投資，投資中國技術型企業以及以技術和創新為驅動的企業。

雷軍為多玩網圈下的 1 億元的市場靠什麼來賺呢？當時作為中國第一遊戲門戶網站的 17173 的主要盈利模式就是廣告，接下來，雷軍的一次不經意邂逅，為多玩網的商業道路打開了另一條通道，為多玩網開啟了賺足這一億市場的發動機。

彼時與雷軍交好的周鴻禕想投資一個產品——iSpeak，但又拿不准主意，所以讓雷軍做參謀。這是一款線上群聊語音產品，當時同時線上人數不過一、二千人。基於對於語音價值的認可，雷軍也投進來，他更想讓李學淩過來投，但李學淩卻不以為然，他認為 iSpeak 毫無價值。

2007 年年底，雷軍和周鴻禕都投資了 iSpeak。很快，iSpeak 的同時線上人數超過了 5 萬。這時李學淩又回過頭來想買 iSpeak，但價格已是當初的 20 倍。

雷軍最後只能嘆道：「這是讓我很鬱悶的一件事情。學淩有一個記者的毛病，就是站著說話不腰疼。記者都嘴巴太厲害，說話太損。6 個月前他覺得沒價值，把人家羞辱了，6 個月後又來買，這是不是挺難的一件事？」李學淩錯失 iSpeak，卻讓他領悟到即時通訊的價值。於是，他下定決心自己做一款群聊工具，實際上就是後來模仿 iSpeak 做成的 YY 語音。由於雷軍的關係，大部分研發都是由金山詞霸的團隊完成。

另外，李學淩驚奇地發現：YY 實現了當初他所設想的 WEB 2.0 社區夢。一個社區的形成可以有各種形式，比如說熟人網路——FaceBook；或者由共同的興趣而形成的關係網絡，比如說豆瓣；

還有一種形式就是即時網路，這也是李學凌從做「狗狗」時就一直想要實現的。

遊戲廠商投廣告給多玩網，大多看重的是投網站廣告配送 YY 推廣的巨大價值。不難想像，一個 1,000 萬人同時線上的語音聊天工具，推什麼產品都能推起來。

李學凌曾經在 YY 上看到一個人自稱是俞敏洪，跟一群人講創業的問題。李學凌不相信是俞敏洪本人，就發訊息給俞敏洪：「是不是真的是你？」俞敏洪馬上回覆是。李學凌驚訝極了，YY 語音可以成為學者講課、記者分享消息的工具。

YY 語音的成功，也為多玩網找到一條協力廠商應用提供商的商業道路。周鴻禕曾說：「YY 是互聯網上的黑馬。」

2008 年年初，剛剛上市的巨人網路手裡有大把的閒錢，想擴展自己的業務版圖，提出全資收購多玩網，開出的價格是 5,000 萬美元。當時的李學凌對這 5,000 萬美元想都沒想。但是，如果是 1.5 億美元呢？

2010 年 3 月的一天，李學凌找到雷軍，這次談話的重點是有人想出價 1.5 億美元收購公司。李學凌動心了，雷軍給出的意見是不賣。李學凌一開始的反應是這樣的：「雷軍他有什麼理由說服我呢？投資人是這樣的，大不了得罪了。說難聽點，拿了錢一輩子再也不見面，我為了錢背信棄義了，就這樣。」從天而降的 1.5 億美元令李學凌內心掙扎，他那天在微博上寫下「戰戰兢兢，如履薄冰」八個字。

思考 12 天後，李學凌認定了多玩網是一個通向夢想的機會。幸好雷軍給出不賣的建議，才讓李學凌沒有腦筋一熱把多玩網給賣了。

無獨有偶。2005 年 7 月，當時賣掉 17173 的創始人蔡宗鍵禁止協議到期，捲土重來，創辦了一個類似的網路資訊網站 766。但是，766 卻怎麼也做不成規模，即使蔡宗鍵對這個行業非常熟悉，也趕超不上 17173。

截至 2008 年 10 月，多玩網 PV（Page View，日均總流覽量）達 5,000 萬，擁有 1,500 萬用戶，在 ALEXA 全球網站排名中名列中文遊戲網站的第一，實際上已經超過 17173。多玩網在訪問量、用戶數、忠實度等多項指標上都超過了 17173。很多人都認為這是因為 17173 出售之後交給職業經理人，而多玩網始終是自己的孩子。

雷軍不賣的決策高瞻遠矚。2011 年 1 月，多玩網進行第五輪融資，接受來自老虎基金的一億美元投資，估值超過 10 億美元。雷軍在做卓越網時就與老虎基金相熟，這一輪融資完，多玩網的上市就順理成章了。

從山上往山下衝要容易很多

2006 年，就在金山專注於網遊與軟體市場突圍的時候，雷軍投資了 UCweb。

這個時期，中國的通訊產業在經歷了第一代類比制式和第二代 GSM 等數位制式後，正在為高速第三代（3G）時代的到來躍躍欲試。

3G 的到來絕不僅僅是用戶和流量的快速增長，而是重新開始的一場互聯網革命，曾經發生在互聯網產業的一切也將在移動互聯網上重現。手機取代 PC，成為下一個計算中心已經是大勢所趨。

2004 年 8 月，第一款 UCweb 流覽器被應用到手機上。UCweb 流覽器可以對網頁進行優化、壓縮，具有極速、安全、易擴展、省流量的特性，UCweb 流覽器將伺服器、用戶端混合計算的雲端架構應用到手機流覽器領域。

UCweb 流覽器的開發者梁捷與何小鵬，畢業於華南理工大學電腦系，曾就職於中國的通訊軟體公司亞信。2003 年兩人開始創業，當時中國正是黑莓風行的時候，這種手機上的郵件推送服務被很多公司使用，梁捷與何小鵬決定做一款中國的黑莓。在亞信時，梁捷、何小鵬和其他三個同伴曾開發出第一個無線郵件產品 UCweb-MAIL，但使用者回饋很不理想。因為中國手機用戶習慣用短信，極少用郵件溝通。所幸的是，他們的 UCwebMAIL 在技術上的起點較高，有很靈活的底層架構，支援 HTML 協定，可以直接在郵件中帶連結。這其實是一個開放的介面，可以直接訪問互聯網上所有的網頁，實際上已經具備了潛在的流覽器功能。很快他們就在 UCweb-MAIL 的基礎上做出了手機流覽器 UCweb，就是現在的 UCweb 流覽器。但是，UCweb 卻苦於沒有資金進行推廣。

這時，以做郵件起家的網易的丁磊在第一時間發現了 UCweb-MAIL。丁磊當時很慷慨地以個人的名義借給了他們 80 萬元，因為當時梁捷與何小鵬連實體的公司都沒有。在得到雪中送炭式的 80 萬

元後，2005 年 3 月 10 日，梁捷與何小鵬開始註冊公司，當時的公司名字為優視動景，這筆錢讓 UCweb 足足支撐了兩年。

2006 年，手裡的錢都花完了，梁捷和何小鵬想融資，他們找到了聯想投資。看好這個項目當時的聯想投資副總裁俞永福，最後把這個項目帶到了聯想決策會進行投票。

「時間已近晚上 8 點，聯想投資所在的融科資訊中心樓下的西餐廳裡食客寥寥，略顯冷清，梁捷與何小鵬在這裡等了四個小時，仿佛在等待命運的裁決。一會兒想如果拿到聯想投資的 100 萬美元，該怎麼花；一會兒又想，如果拿不到，UCweb 又該往何處去。他們創業兩年多，此時 UCweb 的現金已經枯竭，迫切需要資金注入。」「可惜，俞永福帶來的消息讓梁捷和何小鵬很沮喪。短暫的沉默過後，何小鵬問俞永福：『永福，你願不願意和我們一起做？』顯然這不是一個普通的請求，在外人看來甚至不無唐突。但俞永福在那一瞬間只感到如釋重負，甚至很欣慰：自己既然很看好 UCweb 這個項目，也一直有創業的衝動，還等待什麼？他幾乎立即就接受了這個邀請，氣氛一下子由沉重變得歡樂起來。三人一起點了晚餐，開始談下一步融資和 UCweb 的發展規劃。」

這是《中國創業家》雜誌所記錄的關於 UCweb 融資的一幕。

三人分手後，這時俞永福腦海中又想起雷軍在一年多以前曾經對他說過的話：「如果你將來要創業，無論做什麼我都支持。」於是他打了一個電話給雷軍。

　　兩人見面後，俞永福要了瓶啤酒。雷軍很快就覺察出俞永福的心事，於是俞永福告訴了雷軍 UCweb 融資遇挫的事。雷軍的第一反應是：「要不要我打電話給朱總（聯想投資總裁朱立南）說一下？」

　　但是，俞永福的來意並非如此。他突然說出一句話：「你有沒有興趣投資？」

　　雷軍早就熟悉 UCweb，並且也是 UCweb 流覽器的忠實用戶。但是作為投資人，雷軍開誠布公地對俞永福說：「UCweb 最大的問題是他們的團隊，兩位創始人都是純技術背景，這是很大的缺陷，這個問題不解決，很難發展起來，我投資可以，但你必須加入這個團隊。」

　　於是，俞永福、雷軍都上了 UCweb 這條船。2006 年 11 月 20 日這天，梁捷與何小鵬失去了聯想投資的 100 萬美元，卻得到了 CEO 俞永福和雷軍的 400 萬元融資。

　　其實，在雷軍的內心當中，一直有一個想法。2004 年雷軍將自己一手創建的卓越網賣給亞馬遜，實際上自己內心經歷了很多的掙扎，就像賣掉自己的子女一樣。「這個決定對我來說其實非常痛苦。」雷軍說。

　　雷軍以前每天一上班就用半個小時上卓越，每週在卓越上買一點東西。為了忘掉卓越，雷軍在半年內沒上卓越網，不在網路購物。現在，在 UCweb 身上，雷軍又看到了繼續做一家偉大公司的希望。

　　就在俞永福和雷軍投資 UCweb 後，移動互聯網史上的一個大事件發生了。2007 年 1 月份，蘋果公司推出 iPhone 手機，這款手機顛覆了以往所有的手機業態，一場產業革命也拉開了序幕。毫無疑問，

移動互聯網已經勢不可擋。在移動互聯網浪潮的衝擊下，原有的產業格局也將要被打破，一切都在重新構建之中。這正是那個最壞的時代，也是最好的時代，每個人都在這場變革中思考著。

作為投資人，雷軍給 UCweb 提了兩個建議：放棄企業業務，全力只做個人市場；另一個建議就是開發內部運營平臺，所謂運營平臺就是將對 UCweb 的使用者使用情況做量化管理。現在看來，這兩個建議都對 UCweb 的發展起到了至關重要的作用。按照雷軍的建議，企業業務最後從 UCweb 剝離出去，以上千萬的價格賣給了一個合作夥伴，而當時算起來總的投資也不過幾百萬，還小賺了一筆。

2007 年開始，梁捷、何小鵬一人負責技術一人負責產品，開始專注於 UCweb 的開發。2007 年 3 月，運營平臺啟用，自此 UCweb 每天多少用戶、多少下載、多少安裝、用戶來自哪裡、用的什麼機型、哪個營運商、上哪些網站、停留多長時間，各種資料一目了然，所有決策都基於這些資料，一改以往的感性、拍腦袋式的決策方式，其效果也立竿見影：4 月至 6 月，用戶量每月增加 30%。

UCweb 的用戶激增也讓很多風投坐不住了，事實上，資本市場上的熱錢都在想著找個移動互聯網的項目投。按照俞永福的構想，應該是在 2008 年融資。但是晨興資本的劉芹實在按捺不住，感覺到那時就輪不上自己投了，當時就問俞永福到底想要多少錢。俞永福說：1,000 萬美元。但是，當時的另一家創投聯創策源也開出了這個價格，並且兩家都想獨占，問題變成了如何說服兩家聯合投。李芹和雷軍在投資樂訊網時就相識，最後經過協調，在雷軍的促成下，

晨興出 600 萬美元，策源出 400 萬美元，共占 UCweb28％的股份。2007 年 8 月，UCweb 第二輪融資就告完成。

半年時間，UCweb 的價值暴漲，雷軍給出的建議效果明顯。

雷軍也把金山的教訓告訴給 UCweb 的梁、何，他舉例說，微軟的 Excel 有個填充序列的功能，即下拉儲存格，其中的資料可以自動按序列增加複製，這個功能很實用，但 WPS 卻沒有，為什麼？不是做不了，而是因為這是微軟的專利，金山不能做。梁、何馬上就明白專利的重要性了，現在 UCweb 已經申請了 11 項專利，而且還在不斷地申請中。

在雷軍看來，流覽器是互聯網的入口，UCweb 具有成為一家偉大公司的潛質。目前，UCweb 擁有影片播放、網站導航、搜索、下載、個人資料管理等功能，它的定位就是在手機上複製一個 Google。

直到 2008 年，金山香港上市，雷軍在百感交集中從金山退下來以後，正式出任 UCweb 董事長。就是在這個階段，雷軍開始重新寫東西。新浪部落格三年前就邀請雷軍寫文章，此時他又開始寫，毫無疑問是帶點私心的做法。部落格也是為移動互聯網布道的一種方式，更重要的在於借助部落格的影響力，讓更多人知道 UCweb 是一家怎樣的公司。雷軍每週都去 UCweb 北京公司上一天班，他的主要工作是規劃戰略前景，激勵所有員工相信自己是在做一個偉大的事業。現在的雷軍對於努力工作有了另外一種認識：「順勢而為，就是說那個勢在那裡擺著呢，從山上往山下衝要容易很多。」

只因為他是陳年

在雷軍的概念中，天使投資要做的事情就是在創業企業初期投入一兩百萬的資金，而剩下的就是知心大姐的工作——成功的時候一起舉杯相慶，失敗的時候聽聽創業者講他的酸甜苦辣。失敗了沒關係，「哥們兒你先去度個假，回來了咱們重新再來」。多次創業的雷軍深刻地知道，創業並不容易，連續創業者都難免輸一場，在第二場再找到感覺。

當被問到當初「為何投資凡客誠品」時，雷軍回答：「只因為他是陳年，其實不關心他做的是凡客誠品還是什麼。」

2007 年，陳年決定開始做凡客，雷軍沒有猶豫，繼續支持他。雷軍對於電子商務這一領域一直有所期待，卓越網賣給亞馬遜就成為雷軍痛心的買賣。創業過程就是雷軍更深刻地體驗思考互聯網的過程，那段日子，雷軍可謂是「左邊卓越，右邊金山」。雷軍每天早上習慣一上班就打開卓越網看看，當卓越賣給亞馬遜後，雷軍總是感覺悵然若失。

北京的 7 月，酷日炎炎，雷軍去找聯創策源合夥人馮波，陳年去找 IDG 合夥人林棟樑。兩人談得都很順利，公司未註冊，就首先拿到了兩家風投的 200 萬美元，再加上雷軍和陳年的個人投資，公司的啟動資金為 7,000 萬美元。

值得一提的是，9 月初，凡客還在緊鑼密鼓地籌備中。鼎暉的合夥人王功權非要再投 1,000 萬美元。但後來，這個案子拿到鼎暉

決策會進行討論，有個投資人質疑短時間內是否能做成一個品牌。這個投資人的質疑並無道理。

但是，雷軍還是非常感謝王功權。王是萬通集團的聯合創辦人之一，是一位傑出的風險投資家，在 IDG 的時候投資了周鴻禕的3721，後來到鼎輝他繼續投周鴻禕的奇虎。王功權給了雷軍巨大的信心。

首先，公司在取名字上，雷軍和陳年斟酌良久。在雷軍看來，做任何面向普通消費者的產品，取個好名字是關鍵。很多創業者對這件事情重視度不夠，就隨便取了一個名字。不好的名字，用戶很難記得住，推廣的成本也非常高。

凡客這個名字是陳年和畫家方力鈞聊天時方力鈞定的。「VAN」像法語，先鋒的意思，很洋氣。後來中國做電子商務最早的 8848 創辦人王峻濤問了這樣一個問題：「VANCL 是 VAN＋C＋L 的組合嗎？」他認為國際服裝品牌多半是設計師或者創辦人的名字，「VANCL」是不是陳年和雷軍的名字組合？「VAN」是先鋒的英文單詞，「C」是陳年拼音開頭的字母，「L」是雷軍拼音開頭的字母，合在一起，「VANCL」就是「電子商務先鋒＋陳年＋雷軍」。事實上，這純粹是一種巧合，而經這麼一解讀，凡客更像是一個天作之合。

雷軍曾說，取個好名字，這是創業的第一步，千萬不能輸在創業的起跑線上。陳年喜歡無印良品，於是中文就定名為凡客誠品。

當雷軍找馮波融資時，主要談了對於 PPG 的認識。2007 年正是PPG 廣告鋪天蓋地的時候，PPG 在傳統媒體打廣告，銷售襯衫的形式被很多媒體視為當年商業模式創新的典範。

對於剛剛涉足服裝領域的陳年和雷軍來說，PPG 是個龐然大物，只有仰望的份兒，無論是融資金額，還是號稱的銷售額，以及市場上的名聲，都讓凡客覺得無法超越。雷軍和陳年最初的想法就是模仿 PPG，畢竟是新進入這個市場的企業，他們嚴陣以待，非常認真地在學習。

對於凡客來說，其最大的優勢，就是前卓越網的團隊。陳年與雷軍成立凡客，振臂一揮，這群散落江湖的老部下迅速集結在一起，沒有任何人談條件。重召舊部，重塑當年完整的經營團隊，再將以前創辦卓越網的很多經驗直接拿過來使用，可以少犯很多錯誤，也減少了磨合成本。

團隊的優勢決定了創業的起點不同，使凡客自誕生之日起便鬥志昂揚。

2008 年年初，一篇有關 PPG 不太起眼的小報導，披露 PPG 欠了供應商和廣告投放媒體上億的錢。這時候的凡客在重新審視 PPG 商業模式的同時，也回過頭來檢討自己，結果發現完全學習 PPG 的這條路，不能走下去，風險太大。

PPG 與其說是一家網站，不如說是一家呼叫公司，依靠在傳統媒體上做廣告，組織貨源。PPG 的這種模式需要巨額的廣告費作為鋪墊，一旦資金匱乏，將無以支撐。事實證明，PPG 以後在資本陷阱中越陷越深，成為中國電子商務試水的一個倒下者。而這時的凡客，開始認識到必須回歸到互聯網，陳年似乎找到屬於自己的道路。

　　PPG 有 95％的銷售來自平面廣告，這些平面媒體的店租太貴；而凡客依託於互聯網，是一家 24 小時不打烊的商店，店租很便宜。互聯網成就凡客，陳年這樣總結：VANCL ＝ PPG ＋卓越。

　　接著，凡客也發展出自己的廣告策略，採用與平面媒體分成的形式投放廣告，並且銷量足以讓媒體非常樂意接受這種方式。這種謀求雙贏的聯盟策略頗值得借鑒。VANCL 曾經一度在模仿 PPG 的道路上迷失方向，更因為發現前途兇險而困惑，直到現在才思路明晰起來。

　　多少年以後，人們在回望這段中國電子商務網站的成長史時，PPG 與凡客的更迭耐人尋味。PPG 穿著互聯網電子商務的外衣，吸引了電子商務領域最優秀的凡客團隊進入這個行業，而當 PPG 褪下這件國王的新衣之後，又是凡客為這個行業尋找到真正的互聯網出路。從這一刻開始，雖然二者的實力仍然懸殊極大，但是最後的成敗其實已經暗暗註定。凡客已經逐漸開始扮演 PPG 的超越者角色，而 PPG 也將繼續在此後的一輪輪自身的危機中越陷越深、無暇他顧。

　　雷軍認為，電子商務還是一個非常燒錢的行業，創業首要解決的難題就是融資。創辦凡客，雷軍想得最多的是如何融到足夠多的錢，讓陳年和創業團隊有足夠的資金把凡客做成一家偉大的企業。在創建之初融資 7,000 萬美元後，凡客又進行了兩輪融資，雷軍將這兩輪融資稱為超離譜。

　　2007 年的 12 月，董事會做出立刻融資的決定，那時凡客分分秒秒都在瞄著 PPG 這個強大的敵人。這次融資，為了不分散業務上的精力，凡客對於融資的要求就是需要兩個星期完成，對於風投來

說這是一個苛刻的條件。其中軟銀賽富合夥人羊東興趣最濃厚，但他們處在非常不利的位置，因為當時他們所有人都在紐西蘭開會。軟銀賽富作為中國管理十多億美元資金的頂級投資者，合夥人全部在國外。但即使在這種情況下，透過電話溝通，他們只用了幾天時間就拍板投資凡客，這是一件很不容易的事。

2008 年 6 月，凡客又和啟明創投上演六天搞定上千萬美元投資的奇蹟。在經過一個星期密集的檔修改和討論，對方終於在投資意向書上簽完字後，雷軍的嗓子都沙啞了。雷軍談到這一切時說：「我不能不佩服啟明的合夥人童士豪先生，是他強而有力的執行力，創造這樣的奇蹟。」

7 月 15 日，這次融資的幾千萬美元全部到賬。而兩個月後的 9 月 15 日，美國華爾街老牌的投資銀行雷曼兄弟轟然倒閉，金融海嘯席捲全球。雷軍一直在想：如果這次融資再晚兩個月會怎麼樣？

到 2011 年年底，凡客四年間已經吸引 6 輪、總額高達 4.22 億美元的後續投資，投資方包括 IDG、聯創策源、軟銀賽富、啟明創投、老虎基金、中信產業基金、嘉裡集團和淡馬錫等。凡客這樣定義自己，它首先是一家品牌公司，其次是一家資源組織公司，再次是一家服務公司，最後是一個互聯網技術公司。

從這個定義中，不難發現這些錢使用時的輕重緩急。三輪融資為凡客的品牌之路準備了充裕的資金，而 2010 年凡客體的傳播又成為一次淋漓盡致的品牌宣傳。

剛剛上線時，雷軍曾是凡客的第一個模特，風投界的羊東也穿著凡客。事實上，凡客一直在尋找合適的代言人。2010 年，從地鐵

裡韓寒的「愛網路，愛自由」不走尋常路的廣告開始，凡客完成了
對自身的解讀與對用戶的關照。這個廣告不僅有趣，而且找到了這
個時代的格調，以至於後來凡客體的病毒式擴散，連陳年這個老媒
體人想都沒想到。

由此，凡客品牌深入人心。隨著網路購物習慣的逐漸形成，中
國支付手段的日漸成熟，再加上服裝正從耐用品成為大眾消費品，
凡客終於開啟了一段迅猛奔流的瘋狂成長歲月。

2010 年之前把少量品類的銷量做大，是凡客實現快速增長的主
要手段。但 2010 年，凡客就一直在思索如何跑得更快，並將快速發
展視為公司的核心戰略。「2010 年一季度，凡客以新打法開始品類
擴張。」陳年說。在單品銷售增長放緩之後，增加產品品類成為凡
客繼續增長的主要驅動力。

圈地擴張勢必會引起消化不良。此後陳年開始做減法，但直到
2012 年底，戰略收縮仍未達到理想狀態。雙十一之後，末日大促銷
終於導致供應鏈矛盾集中爆發。2012 年 12 月 19 日下午兩點，各地
倉庫積壓的待處理訂單將近 100 萬張，陳年被迫第三次因為訂單延
遲向客戶道歉，各部門甚至抽調員工到庫房支援打包發貨事務。

有消息稱 2012 年 11 月凡客還計畫到美國上市，IPO 估值應高
達 45 億美元。陳年對各種消息置若罔聞，他淡然說：「資本市場好
我們就上，不好我們自己活得也不錯。」

天使投資必須放棄控制

雷軍投資的企業都有著一個共同的特點，那就是不論是 UCweb 的俞永福，還是凡客誠品的陳年，都是雷軍的圈內好友。雷軍曾經給自己定下這樣一條投資鐵律：如果你不認識我，或者不是我熟人的熟人，那就不用找我了，我是不會投資的。之所以如此，是因為雷軍認為熟人知根知底，風險可控，投資就是大家拿錢出來辦事，輸了是幫朋友，贏了大家一起開心。

歷任百度市場總監、總裁的畢勝是雷軍的諸多好友之一。2005 年，百度在納斯達克成功上市後，畢勝退隱互聯網江湖，過上了閒雲野鶴般的逍遙日子。一次偶然的機會，畢勝碰到了拿著錢兜子四處找項目的天使投資人雷軍。當時雷軍對畢勝說：「看人家陳年，比你大那麼多歲，人家都去創業了，你怎麼就一點熱情都沒有了？」聽了雷軍的話，備感無聊的畢勝覺得頗有道理。

創業的問題畢勝一直都想過，可是往哪個方向發展，卻是他一直猶豫不定的。自己最擅長的搜尋引擎已經被百度一家獨大了，做電子商務自己又完全不在行，學雷軍做天使投資是個不錯的方法，可結果自己一樣無所事事。最後在雷軍的勸說下，畢勝還是選擇了自己一竅不通的電子商務。

讓畢勝做電子商務不是毫無根據的，雷軍認為電子商務前景廣闊，是互聯網發展的一個重要方向，更重要的是，電子商務說到底比拼的還是互聯網能力、技術能力、平臺能力以及資源的整合能力，

這些對於畢勝來說完全不是問題，因為在百度的那些年，畢勝早已成為互聯網行業屈指可數的精英人物了。

確定創業方向之後，新的問題接踵而至。平臺搭建起來，賣什麼卻成了一個問題。凡客的陳年是大家的老熟人，所以做服裝容易朋友相殘。畢勝想到的是賣紅酒，因為喝紅酒本身是畢勝的一大嗜好，而且他對紅酒又頗有一番研究，所以做起來或許會駕輕就熟。但是雷軍卻否定了畢勝的這個主意，因為做紅酒生意，運輸是個大問題。最後兩人商量來商量去，雷軍拍板決定：做玩具。做玩具同樣不是信口開河，當年雷軍做卓越時，玩具頻道的效益就非常不錯。

有了方向，有了可賣的東西，創業就變為水到渠成的簡單事情。最初畢勝想自己一個人投錢進去即可，但是雷軍給畢勝分析說這樣的投資結構不合理，會對下一輪融資構成障礙，還是要拉投資機構進來才好。做天使投資雷軍比畢勝有經驗，所以畢勝對雷軍可謂是言聽計從。最後在雷軍的牽線下，畢勝找到了合作機構聯創策源。一切進行得都很順利，順利到畢勝還沒來得及為公司想好名字。

樂淘網成立後，畢勝開始了自己的玩具大王生涯。但令人遺憾的是，賣玩具似乎並沒有太光明的前景，買玩具的通常是孩子，可孩子們並不是最終的決策者。正版玩具太貴，盜版玩具又氾濫，繼續賣下去樂淘只有死路一條。在意識到方向錯誤後，畢勝決定尋求改變，重新尋找產品。那段時間畢勝下了很大的功夫，把在百度時的幹勁全都使了出來。挑來選去，畢勝選擇了賣鞋，而且只賣鞋。

轉型的過程中，畢勝並沒有徵求雷軍的意見。這倒不是不尊重雷軍，而是因為他太尊重雷軍了，生怕雷軍責怪自己。雷軍知道這

件事後，並沒有為此責怪，反而一再鼓勵他堅持下去，不管是賣鞋還是賣玩具，雷軍都對畢勝表現出百分之百的支援。作為一個天使投資人，雷軍只想做一個好的配角，而不是喧賓奪主。

　　然而樂淘並沒有憑藉賣鞋一步登天，這是一個相當艱難的過程。雷軍和李彥宏不止一次告誡畢勝要對企業實施精細化管理。什麼是精細化？說到底就是要精打細算。那段時間，為了減少庫存積壓風險，畢勝和鞋廠一家一家地談，很多鞋廠對樂淘的合作模式根本不感興趣，但是畢勝還是堅持不進貨的原則。為此，樂淘的發展一度舉步維艱，以至於畢勝發表了電商行業的悲觀論。

　　在樂淘陷入困境時，雷軍再次出面幫助樂淘渡過難關，他做擔保幫樂淘找到了新的融資管道。經歷重重波折後樂淘終於開始實現盈利。除了幫助樂淘解決資金問題，雷軍還充當了半個監督員。當時樂淘與憤怒鳥聯合推出一款小鳥鞋，雷軍隔沒幾天就會到樂淘網上購買鞋子。購買的過程中，雷軍會不斷地向樂淘的客服人員提出問題，以此來檢驗樂淘客服的服務水準。最後雷軍前後買了一百多雙小鳥鞋，同時也將自己所發現的問題給畢勝一一提了出來。在雷軍的建議下，樂淘建立了流轉單轉換系統，大大提高了客服品質。

　　隨著樂淘逐漸發展壯大，一些外國投資者也將錢投了進來。一次，一個外國投資方找到畢勝，希望他能夠除掉雷軍的董事名額，因為雷軍的投資比例與他們相比實在是太小了。畢勝想都不想就回絕了對方，他對這位外國股東說：「我可以把你換掉，都不能把他換掉，就算你拿一億美金我也會選擇把你換掉。」

　　現在樂淘已經成為中國最大的鞋類電子商務平臺，註冊會員更是超過 40 多萬人次。多家投資企業先後成功，雷軍成為投資界真正的大佬。很多人都在千方百計通過各種管道來獲取雷軍的投資真經，可是雷軍卻並不認為自己有太多的投資技巧。「做天使投資必須放棄控制，除了放棄股權的控制，還要放棄心態上的控制。」這恐怕是雷軍為數不多的投資感悟，而這一點卻恰恰是很多投資人無法做到的。

　　「只要站在風口，豬也能飛起來。」這是雷軍在風投領域探索多年後總結出來的經驗。雷軍的很多投資經歷都是在順勢而為，他不會在創業公司裡占太多的股份比重，他怕這樣做會傷害創業者的積極性。他同樣不願意指手畫腳，允許創業者有自己的想法。他唯一做的就是查漏補缺，做一個稱職的補充角色。

　　作為一個天使投資人，雷軍在短短幾年的時間裡取得了令人矚目的成就，所有人都羨慕雷軍的成績，可是他自己卻並不滿足，他意識到風投並不是值得自己一生去做的事情。於是，尋找一件值得自己用後半生去做的事，成為不惑之年的雷軍時常思考的問題。

CHAPTER 8

為偉大的夢想再創業

一時成功改變不了一個人的性格和處事方式，卻能為他帶來千載難逢的機遇。雷軍做天使投資人的三年潛伏，其實是在為創業積蓄正能量，這股能量恰好在他 40 歲生日這天爆發。

因此，人們在某個時間點上看到的，通常是一個人的某個側面，就像對雷軍 40 歲捲土重來的認識。只有將時間的距離拉長，才能在沉浮跌宕、百轉千回的人生歷程中，讀懂他的抉擇與堅持。小米的起點可追溯到雷軍 18 歲時閱讀《矽谷之火》的夢想——像賈伯斯一樣辦一家世界一流的企業。

四十歲重新開始

曾經有一位金山員工問過雷軍這樣一個問題：「你會離開金山嗎？」當時雷軍拍著胸脯向這位員工保證說：「我怎麼會離開金山呢？金山是一個我永遠都離不開的地方啊！」後來，雷軍在很多場合講過這樣的話，可就這句話聽到兩耳生繭的時候，雷軍離開了。

雖然坊間有各種各樣的傳聞，說雷軍出走金山是因為他逼宮失敗，但這卻不是雷軍的真實想法。金山 IPO 成功後，企業走上新的征程，伴隨著金山走過十幾年風風雨雨後雷軍卻有些累了，他希望能夠尋找到一種新的生活方式，可惜他最終也沒有找到。

在離開金山一年多的時間裡，雷軍這位曾經的職業經理人變身成為一名成功的天使投資人，那段時間他拎著自己的錢袋子時常出入資本市場。只要是他看好的，就會毫不猶豫地把錢投到這個行業中。如果這個行業的第一名不需要他，他就去找第二名，第二名不做，他就去找第三名。就這樣，拉卡拉、UCweb、凡客等在它們的領域中一個個脫穎而出，可是大獲成功的雷軍卻一點都開心不起來。

2008 年 12 月 10 日，雷軍在北京燕山酒店對面的酒廊咖啡館宴請賓客，一是為了慶祝自己四十歲生日，二是要大家陪他喝酒以排解心中的鬱悶情緒。那天到場的，在互聯網行業內個個都是鼎鼎大名，有雷軍的老部下金山詞霸總經理黎萬強，多玩網 CEO 李學凌，多玩網 CTO 趙劍，樂淘網 CEO 畢勝。在這場原本應該充滿歡樂的生日宴上，這些人很快被雷軍的悲觀情緒所感染。

　　如果僅僅從名氣，或者金錢的角度上來說，雷軍實在算不上一個失意的人。作為金山公司的 CEO，雷軍少年成名，早早成了中國互聯網行業的領軍人物，可謂聲名顯赫。金錢方面則更不消說，早在 2004 年，卓越以 7,500 萬美元的價格被亞馬遜收購時，雷軍就獲利上億人民幣，金山公司上市後，他的財富更是迎來了爆炸式的增長。2008 年，先後投資的拉卡拉、我有網、多玩、樂訊、優視科技（UCweb）、凡客誠品更是讓他的財富雪球越滾越大。而且只要他願意，這個名單會變得越來越長，可這一切並不是雷軍想要的生活。

　　那天，雖然雷軍借酒消愁的意圖十分明顯，但是並沒有人頻頻舉杯，大家把這位壽星圍在中間，聽他傾訴自己內心的苦悶。雷軍的心情大家都可以理解，在軟體和互聯網這兩個行業待久了，大家都成了忙碌身、操心命，一旦閒下來確實很容易迷失。尤其是對雷軍這樣性格的人來說，過早地享受退休生活無異於一種折磨。

　　關於這一點，雷軍的老部下黎萬強深有感觸。他曾經和雷軍交流過他們一起時的那段光輝歲月。在金山大舉進攻遊戲領域的那些年，金山上上下下都承受著非常大的壓力。有一次，金山的管理人員進行拓展訓練，雷軍在訓練開始前發表談話，他說得最多的就是不容易，自己不容易，金山人不容易，他們都活得太窩囊了。講到動情處，雷軍潸然淚下，金山的一群經理圍著他抱頭痛哭。那時候雖然很苦，但是他們個個充滿熱情。

　　後來雷軍離開金山，整個人的狀態發生了較大的變化，出門不需要司機陪，有時候甚至連車都不開，就背著背包漫無目的地走。有一次，雷軍回金山所在的柏彥大廈找黎萬強，他寧願待在一樓燒

烤店裡，也堅決不願意回到自己熟悉的辦公室。事後，他曾對黎萬強說：「我現在的狀態和一個退休老主管似的，不願意見到大家。」在金山共事多年，黎萬強從來沒見過這種狀態下的雷軍。

在那天夜裡，雷軍向大家介紹了自己的真實處境：IPO 完了，金山上市了，雖然每天奔波著找投資專案，可總是覺得落寞，根本不知道自己應該去做什麼，早晨一覺醒來就開始陷入這樣的迷茫之中，然後日復一日，這樣的日子是異常痛苦的。

重回金山是一個不錯的選擇，在雷軍離開金山的那段時間裡，求伯君一直兼任金山的 CEO，而且金山的高管們也都先後表態，隨時歡迎雷軍歸隊，但是雷軍卻還沒有想好。在那一年時間裡，雷軍對自己在金山的職業生涯進行了一次徹底的反思，總結出來五點經驗：人欲即天理、順勢而為、廣結善緣、少即是多和顛覆創新。反思的結果是，雷軍覺得在金山自己無法成為一個徹徹底底的創新者，因為一家具備改良導向的公司，根本不需要一個革命者來推翻公司的運營制度。

不想回金山，又不想整日無所事事，於是雷軍答應了 UCweb 公司的請求，去那裡當起了董事長。在那裡，透過不斷的調整，雷軍的個人狀態開始逐漸改善，但是手機軟體行業對他來說仍缺乏挑戰，他需要的是一個全新的開始。

新的開始？什麼樣的開始呢？這個時候，雷軍還沒有明確的目標，同時也多少有些猶豫，因為新的開始畢竟意味著新的挑戰，如果失敗了，那該怎麼辦？當雷軍將自己心中的想法說出來後，黎萬強說了一句：「四十歲才剛剛開始，你怕什麼啊？」這句話起到了

醍醐灌頂的作用，「是啊，四十歲才剛剛開始，自己有什麼好擔憂的呢？」想到這裡，雷軍釋然了。

那天，沒有一個人喝醉，他們從酒廊中出來後，仍然意猶未盡地在初冬的寒風中邊走邊聊了好一會，最後才在岔路口各自離去。在返回住宅的途中，雷軍打開車窗，迎著刺骨的寒風望著車窗外璀璨的路燈。他覺得自己的未來，就如同遠處的路燈，不走過去，永遠不知道前面是一片光明還是暗淡無光，所以他決定賭一把，說不定能賭到一個更光明的未來。即使賭輸了，迎來一片黑暗，那又怎樣？自己才剛剛四十歲！

那一夜的寒風，並沒有將雷軍的身體擊倒，反倒是將迷失在困局中的雷軍吹了出來，一個他從來沒有做過的、嶄新的創業計畫在他的腦海中開始顯現出來。也就是在那一天夜裡，雷軍為他攪動中國手機市場的宏大商業藍圖畫下了最濃墨重彩的第一筆。

「我覺得我 40 歲重新開始也沒有什麼了不起的。」雷軍後來特意瞭解到，柳傳志 40 歲創業，任正非 43 歲創業，他說：「人因夢想而偉大，只要我有這麼一個夢想我就此生無憾。」

iPhone 點火

從 20 世紀 80 年代開始，在電腦領域裡，有兩個人的名字是無法繞開的，一個是微軟公司的創始人比爾·蓋茲，另一個當屬蘋果公司的創始人史蒂夫·賈伯斯。這兩個人如同神一般地存在，一個

引領了世界軟體行業的發展趨勢，一個引領了電腦和手機等硬體設施的發展方向。

與比爾‧蓋茲良好的出身環境相比，賈伯斯的命運則有些坎坷。1955 年，剛出生不久的賈伯斯被自己的親生父母拋棄。幸運的是他遇到了一對善良的夫妻，他們不僅收養賈伯斯，還將他視若己出。

賈伯斯在童年時期便有著各種各樣稀奇古怪的想法，有時他還會因為這些想法闖下禍事，但是他的養父母卻很少為此而責怪他，寬鬆的家庭環境使得賈伯斯能夠最大限度地發揮自己的想像力。

除了良好的家庭環境外，賈伯斯所在的社區也有著非常好的創新氛圍，那裡住著很多矽谷元老——惠普公司的員工。在他們的影響下，賈伯斯早早地對電子產品產生了興趣並表現出了驚人的天賦。也就是在這個時候，賈伯斯認識了與自己有著共同愛好的斯蒂夫‧沃茲尼亞克，他們在一起的時候，總是有著說不完的話題。

在度過了溫馨的童年後，賈伯斯不得不面對殘酷的現實生活。由於經濟原因，他只在大學裡讀了半年書便輟學打工。那段時間，賈伯斯過得十分辛苦，白天做著令人厭倦的乏味工作，吃著簡單的食物，晚上則睡在沃茲家的地板上。可是即便這樣，他依然和沃茲興致勃勃地討論著讓他們充滿興趣的電子產品。

當時，電腦產品已經出現，並對人們的生產生活開始產生影響。這種新生事物很快引起了賈伯斯和沃茲的關注，他們決定自己做一臺這樣的產品出來。可是等他們真正將這樣一件產品做出來的時候，連他們自己都覺得難以置信。

1976 年，賈伯斯賣掉了自己的汽車，沃茲則賣掉了自己珍愛的惠普電腦，兩個人湊了 1,300 美元，與賈伯斯的另外一個好友龍‧韋恩成立了一家電腦公司。那一年賈伯斯只有 21 歲，斯蒂夫‧沃茲尼亞克剛剛 26 歲。他們把賈伯斯的車庫做廠房，開始生產他們的第一臺電腦，蘋果電腦就這樣誕生了。

三個月後，零售商保羅‧特雷爾訂購了 50 臺蘋果電腦，讓人意想不到的是這 50 臺電腦上市後馬上被人搶購一空，蘋果這個名字開始在電腦領域大放光彩。面對大量的訂單，賈伯斯和沃茲慌了，因為他們的資金根本不足以應付急速膨脹的市場需求。他們曾經尋求惠普公司的支援，但是惠普顯然沒有意識到這是一棵搖錢樹。

在賈伯斯和沃茲萬分焦急的時候，電氣工程師瑪律庫出現了，他對賈伯斯和沃茲所做的一切充滿興趣。這位百萬富翁為此不惜重操舊業，同時主動向賈伯斯和沃茲提供了 69 萬美元的貸款，幫助他們渡過難關。有了瑪律庫的幫助，蘋果公司迎來快速發展的時期。

1977 年 4 月，賈伯斯帶領著自己精心研製的「蘋果 II 號」樣機出現在西海岸舉行的第一次電腦展覽會上。與那些笨重、設計複雜、操作起來極其不便的電腦相比，只有 12 磅重，全部機身只有 10 顆螺絲釘的「蘋果 II 號」樣機一經亮相，就引起了人們的廣泛關注。人們簡直不敢相信這臺體型輕巧、外表靚麗的機器竟然是電腦，成千上萬的用戶來到蘋果的展臺前觀看，試用這款神奇的產品。

隨著蘋果電腦的不斷更新，蘋果被當作了當時最偉大的革新產品，《華爾街日報》甚至刊發全頁廣告，盛讚「蘋果電腦是 21 世紀人類的自行車」。但是這些榮譽並沒有妨礙賈伯斯繼續他的創新之

旅，賈伯斯憑藉自己的偉大創意，在 1985 年獲得了雷根總統授予的國家級技術勳章。

賈伯斯的偉大成就同樣吸引了一些出版人的注意，他們將賈伯斯的經歷寫成《矽谷之火》，向世人展示著這個具有創新精神的天才。雷軍也正是憑藉這本書開始認識和關注賈伯斯，那一年雷軍只有 18 歲，還是武漢大學的一名在校生。雷軍至今都認為，《矽谷之火》是一粒種子，小米手機的誕生，正是這粒種子生根發芽造成的。

蘋果的巨大成功引起了競爭對手的注意，藍色巨人 IBM 最先打響了個人電腦市場的爭奪戰，他們將公司的重點放在了個人電腦的研發上，對蘋果的市場造成了巨大的衝擊。可就在這個節骨眼上，賈伯斯的經營理念卻出現了一些問題，以至於蘋果董事會不得不撤銷他的經營權。

離開蘋果後，賈伯斯很快開始意識到自己所犯的錯誤，為了重新證明自己，賈伯斯在吸取這些經驗之後，創辦了「NeXT」電腦公司。與此同時他還透過收購成立了獨立的皮克斯動畫工作室。在此後的二十年時間裡，皮克斯成了全球最好的 3D 電腦動畫公司之一。尤其是 1995 年推出的全球首部全 3D 立體動畫電影《玩具總動員》，讓賈伯斯名聲大振。

就在賈伯斯春風得意的時候，蘋果卻陷入了危機之中。為了重振蘋果威名，蘋果公司董事會於 1996 年做出了一個重大的決定——收購 NeXT 電腦公司，而這樣做的目的只是為了讓賈伯斯回歸。很多人認為這是一個偉大的時刻，因為只有賈伯斯才是蘋果真正創新的靈魂。

　　賈伯斯回歸後，再次讓人們領略到了他的創新才華。1998 年，在他主持下研發的 iMac，一掃傳統電腦千篇一律的單調外形，採用透明外裝，以一種代表未來理念的全新造型登場，「I think,therefore iMac ！」更是成為廣告界的經典案例。在此後十幾年的時間裡，iMac 讓蘋果再次成為個人電腦市場上的一支勁旅。

　　就在所有人都認為賈伯斯會在個人電腦領域走得更遠的時候，2007 年，賈伯斯卻對世人說了一句：「今天，我重新定義了手機。」一款無與倫比的智能手機 iPhone 問世，它如同一枚重磅炸彈，將諾基亞領導的傳統手機市場炸了一個粉碎。

　　iPhone 的出現，除了將賈伯斯推上神壇外，也讓蘋果擁有了更多狂熱的粉絲，雷軍就是其中的一個。2007 年，iPhone 讓雷軍開始對手機充滿巨大熱情，他曾先後買了多部 iPhone 手機送人，他要讓大家都看一看這款極具創新精神的新玩意。

　　用的時間久了，雷軍發現了 iPhone 有很多不足之處，比如待機時間短，使用起來手感並不是太好，最重要的是信號也不是十分穩定。可是即便這樣，iPhone 依然能夠賣出十分高昂的價格，這一點是讓雷軍真正想不通的。直到這個時候，《矽谷之火》在他心中埋下的那顆種子開始復甦了，他想著自己要不要也去做一款手機，儘管不能和 iPhone 媲美，但是足以向賈伯斯致敬。

證明自己

「一個籬笆三個樁，一個好漢三個幫」，在過去十幾年的時間裡，雷軍雖然在軟體行業呼風喚雨，但是，在手機行業裡他只不過是一個還沒有嶄露頭角的晚輩而已。要想有所作為，他需要一個真正懂手機的人支持，可是這個人在哪裡呢？找來找去，雷軍找到了自己的老熟人李開復。

2009 年年初的一天，林斌像往日一樣早早地來到自己位於五道口的辦公室。作為谷歌中國工程研究院的副院長，他的主要工作是負責 Android 系統的當地語系化，這項工作對智慧手機的發展有著非常深遠的影響。就在林斌埋頭工作的時候，他的頂頭上司、谷歌中國總裁李開復領著一位客人走進了他的辦公室。這是林斌和雷軍第一次見面的經過，對於這位金山公司的前領導者，林斌早有耳聞。

初次見面，林斌和雷軍談得更多的是 UCweb 的經營狀況，他們一個是投資人，一個是合作夥伴，所以這是一個繞不開的話題。沒聊多久，兩人發現彼此之間有一種難得的默契，從此以後一發不可收拾，他們時常在下班後相約到咖啡廳聊天，一聊就是五六個小時。

有一次，林斌和雷軍在盤古大觀的咖啡廳裡聊天，聊著聊著說起手機，於是兩人面對面各自從包裡將自己的手機掏出來，滿滿地放了一桌子，然後開始一個個地拆機，惹得服務員以為他倆在咖啡廳裡推銷手機。也是在那天，林斌才發現雷軍不光懂軟體，還懂手機，那種懂不是裝出來的，是實實在在的懂。

　　在林斌看來，自己對手機狂熱是可以理解的，畢竟自己的工作就是與各種各樣的手機生產商打交道。可是，雷軍的狂熱他卻有點看不懂，他不明白這個搞軟體的，每天為什麼要在包包裡裝八、九臺手機。那個時候，林斌還不知道雷軍有進軍手機行業的打算。

　　但是有人卻看出了端倪，比如黎萬強。2009 年時，雷軍仍然和黎萬強保持著一個月見一次面的頻率。與以往不同的是，他們每次見面，雷軍都會談論很多關於手機的話題。事實上，2009 年上半年，雷軍幾乎見了誰都說手機話題。他一會分析手機市場，一會又對手機性能評頭論足，而且說得頭頭是道，以至於有人拿他開玩笑說：「雷軍不幹軟體了，他開始經營手機專賣店了。」

　　在雷軍點評的眾多手機中，剛剛興起的中國產魅族手機無疑獲得了更多的認可。他曾經在多個場合誇獎魅族的創新化和人性化。有一次，雷軍陪客人們吃飯，吃著吃著，他從包裡拿出來一部魅族 M8 手機，開始給大家現場分析這款手機的優點。他說：「魅族的手機能夠顯示來電響鈴的時長，別小看這個小小的創新技術，它能很好地替人分辨出那種只響一聲的騷擾電話，這樣的產品不好才怪。」

　　雷軍在林斌面前也對魅族讚譽有加，他說魅族手機做得這麼好，應該讓他們使用 Android 的系統，這樣無論是對魅族還是對谷歌來說，都是非常不錯的選擇。林斌聽從了雷軍的建議，先後兩次飛往珠海探訪魅族。而雷軍作為林斌的參謀，也參與了這兩次會面，他們與魅族的創始人黃章進行了十分深入的交流。

　　兩次探訪魅族，讓雷軍對魅族的發展模式有了更加深刻的認識。他對一位投資人的觀點深表贊同，那就是魅族用兩年的時間，在互

聯網上培養了超過 200 多萬的粉絲，僅僅一部 M8 就出售了 60 萬台，這說明魅族是成功的。另外一點也引起了雷軍的注意，那就是市場上眾多的手機之中，雖然與蘋果參數配置相近的手機有很多，可是只有魅族的價格是蘋果的一半。

透過對魅族的考察，雷軍對手機行業有了一個比較全面的認識，這也讓黃章對雷軍後來的一系列動作頗有微詞。在小米手機正式發布後，黃章還為此專門在魅族的社區裡發了一篇帖子。在這篇帖子中，黃章指責雷軍當初打著天使投資人的名義盜取魅族大量的商業資訊。不過這些都是兩年以後的事情。

客觀地說，黃章多少有些冤枉雷軍。在決定進入手機行業的初期，雷軍對手機市場進行了深度的調查，他特意拜訪了很多的手機生產廠家。但是在與這些廠家溝通的過程中，雷軍發現了一個難以逾越的鴻溝，那就是自己的思路和他們的思路並不是很合拍。這一點對雷軍來說是非常致命的，他希望做一款兼具創新和突破特點的手機，而很多手機廠家卻無法滿足雷軍的這一想法。

為了尋找合適的合作夥伴，雷軍找過幾家在手機領域裡數一數二的大品牌。但是還沒等他將自己的想法說完，人家就拒絕了雷軍的請求。有一些二三線手機品牌找雷軍洽談過合作的事情，但是雷軍覺得他們的產品實在一般，以至於對他們的生產和研發能力持懷疑的態度。就是在這樣的搖擺中，雷軍才下定決心自己做手機。

在做出這個決定後，雷軍邀請的第一個人就是林斌。在此之前，林斌一直都有創業的想法，他曾經向雷軍透露過想做一個音樂網站，並徵求雷軍的意見。雷軍的回答是：「這種小事情，咱們投點錢，

別人就可以做，沒什麼意思。咱們一起做點大事吧。」雷軍將做手機的計畫告訴了林斌，並正式向他發出邀請。這讓林斌頗感意外，他一直以為雷軍要幫他創業，結果卻是雷軍自己要親自出馬。

就在林斌還在猶豫要不要答應雷軍的時候，谷歌在中國遇到了一些麻煩。2009 年 9 月，谷歌中國的高級管理人員李開複宣布辭職。李開複是林斌的頂頭上司，他這一走讓林斌心裡多少有些不是滋味。然而更糟糕的還在後面，2010 年，谷歌中國正式宣布退出中國大陸市場。這個時候擺在林斌面前的只有兩條路，一條是跟隨谷歌離開大陸，另一條則是跟著雷軍創業做手機。經過反覆思考之後林斌選擇了後者。

決定跟隨雷軍後，林斌並沒有提出太多的問題，他只提了兩個問題，卻在不同的場合下反覆提了四次。第一個問題是你已經功成名就了，現在又做手機，你究竟圖的什麼？第二個問題是做手機是需要雄厚財力支援的，這筆錢從哪裡來？雷軍的回答也很簡單：一，證明自己；二，我就有這麼多錢。

2011 年 10 月，經過長時間的磨合和彼此適應後，雷軍和林斌終於走到了一起。他們的目標就是一起做手機，而且不做低端機，只做高配置機型。話雖簡單，可實際上他們卻面臨著諸多的問題，其中最嚴峻的一個問題就是他們兩個人事實上都不懂手機硬體。但是事已至此，他們已經沒有回頭路了，只能硬著頭皮上。

雖然對未來沒有明晰的目標，但是從內心深處來說雷軍是充滿信心的，因為手機市場正進入到一個群雄割據的時代。在這個市場上，稱霸多年的諾基亞早已變得威風不在，而蘋果則憑藉著 iPhone

系列的精彩表演一騎絕塵，三星抓住了契機開始從千年老二躋身到一線的新貴行列，而摩托羅拉和 HTC 則各自稱霸一方。在這個沒有絕對老大的市場上，雷軍和他的小米迎來了最佳的崛起時機。

七龍珠

　　日本的漫畫大師鳥山明曾經有一部轟動世界的漫畫著作《七龍珠》。在這部漫畫中，分散在世界各地的七顆龍珠彙聚在一起後，就可以召喚神龍，神龍會滿足找到七顆龍珠的人三個願望。雷軍需要找的不是七顆龍珠，他需要找的是一支強有力的管理團隊。在物色了一段時間後，雷軍又先後找來五個團隊成員。最終這支七人組成的管理團隊，成功召喚出一款轟動一時的小米手機。

　　在雷軍忙著準備做手機的那段時間，他的老朋友黎萬強離開了金山。黎萬強 2000 年畢業後加入金山公司，在長達十年的時間裡，他從一個小小的設計師開始做，一步步地走到金山公司設計總監和金山詞霸事業部總經理的位置。在這十年的時間裡，他付出的心血一點都不比別人少，這樣高強度的工作讓他有些累了。

　　離開金山後，黎萬強找雷軍聊過一次天。他興致勃勃地向雷軍闡述了自己的創業計畫，他告訴雷軍自己要去做商業攝影，這樣就可以拍出各種各樣富有想像力的圖片。雷軍聽完之後沒有評價，只是試探性地問了一句：「那個方向不太適合你，我這有個方向，你看要不要跟著我一起做？」聽了老上司加老朋友的話，黎萬強沒多

想就答應了。這倒讓雷軍小小地驚訝了一下，他問黎萬強：「你又不知道我要做什麼，答應得這麼快？」黎萬強瞟了一眼：「不就是手機嗎？」雷軍笑了笑，沒有再說什麼。

雷軍在尋找合適的合作夥伴，林斌也沒有閒著。在去谷歌前，林斌曾經在微軟工作過一段時間，在那裡他認識了微軟工程院的首席工程師黃江吉，也就是人們常說的 KK。林斌找到 KK 的時候，KK 正面臨著人生的轉捩點，他在微軟整整工作了 13 年，是繼續幹下去還是做點別的什麼，是繼續留在中國還是回美國，這是當時困擾 KK 的兩個問題。

在林斌的牽線下，雷軍、林斌和 KK 在北京知春路的翠宮飯店見了一次面。那次見面雷軍沒有提做手機的事兒，他們就是在一起閒聊，什麼都聊，最後才聊到電子產品這一塊。KK 是 Kindle 的粉絲，為了表達自己對 Kindle 的狂熱，KK 還特意向雷軍和林斌展示了一款自己改寫的小工具，這款軟體能夠很好地改進 Kindle 的功能。在 KK 說著這一切的時候，雷軍表現出了濃厚的興趣，他告訴 KK 自己更加瘋狂，因為他曾經將 Kindle 拆開，研究裡面的構造。這讓 KK 大吃一驚，他沒想到眼前這位竟然比自己更加瘋狂。

那天，他們三個人聊了將近五個小時，但是聰明的 KK 還是從漫無目的的聊天中嗅到了什麼，他相信這次聊天絕不僅僅是簡簡單單的三個電子產品發燒友之間的經驗交流，因為他知道雷軍的身份，也知道黎萬強正在謀求創業。那天臨走的時候，KK 對雷軍說：「我不知道你們未來究竟有什麼打算，但是不管做什麼，就算上我一份吧！」就這樣，KK 成為第四個加盟雷軍團隊的人。

　　除了 KK 之外，林斌還聯繫了自己在谷歌的下屬——高級產品經理洪峰。說起洪峰，很多圈內人都覺得這個人怪，但是更多的人還是對他的技術讚賞有加。洪峰還在小學時就開始學習電腦，他最大的愛好就是編寫程式來解決生活中遇到的實際問題。進入谷歌後，洪峰一度在谷歌的美國總部做高級工程師，也就是在那段時間，洪峰和其他技術人員一起開發了谷歌街景。

　　從美國回來後，洪峰成為谷歌中國的第一產品經理，在他的主持下谷歌音樂上線。雖然這款產品讓谷歌毀譽參半，但是從技術的角度來說，這款產品仍不失為成功之作。過早的成功，讓洪峰多少有些傲氣，但他又不失理性。

　　和雷軍第一次見面時，洪峰把技術宅男的特點表現得淋漓盡致，他在雷軍對面坐著，始終保持著淡淡的微笑，不管雷軍說得多麼天花亂墜，他也絕不搭話。這樣的場景，看上去更像是洪峰在面試雷軍。等到雷軍唾沫不再飛濺，口乾舌燥的時候，洪峰終於說話了：「要做手機，你有自己的硬體團隊嗎？你對營運商瞭解多少？你有獲取屏的管道嗎？」洪峰這一問，還真把雷軍問住了，因為洪峰說的這些自己一樣都沒有。

　　這次會面結束後，雷軍就決定一定要把洪峰拉到團隊中來，雖然整個交談過程雷軍被這個寡言的後輩弄得心中忐忑不安，但是他知道這傢伙是有深度的。洪峰雖然對雷軍的創業計畫充滿諸多疑問，但是他覺得這件事頗有挑戰性，他喜歡富有挑戰的事情，最終也就答應了雷軍的邀請，成為小米創業團裡最年輕的成員。

　　林斌、黎萬強、KK、洪峰，加上自己，這在雷軍眼裡已經是一個非常給力的組合了，只要好好做，一定能夠做出好的產品。可是洪峰卻並不這麼認為，他和雷軍提到一個人——劉德。雷軍聽到這個名字後多少有些猶豫，一來是自己和劉德並沒有什麼交往，二來他覺得自己根本請不動這樣一尊大神，但是洪峰卻不這麼想。

　　劉德是美國藝術中心設計學院的高材生，在設計領域可以說得上是大師級別。2010 年 5 月，回國辦事的劉德被洪峰邀請到北四環邊上的銀谷中心大廈，在這裡他見到了雷軍、黎萬強、林斌和 KK。那天他們從下午一直聊到夜裡 12 點，雷軍詳細地向劉德介紹了自己進軍手機市場的計畫，劉德對雷軍的做法十分認可，可是他不知道自己能做什麼。而雷軍則直截了當地對劉德說，希望他能夠入夥。

　　對於劉德來說這是一個非常艱難的抉擇，他在美國過著優哉遊哉的中產階級生活，安逸得不得了，而且自己的事業還在穩步地向前發展，所以根本不需要為小米冒險，可劉德最終答應了雷軍。打動劉德的不是雷軍描述的小米手機的廣闊前景，而是雷軍帶領的這個團隊。在劉德看來，好商品易做，好團隊難尋，他不想錯過這樣一個優秀的團隊。

　　做手機系統的人有了，做手機軟體的人有了，連設計手機的人都有了，唯獨缺一個能把手機做出來的人。在硬體製造領域，不管是雷軍還是林斌，都沒有廣泛的人脈。為了儘快找到合適的人選，雷軍在 2010 年的夏天，用三個月時間面試了 100 多名手機硬體方面的人才，卻始終沒有找到。

　　就在雷軍感到絕望的時候，有人將周光平介紹給雷軍。和當初聽說劉德的反應一樣，雷軍認為不太現實。首先，周光平已經 55 歲了，這樣年紀的人很少有願意出來創業的。其次，從 1995 年開始，周光平就在摩托羅拉擔任高級工程師職務，在摩托羅拉可以說是要風得風，要雨得雨，沒有出來創業的必要。但是在林斌的建議下，他還是和周光平見了一面。

　　那是一個週六的中午，雷軍準備用兩個多小時來約見周光平，可讓人沒想到的是，兩人見面後大有相見恨晚的感覺，話匣子一開就再也停不住，從中午 12 點一直聊到晚上 12 點。聊在興頭上的二人連吃飯都顧不得，午飯和晚飯竟然都叫外賣。

　　這次見面後沒過幾天，雷軍在出差的路上接到了林斌打來的電話：「周博士同意了！」那一天雷軍感慨萬千，想想自己過去一年所做的一切，他覺得挺值得。但是他又多少有些顧慮，因為這件事現在成了七個人的事，而不是他一個人的，他害怕失敗，那樣實在有些對不住自己的夥伴。

　　不管雷軍怎麼想，在小米的發展道路上，如今已是萬事俱備，只欠東風了。

米柚、米聊齊步走

　　做了十幾年軟體的雷軍，對互聯網和手機行業的發展有著獨到的見解。他覺得未來的手機行業將會呈現出六個明顯的趨勢：手機

功能方面要電腦化、互聯網化、全能化，而在設計方面，手機的發展趨勢將趨向於顛覆性、人性化、情感化。

對手機的趨勢做出預測後，雷軍開始向大家描繪了自己心中大致的藍圖，那就是先從互聯網做起，因為互聯網是資訊時代培養粉絲和塑造品牌形象的不二之選，在互聯網上發展一兩年的時間，再去做手機。至於手機的配置雷軍已經想好了，只做頂級配置的手機，同時還要做到性價比最高。手機的銷售則主要靠網上的線上銷售，賺錢的事大可不必著急。

2010 年 4 月，在得到著名風險投資 Morningside、啟明的巨額投資後，北京小米科技有限責任公司正式成立。LOGO 為「MI」，實際上是 Mobile Internet 的縮寫，它很好地表明小米是一家移動互聯網公司。需要特別強調的是，小米 LOGO 反轉後是一顆心的形狀，只不過少了一點，然而它的寓意卻十分深刻：希望能讓用戶省點心。

公司成立了，林斌卻開始煩惱。為什麼呢？大家當初是為了做手機走在一起的，可是現在雷軍卻並不急於做手機。那做什麼好呢？只能坐下來寫代碼。可是問題又出現了，寫什麼代碼？這是一個很關鍵的問題。小米公司有一個非常大的夢想，可是在這個夢想實現之前，他們必須做一些實實在在的小事情，而且還要做得漂亮，做得奪人耳目。

在應該做什麼這個問題上，林斌考慮了很久。為了找到最佳方案，林斌幾次將大家召集在一起，共同出謀策劃。最後，大家一致認為做一款頗具人性化，為廣大網友們提供提醒服務的軟體是非常

可靠的，大家親切地將這款軟體稱為「司機小秘」，也就是後來廣為人知的「小米司機」。

但是作為一款服務性軟體，「小米司機」並不能成為戰略項目，因為這樣的小軟體在市場上可謂比比皆是。小米要想成功，就要做一套獨特的，具備自身特點的東西出來。於是 MIUI 作業系統應運而生了。

MIUI 是一款基於安卓的主程序作業系統，雷軍希望將它做成一個活的系統，這樣可以讓廣大的民間高手參與進來，有利於粉絲團的培養。這個專案由黎萬強親自負責，它的產品介面和人機交互設計都是黎萬強親自操刀完成的。在這個過程中，黎萬強第一次感受到了互聯網的神奇魔力。在金山時，他負責的項目更多的是靠封閉開發，大家以為自己的產品很好，可是一旦推向市場後，用戶卻並不買帳。可是這一次卻不同，他能夠直接與使用者就 MIUI 軟體進行交流，然後根據使用者的建議取長補短。

2010 年 8 月 16 日，小米公司正式發布 MIUI 的內測版。在短短一年的時間裡，MIUI 吸引了來自世界各地的 50 多萬名手機硬體發燒友，在 MIUI 論壇活躍的用戶高達 30 萬。來自 24 個國家的 MIUI 粉絲自動自發地將 MIUI 升級為當地語言版本。據不完全統計，MIUI 系統刷機量達到了 100 萬。可以說，MIUI 在小米粉絲的積聚過程中厥功至偉。

2012 年 8 月 16 日，MIUI 發布兩周年之際，雷軍又一次站在了798 藝術中心，直到這個時候MIUI才有了自己的中文名字——米柚。

而這個時候米柚在全球範圍內已經擁有了 600 萬以上的用戶，成為最受歡迎的中國產手機系統。

作為中國軟體行業曾經的老大哥，雷軍比別人更清楚一條腿站不穩的道理。所以在米柚問世後不久，雷軍就開始將注意力集中在下一款軟體的開發上。當時在美國，有一款名叫 KikMessager 的軟體風靡一時，雷軍認為再開發一款這樣的通訊軟體，一定會在中國市場上大獲全勝。

這個議案在小米內部的研討會上引起了大家熱烈的爭論。當然爭論的焦點不是做不做，而是如何做，如何定位的問題。當時，手機通訊軟體主要有兩種模式：一種是超級簡訊工具，這種軟體取代了傳統手機的簡訊服務功能，為使用者提供了極大的便捷服務；還有一種模式，則是社交類通訊軟體，這類軟體的共同點是通訊只是切入點，它的根本作用還在於像 Facebook 一樣，建立一個網路的社交平臺。

會議結束後，大家一致認為打造一個手機網路社交平臺更有前景。於是抱著一種試試看的心態，小米軟體工作室投入到這一工作中。對於長期浸染在軟體行業的小米人來說，這樣的一款軟體再開發並沒有什麼難度，所以僅用了短短一個月，米聊就開發成功了。2010 年 12 月，米聊作為小米的第二塊主打招牌被推向手機軟體應用市場。

讓人感到尷尬的是，米聊的推出似乎沒有在用戶群中掀起熱烈的回響，在上市後的幾個月裡都表現得平平淡淡，不溫不火。可就在這個節骨眼上，一個巨大的惡耗傳來，據不可靠消息稱，即時通

訊領域那隻溫柔的企鵝——騰訊很有可能進入手機網路社交平臺，但是作為金山公司的股東，騰訊並不希望與雷軍發生過於激烈的對抗和矛盾。所以，留給小米僅僅只有三個月的時間，三個月後這位產業大佬，將進入這個領域。

面臨騰訊即將到來的壓力，雷軍力主創新，因為一直循規蹈矩地發展下去，米聊只有死路一條。在巨大的壓力面前，米聊工作室爆發出了極強的戰鬥力，很快他們就研發出了語音對講功能，米聊從一款普通的社交軟體演變成一款可以語音交流的對講機。2011 年 5 月，語音功能的推出為米聊迎來了爆炸式發展階段，米聊會員成倍數增長。

作為中國第一款手機社交語音平臺，米聊在 2011 年 5 月之後一舉奠定了自己在移動互聯領域的地位，它成為小米公司第一款具有廣泛影響力的產品，而雷軍這個昔日 PC 軟體行業的老兵，也開始借此在移動互聯領域聲名鵲起。

經過兩年的發展，米聊手機版註冊用戶已經達到 1,700 萬。2012 年 8 月 8 日 22 點 3 分 56 秒，米聊線上人數超過 100 萬人，這一時刻成為米聊發展道路上的一個里程碑。8 月 16 日，在小米 M2 的發布會現場，雷軍公布新版米聊將搭載 M2 與米聊用戶正式見面。更讓米聊用戶欣喜的是，米聊 PC 版產品也將在不久之後發布。

不管是在小米誕生之前，還是小米誕生之後，米柚和米聊都是雷軍進軍移動互聯網的兩款重要道具。小米手機不過是雷軍進軍移動互聯領域的載體罷了，在這個嶄新的領域裡雷軍有著一個更加宏大的夢，不過那都是後話了，當務之急是先把小米手機做出來。

CHAPTER 9

大器晚成

儘管雷軍不止一次強調並不打算做下一個賈伯斯，但從實際情況來看，小米有意無意間都在模仿蘋果。不管是新品發布會的方式還是雷軍的著裝，都或多或少讓人們看到賈伯斯的影子。

小米誕生記

2010 年 4 月 6 日，清明假期結束後的第一天。上午九點多，一位老人懷裡抱著一隻電鍋，小心翼翼地穿過中關村東部的街道，拐進位於保福寺橋邊的銀谷大廈。

這位老人是小米創始人之一黎萬強的父親，他早上五點就爬起來熬煮這鍋小米粥。徑直步入銀谷大廈 807 室，他推開門，等在屋裡的 14 個人笑容滿面地迎上來，揭開鍋蓋，每人盛了一碗熱騰騰的小米粥，邊吃邊聊，和樂融融。雷軍後來回顧說：「我們唯一的儀式就是一起喝了碗小米粥，然後就開始上班了。」黎萬強後來也提到這個特別的儀式：「當年煮小米粥的電鍋，我讓我老爸收藏好了。」

其實，「小米」這個名字是雷軍和幾位合夥人無數次腦力激盪的結果。黎萬強印象比較深的一次，是在知春路一個咖啡館裡的討論：「當時，房間叫玄德廳，雷軍和我們幾個合夥人商量給公司取什麼名字。雷軍喜歡搖滾，一個備選名是『紅星』，另一個名字是『創造』。」雷軍最後從佛經中獲得靈感，《阿含經》中有這樣一句偈語：「佛觀一粒米，大如須彌山。」以此典故作為公司命名的初衷，就是小米希望能夠像佛陀手中那粒米，擁有神奇的力量，能夠在互聯網浪潮中積累起須彌山一樣的影響力。

但佛家的「米」是大米，選擇「小米」是小米投資人、晨興創投合夥人劉芹的建議：「現在用戶不喜歡高大上，就叫『小米』吧！」

雷軍還挖掘出「小米」更多含義：「小米拼音是 MI，Mobile Internet，小米要做移動互聯網公司；其次是 Mission Impossible，小

米要完成不能完成的任務。最後，『小米』這個名字親切可愛，你周圍有人叫小米嗎？」不僅如此，小米公司還形成「米」文化，比如會議室也大多起了與米有關的名字，「香米」、「紅米」等等。

理想豐滿，現實殘酷。在做小米手機之前，雷軍信誓旦旦地要做一款引領潮流的手機，這就意味著不管是 CPU 還是觸控式螢幕，小米手機硬體的供應商都應該是頂級的。可是大名鼎鼎的供應商往往不缺買家，雷軍在軟體行業積累的名聲也沒有多大作用，誰管你以前是做什麼的？

有一次，雷軍、林斌和周光平找一家供應商談判，對方毫不客氣地回絕：「想用我們的產品，先把你們過去三年的財務報表拿來給我看。現在做手機的這麼多，誰知道你們什麼時候會死掉。」雷軍聽了之後竟無言以對。

到了 2010 年 12 月，經過漫長的談判，手機的核心元件晶片的供應商終於談妥，但是觸控式螢幕卻始終沒有著落。雖然周光平和他的工程師們還在千方百計地努力，但是始終沒有找到合適的供應商。這個時候，身為設計部老大的劉德有點坐不住了，他讓周光平等人先做電路設計，而他自己則親自出馬去找供應商談判。

在來小米之前，劉德在美國志得意滿，在他那家並不算太大的公司裡，他只需要安排工作即可，很少有事情需要他親力親為。而其中一個主要原因是劉德對談判桌上的那些事情談不上喜歡。可是在小米，當劉德親自出馬去做這些事情的時候，他卻發現這些也沒有什麼大不了的。

　　為了與供應商建立良好的關係，劉德會時不時邀請供應商一起出來吃飯，利用這樣的機會，一遍又一遍地向人們解釋小米的商業模式。對方需要什麼，劉德就向對方提供什麼，對於供應商來說小米的一切都是透明的。

　　有一次，為了說服一家日本的供應商，劉德一邊說一邊寫，將背後一大塊會議白板寫滿滿。會議整整開了一夜，第二天黎明到來時，所有的人都蹲著看劉德在講板右下角的空白處比畫著。

　　為了能和供應商很好地交流，劉德硬是背下了 800 多個手機原配件的名字，與 100 多個廠家進行了聯繫，見過的供應商代表超過1,000 名，五個月瘦了 20 多公斤，可是即便這樣，劉德依然樂此不疲。

　　311 日本大地震引起的福島核電事故讓許多人對日本敬而遠之，可是劉德為了向夏普公司表達自己的誠意，特意拉著雷軍去了一趟日本。當他們趕到日本時，夏普公司的負責人被深深地打動了。然而，在商業場合中，感動並不能左右一切，談判進程遠沒有想像中那樣順利。劉德便開始講他們的創業故事，講小米的未來，講到最後連劉德都被自己感動了。

　　後來人們問劉德，究竟是靠什麼說服了夏普。劉德總是輕描淡寫地對大家說：「我告訴他們不賺錢沒關係，但是別錯過占好位置的機會。萬一我們以後做成了，那他們就後悔莫及了。」劉德雖然說得輕鬆，但鍋中滋味卻只有他自己知道。

　　一切準備妥當後，新的問題出現了。對於硬體生產廠商來說，硬體的生產不存在任何問題，但是在驅動程式的編寫上，他們卻需要較長時間。小米在得到所有硬體設備的供給後，同時也被告知三

個月後才能取得相應的驅動程式。三個月，對於別人來說或許不算什麼，但是對於已經箭在弦上的小米公司卻顯得格外重要。

為了讓到手的硬體設備流暢地運行起來，以黎萬強為首的軟體發展小組夜以繼日地在辦公室裡測試、修改。相對於軟體編寫來說，硬體驅動程式的開發並不簡單，因為這根本就是一個完全陌生的領域。黎萬強後來將那段經歷比喻成在陌生的黑暗房子裡找開關，所有人都在不斷地嘗試，不斷地尋找方法，直到最後的勝利。

2011 年 8 月 16 日，米柚誕生一周年，雷軍帶著他的小米手機出現在北京 798 藝術中心的舞臺上。雖然雷軍曾多次對外宣稱，自己不是賈伯斯的忠實粉絲，但是人們還是從他的穿衣打扮上看到了賈伯斯的影子，他的藍色 T 恤和深藍色牛仔褲可以說完全拷貝了賈伯斯的著裝，以至於臺下有人喊他是「雷布斯」。

隨著幻燈片的不斷切換，一串串簡單的字元和極簡主義的圖表出現在大家面前，配合著這些極具視覺衝擊力的圖片，雷軍向眾人公布一組又一組技術參數，隨之而來的則是臺下「米粉」山呼海嘯般的狂歡聲。這的確是一款稱得上偉大的產品，它的配置在當時看來格外華麗，而這只是雷軍用自己的實際行動改變世界的第一步。

8 月 29 日，一萬臺紀念版小米工程手機對外發售。9 月 5 日，小米手機在小米官網正式開始接受預定。讓雷軍沒有想到的是，在短短半天的時間裡，預訂用戶就超過了 30 萬人。僅從這一點來說，小米已經獲得了巨大的成功。

小米還沒有來得及問世，一個惡耗卻先行傳遍世界，2011 年 10 月 5 日，傳奇人物史蒂夫・賈伯斯因病不治，離開人世。儘管雷軍

曾經說賈伯斯的離開會給自己帶來機會，但是當這一天真正到來的時候，雷軍卻十分悵然，這個行業裡唯一的神話破滅了，而自己卻剛剛開始，他連去追逐這個神話的機會都沒有了。

風波不斷

2011 年 8 月 16 日，小米手機正式發布後，小米公司面臨著一個非常現實的問題，那就是用戶什麼時候才能拿到手機？雖然雷軍多次在公開場合表示，小米會儘快生產，爭取在 10 月份讓廣大小米用戶拿到手機，可這也意味著忠實的小米使用者，還需要再等待漫長的兩個月。

如何處理這兩個月的空窗期，對即將上市的小米是一個考驗。為了應對這一局面，雷軍決定將小米開發過程中用以測試的工程機以 1,699 元的價格推向市場。這樣做，一是為了回饋熱情的米粉，二是能夠及時地瞭解到小米在設計中存在的一些問題。結果熱心的米粉們還真給小米挑出了不少毛病。

在工程機售出沒多久後，一位米粉就在小米論壇發帖，爆料自己手機存在的問題。這位米粉宣稱，自己在拿到工程機十天之後，手機的邊框便開始出現掉漆現象。由於掉漆位置出現在螢幕邊框的中間位置，所以他認為這次掉漆屬於自然脫落，並非人為因素。

「掉漆門」事件出現後，小米論壇負責人對相關發帖進行了處理，但還是引起了廣大媒體的關注。其中一些不負責任的媒體將這

件小事不斷擴大，由掉漆引申小米手機的品質隱患，最後一些競爭對手也開始冷嘲熱諷，說小米不過是比較高端一些的山寨機而已。一直保持沉默的雷軍，直到這個時候才意識到「掉漆門」的嚴重性。

客觀地說，手機掉漆並不是什麼新鮮事，在小米之前，諾基亞、摩托羅拉這些縱橫手機行業十幾年的國際大腕們也未能很好地解決這個問題。手機在出廠後，隨著時間推移，外殼會逐漸氧化變色，在人為操作的過程，掉漆也就成了時間早晚的問題。在一些特殊的情況下，比如外力碰撞、尖銳物品接觸，手機掉漆就十分容易發生。

小米遭遇的掉漆事件雖然只是個例，但是因為工程機出廠時間並不是很久，而且手機用戶也聲稱自己在操作過程中並未對手機使用外力，油漆屬於自然脫落，由此可以斷定掉漆屬於產品品質問題。

福無雙至，禍不單行，就在掉漆門事件被炒得沸沸揚揚的時候，關於小米後蓋的問題又被無限放大。這次爆出後蓋品質問題的依然是小米論壇。與零星的掉漆投訴相比，關於後蓋的投訴則相當廣泛。

關於這件事情，小米的設計師可謂是弄巧成拙。最初在設計小米後蓋時，工程師們為了方便用戶蓋上和取下後蓋，將機身和後蓋之間的四個扣子設計成斜面扣。與傳統的方形扣相比，斜面扣能夠最大程度上方便用戶取下後蓋，客觀地說，這一設計還是比較人性化的。但問題出在這樣的模具對精度要求非常高，用戶在蓋後蓋時略有偏差，就很容易造成手機後蓋扣不緊的情況。

這一系列的問題被反映出來後，雷軍的壓力非常大。解決問題是他唯一關心的事情，那段時間他甚至沒有時間去理會網路媒體對

小米的惡意報導。在雷軍看來，產品的品質是小米手機的命，用戶早反映問題，自己就得早解決問題，現在還不是打口水仗的時候。

　　噴漆問題比較容易解決，在小米手機量產時只需要更換噴漆工藝即可，難的是後蓋扣不緊的問題。主觀上來說，雷軍還是傾向於斜面扣，但是在經過一段時間的實驗後，代加工廠商始終無法達到雷軍對於精度的要求，在這種情況下，理想主義者雷軍不得不放棄這款更加人性化的設計，而回歸到傳統的方扣模具中。

　　這些問題解決之後，雷軍在第一時間透過自己的新浪微博對上述事件做出回應：「後蓋的模具已經全部重做，使用新的噴漆工藝，量產機品質沒有問題。」與此同時，小米手機官方也發布公告：「針對少數小米手機工程版出現的螢幕翹角、縫隙不嚴、掉漆等問題，量產版已更換新模具並採用新噴漆工藝解決；螢幕點陣現象屬正常工藝，非硬體品質問題；使用者的回饋意見是工程機的意義所在；小米公司再次重申，工程機使用者均可無條件更換量產版。小米希望廣大用戶監督並歡迎媒體的公正客觀報導！」

　　一波未平，一波又起，雷軍還沒來得及喘口氣，前線再次告急。在生產工程版試用機時，小米公司使用的晶片來自韓國三星工廠。但是小米手機進入量產後，十萬臺晶片的訂貨量是韓國三星工廠無法供給的。為了解決這個問題，小米選擇了來自臺灣三星工廠生產的晶片。雖然同樣是三星公司的產品，但是臺灣工廠的晶片卻出現了虛焊問題。

　　與掉漆、後蓋不嚴的問題相比較，晶片虛焊簡直就是天大的問題，因為它很有可能導致手機無法使用。這件事可謂直接關係到小

米公司的生死存亡，所以雷軍如臨大敵，小米公司的工作人員甚至親自趕赴臺灣，與臺灣三星公司商討解決問題的方法。經過半個月時間的調整，虛焊問題才得以徹底解決。

在所有問題得以妥善解決後，最初反映掉漆事件的網友在小米論壇發帖聲援小米，他認為自己的手機掉漆問題應當屬於個案，後蓋問題雖然反映的人比較多，但是作為工程機這些問題的出現是可以理解的，因此他不希望媒體以偏概全，以此來攻擊小米。另外一位忠實的米粉則透過跟帖來表達自己對小米的鍾愛：「雖然有點小問題，但不影響使用。系統運行迅速，我很滿意。我想後期會做得更好，多份包容和理解就好。對我來說，小米不是最好的，但是是最適合我的。」

隨著手機量產開始，小米平穩地度過了這段危險期。在隨後一年多的時間裡，雖然媒體也會偶爾爆出小米售後存在的問題，但是一個不爭的事實是，小米手機的銷量正在打破中國市場上單機銷售的一個又一個紀錄，人們對小米更多的是支持和愛。

但是這並不足以讓雷軍高枕無憂，他將面臨的是越來越多的新問題、新挑戰。在智慧手機的市場上，蘋果、安卓、Windows Phone 三大系統面臨著拼死一戰。而在安卓系統基礎上再開發出來的米柚系統何去何從，無疑是擺在雷軍面前的一個重大課題。

還有一個必須面對的難題是，小米堅持的一年一款主打機型的節奏是非常吃虧的。在與競爭對手的機海戰術和硬體競賽中，小米的價格優勢和配置優勢往往只能保持半年左右，而在接下來的半年

時間裡，小米手機只能被自己的競爭對手窮追猛打，比如高調介入手機市場的 360。

新仇舊怨不服氣

「天上九頭鳥，地下湖北佬。」湖北人骨子裡最典型的氣質是「不服氣」。如果兩個湖北人打架，把對手打得鼻青臉腫按在地上還不算數，一定要問句「你服不服」，只要底下的人還能喘氣，肯定回答「不服」。在恩怨糾葛的互聯網江湖裡，雷軍和周鴻禕這兩隻九頭鳥就有這種特性。

關於周鴻禕和雷軍兩人之間的關係，在之前已經簡單地做過介紹。當雷軍憑藉小米在手機領域大放異彩的時候，周鴻禕決定再次扮演磨刀石的角色，而雷軍也因此演繹成一塊互聯網的活化石。

2012 年 5 月 18 日上午 10 點，雷軍的小米青春版雙核 1.2G 手機上市放購，定價 1,499 元。當天中午，周鴻禕的首款 360 特供機 1.0G 雙核華為閃耀橫空出世，不僅將價格也定在 1,499 元，而且自稱中國 CP 值最高，還以「青春在這裡閃耀」宣傳，看似直接挑戰小米青春版。對此，小米公司副總裁黎萬強當天發微博對 CP 值提出質疑，隨後，周鴻禕和雷軍捲入其中。雙方從零部件、CPU、晶片等技術問題一直吵到人品，一時間微博助推，粉絲分邊站，網路打手湧動，這場針鋒相對的口水大戰愈演愈烈。21 日，馬化騰也加入其中，他發微博助陣雷軍，暗指周鴻禕是個演員，劇情、套路、表情

每次都差不多。2010 年 11 月，騰訊和奇虎之間爆發的 3Q 大戰勝負未分，在他看來，這是兩年前的舊戲重演。

不過，雷軍更願意將這次論戰視為 2010 年金山和 360 口水戰的烽煙重燃。2010 年年底，金山爆出 360 洩露用戶隱私事件，360 卻反指金山搜集用戶隱私，雙方各執一詞，互不相讓，最後鬧到中國國務院工信部介入調解，才暫時平息。

2011 年 8 月底，病情日益惡化的賈伯斯辭任蘋果首席執行官職位，雷軍在接受《創業家》雜誌採訪時說：「我們生存的意義就是等他掛掉。這個世界沒有神，因為新一代的神正在塑造。」這番話一出口，周鴻禕就隔空對雷軍的發言進行指責：「成功商人的你和理想主義者賈伯斯真的不是同一類人。」而雷軍也及時地意識到自己的錯誤，並鄭重道歉。

事實上，不管雷軍也好，周鴻禕也罷，他們都如同賈伯斯一樣是爭強好勝、個性分明的人，同時他們又都深信只有偏執狂才能生存，並對自己堅韌不拔、不服輸的性格比較滿意。雷軍曾經放出豪言：「這（小米）是我人生中最後一件事情，做完拉倒！」這種破釜沉舟的氣概決定了雷軍對待小米的態度。周鴻禕則認為 360 手機的成敗事關他能否活下去，是生死存亡的大事，所以他必須堅持到底。正是這種貼身的肉搏戰，使得處於領先優勢的雷軍不敢懈怠，而周鴻禕更是不敢放慢自己追逐的腳步。

周鴻禕在推出 360 手機時定位十分準確，就是要將它提供給 360 的用戶，這樣可以在最大程度上捍衛 360 軟體在智慧機市場上的占有率。而華為等手機生產商，則看重的是 360 的用戶數。2012 年

360 的一份財報顯示，它的活躍使用者達到了 4 億，這對手機生產廠商來說，無疑具有很大的誘惑力。

2012 年 6 月，周鴻禕在參加一次手機行業的聚會時，公開發表了一番針對小米手機的言論。他說：「360 是希望充當一個攪局者，希望市場越亂越好，越均勻越好⋯⋯我並沒有攻擊小米，我對小米還是持一個肯定的態度。」

周鴻禕的確是一個很好的攪局者，在這次手機行業的聚會上，他不僅誇了小米手機，還向外界公開了一個不小的秘密：小米公司去年 1,999 元的手機一直堅挺了一年，到今年，每臺手機的毛利已經算出來了，每部利潤在 700 元～ 800 元之間，如果他今年真的賣500 萬台，利潤至少超過 25 億；公司的市值按 10 倍的 PE 算，就是250 億人民幣，折合 40 億美金，也還是比較合理的。

不要以為這只是幾句簡簡單單的評價，實際上它對小米公司的殺傷力是非常巨大的。要知道從小米上市的第一天起，雷軍就聲稱小米不打算在手機上掙錢，小米要做真正讓利於民的高端手機，也正是因為這一點，小米才在很短的時間內積聚了極高的人氣，贏得了無數粉絲的支持。可是，現在周鴻禕卻對外宣稱小米手機每部利潤在 700 元，可謂直接擊中了雷軍的命門。

敵人將擂臺擺在了家門口，雷軍被逼無奈，不得不出門迎戰。2012 年 6 月 27 日，雷軍透過自己的微博對周鴻禕的說法進行了駁斥：「關於小米成本，因為與供應商簽署了保密協議，沒有辦法回答成本細節，但大家可以看看手機成本的構成，比如，僅 17% 的增值稅就是 290 元（進口無抵扣），加海關稅、附加稅和印花稅等，還有

高通專利費，合計就已經 400 元了。小米是創業公司，目前採購成本遠遠超過了周總說的價錢。」雖然雷軍百般辯解，但是一個不容忽略的事實是，在周鴻禕那段言論後的十幾天，小米公司成功在資本市場上獲得了 2.16 億美元的融資，而這個時候，小米公司的估值也恰恰如周鴻禕所說的那樣達到了 40 億美元。

在這場網路口水戰還沒來得及落幕的時候，周鴻禕便迫不及待地在輿論的風口浪尖上推出了自己的手機。在移動互聯網這塊剛剛被人們發掘到的大蛋糕上，周鴻禕已經比雷軍晚了一步，他不願意落後太多。

360 特供手機推出後，網路上一些匿名人士對周鴻禕與雷軍之間的口水戰提出了一些獨特的看法，他們認為在這場口水戰中周鴻禕才是真正的贏家。雖然他在移動互聯領域足足晚了雷軍一年時間，但是這場口水戰還是最大程度上拉近了兩者的距離。與百度、盛大等新生代互聯網手機相比，360 特供機無疑成了小米最大的敵人。更有甚者，一位匿名人士直接指出，這場口水戰原本就是手機廠商授意周鴻禕去做的，因為在網路行銷和推廣方面，周鴻禕比他們更有影響力。

戰爭總是不會輕易結束，尤其是敵對雙方都表現得勢均力敵時。在 360 特供機進軍手機市場後沒多久，2012 年 8 月 16 日如期而至。對於大多數小米忠實粉絲來說，這一天他們已經期待了很久。而對於雷軍來說，這則是延續小米手機神話的又一個開始。

然而新的開始並不意味著舊恩怨的結束，纏鬥了多年的雷軍和周鴻禕註定還要繼續將他們的恩恩怨怨演繹下去。在這場恩怨情仇

的大戲中，移動互聯網的時代悄然而至。在這樣一個時代裡，註定會有更多的故事，但是人們更關心小米 2 能否如期上市。

150 克青春

儘管雷軍不止一次強調並不打算做下一個賈伯斯，但從實際情況來看，小米有意無意間都在模仿蘋果。不管是新品發布會的方式還是雷軍的著裝，都或多或少讓人們看到賈伯斯的影子。除了這些外部形態上的相似外，雷軍在新手機的開發理念上也幾乎與蘋果公司保持一樣的節奏，一年一部主打手機。

在殘酷的市場上，理想大多數時候是會被迫低頭的。蘋果在經過四五年的市場孕育之後，已經擁有了一個相對成熟和穩定的市場。而小米上市之後，卻面臨的是一個極為兇險的戰國時代。在中國手機市場上，iPhone 和三星占據高端產品的半壁江山，HTC、摩托羅拉則幾乎成為中端市場上的主力軍，小米手機雖然憑藉其高 CP 值優勢成功躋身手機行業，但是面臨的卻是競爭對手的窮追猛打。

以 HTC 為例，這家臺灣廠商在進入中國市場後，憑藉著機海戰術，順利成為高、中、低三檔手機中的明星。雖然 2012 年上半年 HTC 的市場呈現萎縮狀態，但是憑藉著 HTC ONS X 的出色表現，HTC 依然在中國手機市場占據了舉足輕重的分量。

除了 HTC，中國的其他手機生產廠商也在以較快的速度在手機市場上推陳出新。比如華為、中興、聯想等手機生產商，他們在低

價市場上用還算不錯的 CP 值手機迎合了相當一部分人的需求，從而在最大程度上分流了小米的受眾。而在中端市場上，隨著手機硬體價格的下跌，小米的 CP 值優勢也開始變得十分微弱。

面對這樣的市場環境，如果雷軍不及時做出應變，那麼小米手機的市場份額隨時都有可能被其他手機廠商蠶食掉。為了應對這一局面，2012 年 5 月，雷軍攜小米的其他六位創始人，拍攝了一部微電影《我們的 150 克青春》。在這部微電影中，七個老男孩靠著自己生澀的演技，為即將發布的小米手機青春版造勢。

5 月 15 日，小米公司透過微博掀起了轉發送手機活動，在三天時間裡贈送 36 台小米青春版手機，就此拉開了青春版的行銷序幕。網友在微博上得知這一消息後，紛紛轉發並標註小米公司，一時間小米青春版手機的關注度可謂是盛況空前。

5 月 18 日上午 10 點，小米手機青春版 15 萬臺手機開始正式發售。9 點 30 分左右，小米官方網站便出現了擁堵的情況。10 點左右網站的存取速度開始急劇下降，時不時出現「人流擁擠，伺服器壓力很大」的字樣。雖然人流擁擠是之前就預料到的，但是出現如此爆滿的情況還是多少有點出乎意料。10 點 11 分，小米官方首頁顯示「15 萬臺小米手機青春版已在 10 分 52 秒預定完畢」。也就是說在這近十一分鐘的時間裡，小米每秒售出了 230 臺左右的手機，不得不說這是一個銷售的奇蹟。

相對於小米一代來說，小米青春版的配置除了 CPU 降低到 1.2G 以外，其他部分並沒有太大的改動，而青春版的價格只有 1,499 元，這在很大程度上吸引了一些低端智慧手機的消費者，成功地幫助小

米手機贏得了市場的關注度，而且還保住了小米在過去幾個月裡辛辛苦苦打下的江山。但是要想在這個市場上走得更遠，當務之急是推出新一代的小米手機，來完成小米手機的更新換代。

小米青春版發布之後，越來越多的米粉展開對小米二代的預測，雖然很多消息是道聽塗說，但是從他們的預期中不難看到小米 2 的雛形──四核心處理器，4.3 吋顯示幕，1,200 萬後置相機鏡頭，200 萬前置相機鏡頭。米粉們在海闊天空地夢想著一款新神器的誕生，至於定價，2,499 或者 2,699 都是可以接受的。

當米粉們在小米論壇上吵得氣氛高漲的時候，雷軍和小米公司卻對小米二代的發布情況表現得極為低調，使得小米 2 披上了一層神秘的面紗。不過一向嗅覺敏銳的媒體還是率先爆出，小米公司極有可能在 8 月 16 日，也就是米柚發布兩周年、小米問世一周年之際，推出小米二代手機。

隨著 8 月份的到來，互聯網上關於小米手機的報導突然間多了起來。雖然仍然夾雜著很多不和諧的聲音，但這個時候雷軍已經無暇顧及這些了。8 月 4 日下午 1 點 38 分，雷軍透過安卓手機用戶端發表了「小米手機 X2＝816，798」的微博。這條微博一經發布，媒體便猜出了其中的端倪，紛紛對此進行報導。他們猜測小米的發布時間為 8 月 16 日，而地點選定在北京朝陽區大山子 798 藝術社區。

值得一提的是，8 月 16 日還沒到來，中國的互聯網上率先爆發價格大戰。8 月 13 日晚 11 點 25 分，京東創始人劉強東在自己的微博上發布博文：「今晚，莫名其妙的興奮。」結果第二天，京東「打蘇抗美」，掀起了中國互聯網有史以來最大規模的電商價格戰。

頗有戲劇性的是，幾乎在第二天同一時間點，雷軍模仿劉強東的語氣發表了一條微博：「今夜，我也莫名其妙的興奮。最後下定決心，為了迎接新一代小米手機發布，明早九點，小米一代手機直接降價到 1,299 元。過去兩周在小米網上購買的用戶，返 700 元的現金券。」至此，小米 2 發布會進入倒數計時。

2012 年 8 月 16 日下午 2 點 30 分，小米 2 發布會如期在 798 藝術區舉行。發布會開始後，雷軍首先感謝了到場的米粉和硬體供應商，然後才開始不急不慢地向大家介紹小米的新機型 1S。小米 1S 是一款雙核 1.7G 的高性能智慧機，被雷軍稱為跑得最快的雙核機，在小米 1 的基礎上進行了十多項的優化，但是它並不是當天的主角。

在對 1S 進行了簡單的介紹後，雷軍開始推出了真正的主角 M2。正如大多數米粉所預料的那樣，雷軍帶著小米進入了四核時代。這一點在 M2 推出之前，小米粉絲就做出了準確的預測，所以並不足以驚喜。真正讓他們感動驚喜的是，M2 採用的 CPU 竟然是 APQ8064 1.5GHz，這款處理器是高通公司的高端產品驍龍 S4 系列之一，而且它的性能在這個系列中是獨占鰲頭的。換句話說就是 M2 擁有了一顆強大的心臟。

接下來的發布會上，雷軍每公布一組參數，都會迎來米粉們排山倒海般的掌聲。800 萬畫素的後置相機鏡頭，200 萬畫素的前置相機鏡頭，強大的圖形處理功能，IPS 超高 PPI 精度視網膜屏，這些無一不彰顯著 M2 的強大。在發布會即將結束的時候，雷軍用三個字來形容小米 M2 ——「屌爆了」。

雷軍的第一身份是商人，但你也不能否認雷軍是個極致狂人，他幾乎運用了當下所有最好的配置來武裝 M2，他要引領時代，成為手機市場上當之無愧的領跑者。所以當螢幕上絢麗的煙花散開，1,999 元定格在大螢幕上的時候，全場沸騰了。這款手機不僅會成為跑分之王，它也將成為新的 CP 值之王，可以說，一個屬於 M2 的時代即將到來。可是這個時代真的會如約而至嗎？沒有人知道。

饑餓行銷的是與非

在 M2 發布後沒多久，媒體就提出這樣一個問題，直指小米核心元件——高通四核 APQ8064 1.5GHz 的 CPU。大家擔心的並不是這塊晶片的性能問題，而是作為剛研發出來的新一代產品，高通何時才能真正地將它量產化。即使高通成功地量產，小米 M2 能在短短的兩個月時間裡完成裝機，並投入到銷售管道中嗎？

針對這一問題，小米公司的競爭對手舊事重提，他們認為雷軍故伎重演，將一年之前的饑餓行銷戰略拿出來再用一次。更有甚者，還給 M2 戴上期貨手機的帽子，意思是雷軍不過是把屬於未來的手機拿到現在來賣，用低價賺取噱頭和目光罷了。

周鴻禕就是堅定的反對方之一，他認為小米饑餓行銷是為了賺取暴利。原因在於，電子產品的配件價格下降十分迅速，一個月就會有明顯的跌落，因此，小米才想方設法拖延出貨時間，以賺取更多利潤。另外，他還認為小米饑餓行銷是在賣期貨手機，意思是小

米把屬於未來的手機拿到現在來賣，用低價打壓競爭對手，賺取目光和聲譽。

對此，雷軍的回饋很堅定：限量銷售並非小米的本意，而是銷量不足的無奈之舉，「饑餓行銷是一個偽命題。有貨壓著不賣意味著什麼？一臺小米手機售價 2,000 元，50 萬臺就是 10 億元，頻繁斷貨，還會給消費者帶來壞的體驗，對哪個公司來說都是違反商業邏輯的⋯⋯一款高端手機依賴各個方面的供應商爬坡和磨合，不是單方面可以改變的。小米一直採用最尖端技術，所有供應商都在爬坡，加上一些其他不可抗拒因素，導致小米二代手機供貨非常緊張。」

先不論小米手機是真饑餓，還是假期貨，從行銷策略來看，雷軍對消費者心理瞭若指掌。其實，產能問題背後，是當前手機製造商面臨的共同問題，一旦量產，成本和風險劇增，一款機型就可能拖垮一家公司。

在接觸到手機生產之後，雷軍發現這個行業很燒錢。當時，做一個手機模的成本是 200 萬左右，一個模能生產 100 萬臺左右的手機，小米公司為了做出最理想的手機，在研發階段先後開發了近十個模，單單這一項就花費了近兩千萬，錢雖然不是問題，但是時間成本卻付出不少。手機模做好後還存在虛焊問題，小米公司為此花費半個月時間，對小米手機的按時發售造成非常大的影響。等到這些技術問題都解決的時候，偏偏老天開始不作美，泰國的大洪水導致一些重要的手機零部件出現供貨不足的現象，這個時候小米手機不得不再次宣布延期發貨。

2011 年 10 月，雷軍遭遇空前壓力，當時他幾乎放下手頭的所有工作，只在做一件事，那就是幫助小米手機順利生產。儘管他做出了一萬分的努力，但是小米手機的發貨時間還是一而再，再而三地延遲，直到十月底才開始發貨。

除了技術和天災，產能也是一個非常現實的問題。很多人抓住小米手機第一次量產只有 10 萬臺這件事不放，認為小米手機只生產 10 萬臺是為了最大限度上節約成本。事實上，事情遠非大家想的那麼簡單。在小米投入生產之前，雷軍並不是十分自信，所以在進行第一次量產時，雷軍將小米的生產數量定為 10 萬臺。

可是即便是 10 萬臺，也讓代加工的英華達公司十分不滿。英華達公司是全球較大的手機代加工工廠之一，他們是 iPhone 最重要的代加工工廠。一款手機在批量生產之前，必須提前三個月下訂單，如今小米匆匆忙忙地過來要他們在短時間裡代加工 10 萬臺手機，這幾乎是一個不可能完成的任務。所以那段時間不僅僅是雷軍和小米在硬著頭皮做，連英華達的人也是在硬著頭皮做。可即便這樣，產能不足的現象依然凸顯了出來。

小米在第一批手機量產時，根本沒有自己的倉庫，貨物到達後這些手機被統一安置在凡客在北京的倉庫。那段時間，凡客的倉庫是在超負荷運轉，進了倉庫的人根本無法轉身，很多小米的員工想想當時的情景至今還心有餘悸。物流方面，壓力也是非常大的，10 萬臺手機，一個星期內全部進入物流程式，這意味著每天的發機量要達到 15,000 臺。對當時不足 400 人的小米公司來說，這絕對是一項浩大繁複的工程。

在雷軍最困難、最無助的時候，手機業界的一位老前輩給雷軍發來這樣一條訊息：撐住，堅持過這 10 萬臺，只要這 10 萬臺順利地下線，後面也就一路順遂了。這條訊息成了當時雷軍最大的精神支柱，他做夢都在想著第 10 萬臺手機的下線。前 10 萬臺手機的確給雷軍帶來各式各樣的困難，但也讓這個門外漢學到很多手機行業的門道。10 萬臺手機順利生產並出貨之後，小米手機逐漸步入正軌。

從消費心理學的角度來說，越不容易得到的東西越容易刺激人們的購買欲望，小米製造出的等待氛圍，最大程度地刺激消費者做出購買決策。而且，每一個想要購買小米手機的用戶，都必須要提前在小米網站上預約，再加上搶購當天和此後一周內，用戶至少要登入兩次小米官網，這為小米官網積累了大量的訪問量。在訪問過程中，用戶不可避免地會流覽小米商城的其他商品，也會帶動其他商品的銷售。雷軍說：「傳統廠商每賣出一臺手機，基本算是生意的結束，而小米每賣出一臺手機，只是一個生意的開始。先用手機把用戶吸引過來好好伺候成米粉，再透過其他途徑賺錢，畢竟，粉絲的錢比用戶的錢好賺。一切以米粉為中心，其他一切就會接踵而至。不要在乎現在得到了什麼，只要在不怎麼賠錢的情況下把使用者當大爺一樣伺候好了，大爺最後怎麼會不給你點錢呢？」

當然，正像有些人說的那樣：「饑餓行銷是讓米粉在極度狂熱中增加對小米 2 的期待度，如果超過用戶能忍受的極限，想必會造成負面效果。」日常生活中，我們都有這樣的感受，一個很餓的人，餓過頭了就什麼東西都吃不下，所以饑餓行銷一定要有限度。另外，如果消費者饑腸轆轆，結果發現拿到手的不是饅頭，而是石頭，不

具備基本的果腹功效，勢必會引起反感。因此，饑餓行銷的前提是
「超預期」，讓用戶確信漫長的等待是值得的。

　　小米早就度過了創業初期的產能不足期，不過，饑餓行銷的策
略卻基本確定下來。剛開始小米手機的銷售採取的是優先制，只有
論壇用戶才能優先購買。後來採用報名制，購買者在小米網站先進
行排號，這樣才有購買權。還有一個特別通道──F 碼，F 碼是給
特殊用戶的邀請碼，相當於優先購買權。

　　小米饑餓行銷的成功引發許多企業爭相效仿，希望饑餓行銷的
方式能夠提升產品吸引力，激發消費者的購買欲望，可是成功者寥
若晨星，方法、過程都不倫不類。關鍵問題在於，這些企業沒有小
米的粉絲基礎，也無法提供高品質、低價格的產品，所以不能讓用
戶尖叫，效果自然天差地別。

十億賭局

　　2012 年 12 月 12 日，阿里巴巴創始人馬雲和萬達創始人王健林
雙雙獲得「中國經濟年度人物」稱號，當時雙方約定：10 年後，如
果電商在中國整個大零售市場的市場份額占 50％，王健林將給馬雲
一個億；如果沒到，馬雲還王健林一個億。

　　一年之後，2013 年 12 月 12 日晚，在中央電視臺年度經濟人物
頒獎典禮上，大佬之間任性豪賭的橋段再次上演。經過主持人陳偉
鴻煽風點火的挑撥，格力董事長兼總裁董明珠與雷軍針鋒相對，公

開打賭。雷軍說，5 年後如果小米營收超過格力，董明珠要給他 1 塊錢。以強硬豪爽著稱的董明珠哪肯認輸，果斷回應 5 年後格力必勝，她還將賭注直接拉升到 10 億元。在此需要提及的是，早在金山時期，雷軍就和同在珠海的董明珠成為朋友，打賭既有劍拔弩張的刺激，也有朋友抬槓的味道。

故意設局的陳偉鴻打開一張對比圖表，以區分格力與小米的不同之處：工廠數量，小米是 0，格力是 9；員工數量，小米是 0，格力是七萬以上；專賣店數量，小米是 0，格力是三萬以上；營業總收入，小米是 300 億元，格力是 1,007 億元。對比結果足以激怒董明珠，雷軍居然能以「0、0、0」的基礎在短短 3 年就創下 300 億的營收，而格力幾萬人經過 23 年奮鬥才突破千億。

儘管圖表顯示雷軍勝券在握，但董明珠並不認同這種虛擬加虛擬的創新。格力有 23 年的歷史，已經做到千億級的規模，有科技創新研發能力，有強大的銷售管道和分銷網路。在她看來，實體與實業是企業存活的必要條件，沒有工廠、管道、零售店的小米根本就不是一個值得尊敬的對手。

但是，以互聯網新興科技企業自居的雷軍認為，小米是先進生產力代表，「互聯網發展到今天，已經成為一種不可抵擋的趨勢，我們浩浩蕩蕩，勢不可擋。」對於小米的未來，雷軍充滿信心：「小米的盈利模式最重要的就是輕資產，第一，它沒有工廠，所以它可以用世界上最好的工廠。第二，它沒有管道，沒有零售店，所以它可以採用互聯網的電商直銷模式。這樣的話沒有管道成本，沒有店面成本，沒有銷售成本，效率更高。第三，更重要的是，因為沒有

工廠，沒有零售店，它可以把注意力全部放在產品研發，放在和用戶的交流之上。所以，小米 4,000 名員工，2,500 人在做跟用戶溝通的事情，1,400 人在做研發。所以，它把自己的精力高度集中在產品研發和使用者服務上。」

　　昔日豪賭主角、當時在臺上擔任頒獎嘉賓的馬雲和王健林也被捲進來，被陳偉鴻要求分別站隊支持雷軍和董明珠之中的一位。馬雲意外選擇支持董明珠，王健林只好捧場雷軍，好像無可奈何的樣子。王健林曾受董明珠邀請，免費為格力空調做廣告代言人，私交甚篤。馬雲支持董明珠的理由是：「沒有傳統的製造業，也就沒有傳統的企業和非傳統的企業，只有傳統的思想。他從董明珠身上，看到的是企業家精神，是互聯網創業的思想。」在他看來，雷軍的小米公司這兩年確實進步非常大，但是「數字經濟，虛擬經濟，沒有實體經濟強大的支撐是沒法走出來的，所有的數位都是因為有實體，只有實體成長了，數位才是扎實的。」

　　後來的事實證明，這場十億賭局從頭到尾都是中國央視電視臺精心策劃的演出。董明珠後來說：「你以為不是策劃的？雷軍在臺下就跟我說，說策劃要跟你打賭，我翻了一頁你的資料，我確實找不到你的破綻。我們在臺下商量，我說你不用打，有什麼好打的，他說我跟你打一塊錢。」不過，一向不按牌理出牌的董明珠上臺後把這個玩笑升級為十億的賭局，導演都始料未及，雷軍只能隨機應變去配合。這場十億賭局後來不斷升級，有些假戲真做的味道，董明珠與雷軍經常隔空交火，互相質疑，在此後一年多時間裡成為財經媒體最熱門的話題。

　　拋開噱頭、玩笑的成分不提，董明珠的觀點其實代表了大多數傳統企業家的看法，馬雲顯然是想支持身處水深火熱的製造業一把。正如他們所指出的那樣，小米的確沒有工廠，沒有線下管道，這並非小米的劣勢，恰恰是優勢，「小米的無就是小米的有，這是辯證的。比如小米沒有工廠，但能透過共贏團結世界上最好的工廠。」

　　隨著競爭的日益加劇，專業化分工越來越明顯，這為虛擬經營提供了可能，而在互聯網時代，虛擬經營正逐漸成為社會發展的必然趨勢。小米走的就是一條緊緊抓住核心競爭力的路徑，將物流、生產等非核心業務外包出去，雷軍說：「小米是新型製造業，不搞大而全，全產業鏈通吃；小米在製造業裡專注做自己的專業的事情，在互聯網時代的全球分工的基礎上實現最優價值交付。」

　　在賭局中，董明珠最大的質疑就是小米的供應鏈，在沒有工廠、管道的虛擬經營模式下，如果合作廠商離開，小米必將成為無根之樹。雷軍並不擔心，他認為與傳統製造業的合作關係相比，小米與合作夥伴的關係會更加密切，「傳統製造業的合作夥伴主要是供應商、管道，其他環節基本都是透過管道接觸的。小米的合作夥伴有供應商、工廠、配件供應商、獨立品牌商（可以透過小米商城，應用中心，遊戲中心銷售硬體、軟體、遊戲等產品與服務）和影片服務提供者等，是全方位全產業鏈的價值交付。這就類似八爪魚，每個公司都可以與小米合作，甚至包括格力、美的這樣的廠商。」言下之意，在共同的生態鏈中，不會有廠家會隨便離開，小米也不會因為一個廠家的離開而倒塌。

雷軍說：「小米的成績是和富士康、英華達、高通、聯發科、英偉達等攜手達成的，我們將跟優秀的合作夥伴一起開創行業新格局。」小米一直是它所在的產業價值鏈的組織者，始終堅持與夥伴合作共贏，使得整個產業鏈專業化分工越來越細化，分工之後的協調也越來越順暢，整個產業鏈保持著健康、持續的發展態勢。

紅米食言

2013 年 7 月，一向以誠實守信自傲的雷軍食言了。

早在 2012 年 4 月，盛大宣布推出一款售價在千元左右的雙核智能手機，網上盛傳小米手機將出低配版，雷軍信誓旦旦地在微博闢謠：「小米專注在高性能高性價比的發燒手機，認認真真把高端手機做好就夠了，不考慮中低端的配置。」

小米手機定位是為愛好者而生，目標是立足高端市場。當時小米手機上市還不到一年，使用者對產品的認知度和小米品牌的忠誠度還不高，若出低端手機的話必然自毀品牌。

闢謠聲明發出去後，有人提問：「如果不做中低端配置的手機，小米如何抵禦來自其他低端手機的攻擊？」

這也正是小米團隊思考的問題。手機行業是個紅海，高端市場幾近飽和，蘋果、三星、摩托羅拉、HTC 等在這裡激烈鬥爭。中國的手機用戶眾多，但絕大多數還是低端手機用戶，2012 年第一季度中國智慧手機市場中，700 元和 1,500 元之間價格的智能手機占據約

64％份額，而一年前同期這個比例不足45％。同時，第一季度價格在1,500元至2,000元智慧手機占據智慧手機的市場份額，則從去年的22％下降至14％。在淘寶，超過60％的銷量來自千元智慧機。黎萬強認為涉足低端智慧手機市場是大勢所趨，即便蘋果也不會例外。事實上，蘋果確實在2013年9月發布iPhone 5C以搶占中低端市場。

雷軍一直信奉順勢而為，既然低端智慧手機是趨勢，自然要搭上這陣風。不過他想的是另建新品牌：子品牌或走高端，或走低端，或者只是一個獨立的產品線。為了和小米區分開來，子品牌紅米就這樣誕生了。小米手機定位愛好者，追求高性能、高性價比；紅米手機定位大眾用戶，追求體驗、高性價比。這既可讓小米殺入更廣闊的千元智慧機市場，也能避免風險。

2012年7月，紅米手機正式立項，為保證研發有備無患，雷軍準備了兩套方案：H1(國產雙核A9)、H2（MTK四核A7）。首先開始做的是H1，儘管產品效果不錯，卻並不能讓人滿意。做手機一般需要提前三個月訂貨，如果H1產品7月份出，雷軍5月份就要預訂40萬臺，這意味著他必須出一筆鉅資購買器件。前期的沉沒成本不小，但小米始終不願意輕易讓這款不能打高分的產品上市。最終，這個產品在2013年5月被放棄了，小米很快取消了其剛註冊好的入網許可證。黎萬強對媒體表示：「小米產品策略發生了調整，小米近期沒有發布紅米的計畫」。外界紛紛猜想紅米計畫流產了。H2在小米內部測試了三四個月，感覺體驗超預期後，雷軍才放下心。因此，在7月份紅米手機量產開始爬坡後，小米正式發布了紅米手機。

　　2013 年 7 月 29 日下午，一張「小米千元神秘產品 QQ 空間獨家首發」的圖片在網上瘋傳，引起了業界的強烈關注和大眾的無限猜想，甚至有媒體猜測是否騰訊要入股小米。

　　此前，小米一直在自己的論壇和新浪微博上展開行銷活動，但這次殺入千元智慧機市場則是把 QQ 空間當成紅米首發的唯一入口。QQ 空間月度活躍用戶達 6.11 億，其中 70％會通過手機訪問 QQ 空間，核心用戶是 16 ～ 35 歲、對價格和性能同樣敏感的年輕人群體，他們有時尚需求、溝通需求、分享需求、拍照需求，正好切合了小米的目標使用者定位。而當時，雖然 QQ 空間具有 1.3 億用戶群，可 QQ 內部對如何探索新業務，把流量變現，毫無頭緒。對於小米帶來的這個引爆點，雙方一拍即合。

　　紅米以主流手機中優秀的硬體設定，流暢運行的 MIUI 系統，以及 799 的價格，迅速引爆市場，成了代表性的產品。開放預約三天內，超過 500 萬用戶參與預約，到 8 月 12 日第一次發售日之前，這一數字已超過 745 萬。發售日當天雖然沒有蘋果手機店面那種人山人海的排隊人群，可互聯網展現出了更強大的力量：開放購買第一秒，14.8 萬用戶點擊購買，1 分 30 秒內，10 萬臺手機全部售罄。

　　紅米是小米戰略布局的一道分水嶺，雷軍的打法從此改變。

　　從區域上來說，小米借此實現從一線城市向三四線城市擴張。在一線城市，QQ 多被棄之不用，而在三四線城市很多人不會用微博、微信，絕大多數人都是 QQ 空間的忠實用戶，他們在 QQ 空間分享美食、旅遊及孩子照片……選擇 QQ 空間發布手機本身就會最大程度上覆蓋目標人群。對於用戶來說，用 799 元的山寨機價格能

買到小米的正品手機夢寐以求。而且 QQ 空間是關係緊密社區，紅米手機能在朋友之間形成多層次的傳播。所以，小米正在告別一心追求高端的蘋果，而走向兼顧高端和低端的三星。

更重要的是，雷軍不再倚重靠手機銷量獲勝，而是讓不同的硬體使用「雷軍系」的軟體，走流量。雷軍說過一段這樣的話：「我覺得智慧機價格的下降主要是意味著廠家的競爭更加激烈，並不意味著說品質下降，所以我認為大家可以安全使用，另外國外也出現了智慧手機（價格）下降的趨勢，在當前，我感覺這一代手機處在生命週期末期，開始進入價格戰，我認為這意味著移動互聯網進入了改朝換代的時期，現在是硬體再打價格戰，也就是說利潤未必集中在硬體上，將來會沿著軟體、服務和應用這個方向發展，將來發展趨勢會是個性化應用結合，這方面有優勢的手機會更加有前途。」

紅米是小米的劃時代產品，被雷軍寄予厚望，但這不代表小米從此發力低端手機，恰恰相反，雷軍做高端機的念頭從未被打消過。

一塊鋼板的藝術之旅

2014 年 7 月 22 日，小米的主打新品是小米 4，工藝和手感成為最大賣點，雷軍賦予其顛覆手機產業的重要意義。

黎萬強和同事左思右想如何巧妙地把工藝和手感傳達給大眾，最後文案敲定為「一塊鋼板的藝術之旅」。「一塊鋼板的藝術之旅」就此成為 7 月 22 日小米年度發布會的宣傳海報主題。就連給媒體的

邀請函也是一塊鋼板邀請函。除此之外，黎萬強還印製了一款印有一個碩大數字「4」的海報，意寓著小米手機 4 的到來。

就在媒體都在猜測鋼板和新小米手機有何關係的時候，雷軍微博發布了關於鋼板的詳細資訊——這塊鋼板的學名叫奧氏體 304。本來雷軍打算在發布會上介紹一塊普通鋼板如何變成藝術品，沒想到，它馬上就被網路上酸民吐槽了：奧氏體 304 只是一般家庭裝修用的不銹鋼，比如金屬碗筷、冰箱洗衣機等都有可能是用奧氏體 304 鋼材製作的。一些網友表示「這不就是家裡的菜刀嘛，小米卻把它搞得高大上」，甚至有網友把小米的海報改成「一塊菜刀的藝術之旅」。對此，雷軍和黎萬強並不著急，這個事件帶來的對抗和爭議，反而把小米「工藝」、「金屬邊框」這些關鍵字擴散得更遠。

作為小米創業四年的代表作，小米 4 於 2013 年 2 月確立，研發歷時 18 個月，6 代工程機，40 道制程，193 道工序。一改過去大談性能和性價比的習慣，雷軍花了一個小時講述小米 4 的工藝。

從 309 克的鋼板到 19 克的外框，一塊鋼板從鍛壓成型、8 次數控機床精密加工，到微米級噴砂工藝、真空鍍膜上色及奈米級防指紋鍍膜等制程，每個邊框都經歷 342 名技術人員如藝術品般雕琢，讓每個細節都能完美呈現。在去掉了多餘的 290 克並打磨後，一塊普通鋼板完成了華麗變身！拿在手裡，整個小米 4 的質感如同嬰兒皮膚，詮釋了頂級工業設計帶來的極致體驗。

整個開發過程就耗時 18 個月，如此長的開發週期在瞬息萬變的手機行業非常不容易，小米耐住寂寞，用時間詮釋極致理念。在小米 4 第一次工程機的試用過程中，機身整體重量為 159 克，雷軍覺

得有點重，要求重新設計，把不銹鋼的中框結構替換為鋁鎂合金，這意味著整個研發團隊幾個月的努力前功盡棄，僅此一項就讓專案延期兩個月，結果，機身整體重量減輕 10 克，有人評價：「正是因為雷軍的這種專業追求極致的精神，讓小米的產品在四年中完成了小米公司的成人禮。」

富士康第一次量產小米手機 4，7,000 套材料除了 400 個成品，良品率僅 5.7%。經過三個月的努力，邊框加工提升到合理的良品率。小米為新增生產設備一共投入 19 億元，其中富士康就投入 12 億元。

早在發布會十多天前，雷軍就在微博上表示：「小米創辦四年來，舉辦過五次大型產品發布會：小米 1，小米 2，小米 3 和小米電視，MIUI v5，小米電視 2。7 月 22 日，第六次發布會，這次會有些不一樣！」當發布會結束後，再來看這句話，就能看出其中的深意——小米不再僅僅把性能和低價當作賣點，而是在做工和設計上有了翻天覆地的變化。

黎萬強後來說：「前三年我們主打 CP 值，今年我們壓力空前，發布會足足準備了近兩個月……小米手機 4 之所以成功，首先是因為我們在產品定義上主打工藝和手感。」

小米手機 4 展現的轉型，實則與整個中國手機用戶的現狀息息相關。中國手機市場也正在走向飽和，中國手機整體使用者規模的增速正在逐月放緩。從功能手機向智慧手機的大轉移已經基本完成，手機升級換代帶來的紅利消失，性能剛需也在不斷減弱。

在這種情況下，小米憑藉其高 CP 值，在換機潮裡獲得的狂飆突進的銷量很有可能放緩。在換機潮快要停下來的時候，遠離潮頭修煉內功無疑是小米最好的選擇。

更重要的是，在這個時候，所有的手機企業都在疑惑和思考：智慧手機硬體過剩和同質化的情形下，手機的拍照功能從 30 萬畫素上升到 800 萬、1,300 萬、2,000 萬，這種進步還能在多大程度上挑動消費者的神經？

小米同時面臨的一個殘酷事實是，不管是被動還是主動，小米的品牌溢價空間越來越小。這其實不光是紅米的問題，除小米電視外，小米所出售的其他產品都在拉低著小米的客單價。這些低價的產品正在稀釋小米的品牌價值，為小米未來推出高端產品增添阻礙。

雷軍已經意識到問題所在，堆砌硬體參數的硬體思維不具有可持續性，而手機的工藝設計和軟體易用性將成為用戶的新關注。工業設計會為小米帶來品牌附加值和新的生命力，增強小米 4 的銷售時長，成為其抓住用戶級差異化的突破點。

蘋果手機的成功因素之一，正是其追求完美的工藝。雷軍並不避談這一點，在發布會上，他多次談及蘋果的產品，並提及專門拜訪過蘋果的手機製造商，以獲取提升小米的途徑。

在夏季的這次發布會上，雷軍多次提及小米那個「一定會被恥笑的夢想」——讓每個人都能享受科技的樂趣。然而，那些註定會被恥笑的夢想，反而會更有動力成真。一塊鋼板經過切割打磨，極致追求能實現華麗變身，更何況燃燒著進取心的小米呢？

專注精品，製造稀缺，這是小米一直在走的路線。越是消費者個性化細分的時代，產品越需要聚焦。傳統製造業的粗放、模糊生產的理念不應該在互聯網新型製造業中延續，企圖擴大撒網，多生產產品來滿足所有消費者的需要，最終將無法實現與消費者的對接，聚焦精品，才能精益求精，不斷卓越。

CHAPTER 10

擴張與變革

一個日漸明朗的趨勢是，雷軍憑藉小米手機龐大的市場份額帶動內容生態，再以內容生態來推動智慧電視的發展，最終形成了從軟體、硬體到內容服務的強悍競爭力。

盒子風波

2012 年 11 月 22 日晚，剛誕生 8 天的小米盒子就遺憾地發布公告：「因系統維護，23 日起先暫停影片內容服務。我們會儘快開通，到時再另行通知。」小米盒子還沒來得及全面上市，就因為中國廣電總局一紙調查令早早夭折。

大半年的辛苦付出，到頭來功虧一簣，雷軍和小米盒子負責人王川無奈又不甘。

2012 年初春，雷軍、林斌和王川去臺灣和供應商談判，在臺北前往新竹的火車上，躊躇滿志的王川告訴雷軍：「我想做盒子。」王川當時還沒有加入小米，而是多看閱讀的創始人，他估測電視盒子未來的市場規模能達到 1,000 萬臺，甚至可以取代 DVD。雷軍非常感興趣，尤其當王川說「電視可以是手機的顯示器，手機可以是電視的遙控器」時，他更加堅定：如果能借由機上盒這個介質，打通電腦、手機和電視之間的通道，將三個屏聚集到同一個平臺上來，自然再好不過。

喜歡下圍棋的雷軍深諳布局的重要性，在小米手機研發過程中，雷軍卻沒有停止他天使投資人的角色。多看科技從 2010 年成立以來，雷軍與其他投資人先後投入 1,000 萬美元以上。最初多看專注於電子書閱讀器的開發，本著「多看書、多交朋友」的宗旨，多看不斷地為滿足用戶需求而提供各種閱讀服務，並將提供極致的閱讀感受作為公司前進的方向。

　　但是多看的極致閱讀服務並沒有給它帶來顯著的效益，所謂的付費書城也並未給多看帶來太多經濟利益。但是多看創始人王川卻並不著急，作為一家軟體發展公司，雷軍的投資足以讓他在兩年的時間裡高枕無憂。在 Apple TV 大行其道的時候，王川和研發人員把觸角伸到螢幕領域，開發出一套針對 Apple TV 的中文系統軟體，做一款支援這種軟體的硬體，成為投資人雷軍關心的事情。

　　在接下來的一段時間裡，除了經營叫好不叫座的多看書城，王川將精力集中在硬體研發和升級中，尤其是小米科技誕生後，王川經常到小米科技做編外技術人員，與研究人員一起探討生產盒子的可能性，「小米盒子」此時就在醞釀之中。2012 年 4 月，小米與多看達成合作：產品為小米盒子，定位為小米「最發燒的手機配件」，由王川領導的 50 多人的多看團隊負責研發。

　　小米為盒子做了微博造勢和市場預告，不過整體來說，一切都相對低調，就連發布會都是在小米公司的會議室舉行，只邀請了少數科技媒體。在整個演示過程中，「非常容易上手」被雷軍強調了很多次，他還承諾小米盒子正式發布時，會根據規定做到內容可管可控，這意味著他會儘快確定合作的牌照商。在發布會結束前，雷軍宣布小米全資收購多看科技，由於此前已傳出風聲，大家並不意外，王川正式成為小米第八位聯合創始人。

　　小米盒子工程機在 11 月 14 日發布會當天就開始預購，三天後，小米盒子 600 台工程機開放購買結束。16 日晚，多看舉辦了一個小小的小米多看合併會，紅色的條幅上寫著「小米多看一家親」。雷軍、王川和多看的一些同事喝了酒，但因惦記著要回公司加班做產

品，他沒有多喝。散場後，他望了片刻燈火通明的小米辦公樓，步伐堅定地推門而入。

小米盒子推出時，小米 2 手機還未全面上市，這讓雷軍有足夠的精力來推廣這款新產品。正如小米手機一樣，小米盒子同樣有著很高的 CP 值，市場價僅為 399 元，如果是小米手機用戶，這個價格還可優惠至 299 元，相對於市場上的同類產品無疑具有很大優勢。

關鍵還是客戶體驗，小米盒子可以將智慧手機、平板電腦和電視機相連，使電視機變成手機螢幕。手機中的圖片、影片都可以透過電視顯示出來，除了播放手機內容外。手機用戶還可以透過小米盒子收看搜狐、騰訊、PPTV 的網路電影和電視劇，甚至還可以透過它來玩體感遊戲，對於廣大的互聯網用戶來說，這有巨大的吸引力。

如果小米盒子能夠在大眾家庭實現普及，意味著小米公司將從移動市場直接介入到家庭娛樂領域，在實現硬體、軟體、互聯網的融合後，小米盒子將迎來空前的成功。然而情況不僅沒有想像中的順利，小米盒子甚至還給小米科技帶來了一場危機，這或許是小米成立以來最大的危機。

為了加強互聯網電視的管理，中國廣電總局在第 181 號文件中明確規定，將加大互聯網電視的監管範圍，獲得互聯網電視牌照的 7 家機構分別是 CNTV、百視通、湖南廣電、華數、南方傳媒、中國國際廣播電臺、中央人民廣播電臺，小米雖然使用華數的牌照，但是廣電總局依然認為小米觸碰了政策紅線。因為小米盒子中的搜狐、騰訊、PPTV 等協力廠商內容直接觸碰了中國廣電總局長期以來嚴防死守的「地雷區」，當初 Apple TV、盛大盒子統統在這裡陣亡。

2013 年元旦過後，牌照問題塵埃落定。小米和中國網路電視臺 CNTV 的合作談得很快，1 月底，小米盒子和 CNTV 旗下的未來電視就達成了為期三年的合作。

這次綁定就像結婚，具有唯一性。這意味著小米盒子的用戶可以收看央視和 CNTV 的電視電影等電視節目、玩遊戲，但此前雷軍承諾的看搜狐影片、騰訊影片或接入協力廠商應用都將無法實現。在小米未來成長的道路上，這種需要妥協和退讓的地方還有很多，處理好各方關係也考驗著小米的成熟度。

2013 年春節後，小米正式獲准運營互聯網電視終端業務。不過，小米盒子只能在上海、杭州和長沙三個試點地區上市銷售。3 月 19 日，小米官網正式對試點城市發售盒子，米粉再次給予了極大支持，幾分鐘內，1 萬臺小米盒子全部售罄。一周後，第二批 1 萬臺小米盒子也同樣銷售一空。盒子風波至此告一段落。

關於小米盒子的影響，無論是小米內部還是外界觀察者，都只說了三個字——試水溫。

一個盒子最多賺 100 塊錢，就算賣 200 萬臺收入也不過 2 億人民幣，這對估值已經 40 億美金的小米來說並不算多。不過從戰略上而言，盒子是小米搶占互聯網電視的入口，為小米電視的應用商店打好基礎。

可是，外界普遍認為小米盒子是單品擴張的敗筆，黎萬強對此回應：「小米盒子在內部是超出預期的。我們未來的路徑是智慧手機和智慧家電，只要不犯錯誤，這條路徑就會越來越好。」

進軍智慧電視

　　小米 2013 年度產品發布會的邀請函是一本厚厚的無字書。快速連續翻動，會出現一段米兔拳打腳踢的武功展示，就像一本武林秘笈。邀請函紅紅的第一頁上，除了寫著發布會召開的時間地點，還畫著兩把聞名天下的冷兵器：一把是屠龍刀，一把是倚天劍。意指小米手機 3 與小米電視同時發布。

　　繼小米盒子後，王川選擇開發智慧電視，他相信 47 吋螢幕的小米電視將在智慧電視行業成為領導者。雷軍的顛覆概念是把電視看作大螢幕的電腦：「小米電視和傳統智慧電視的差別是，我們把電視做成智慧系統的模組，電視打開後，介面是電視源、互聯網影片內容源、遊戲，其實就是大螢幕的電腦多了一些 APP，今天像這樣做智慧電視的我還沒有看到。」

　　王川調集團隊中最好的 100 多名工程師做電視，他們採用了一套非常複雜的底層主機板設計——相當於在一塊手機主機板上，增加一塊電視晶片作為輸入源，來支援電視直播功能。電視是其中的一個畫中畫。所有 UI 都運行在高通那塊智慧晶片上，電視只是電路主機板上的一個元器件。這樣的話，主機板的電路設計會完全不同。正是這項關鍵的開發工作，讓原本應該 4 月就研發上市的小米電視拖到 9 月，晚於樂視和愛奇藝，險些讓小米電視無法發布。在整個研發過程中，王川有一句狠話在小米廣為流傳：「極致就是把自己逼瘋，把別人逼死。」這句話今天常被人誤讀為雷軍的名言。

經過幾個月的努力，產品終於露出真面目：小米電視鋁合金前面板，呼吸燈＋觸控式開關，超薄機身：最薄處 2cm，最厚處 4.8cm。極窄邊框，紅橙藍綠紫銀，六種顏色供選。

可是，整個專案組已經對小米電視陷入審美疲勞，以至於信心不足。眾人忐忑不安地參與小米電視 9 月發布會的準備工作，擔心發布會後的批評和嘲笑鋪天蓋地而來。

9 月 5 日，一位工程師在趕往中國國家會議中心發布會現場的路上，還反覆猜測公司會用什麼樣的展示方式。結果，到了現場，不僅是用戶、媒體，連小米電視產品團隊的成員都被震懾後，發出了尖叫，因為一切美好得超出想像。

發布會氣氛非常熱烈，米粉們對於小米電視報以極大的熱情。李創奇悄悄擠進會場，「聽到現場的回饋，我有點想哭。我從沒有經歷過這樣一款產品。」李創奇是小米盒子產品負責人、小米電視 UE 負責人，在研發小米電視時，他曾因為電視遙控器的開發和王川吵過很多次架。發布會當晚，王川和團隊聚餐，大家喝得酩酊大醉。

一個月後，被稱作倚天屠龍雙神器的小米手機 3 與小米電視正式開始售賣。看到 10 萬臺小米手機 3 與 3,000 臺小米電視秒被售罄，雷軍、王川和周光平懸著的心終於放下。這一仗雖然漫長，危機重重，但終於取得階段性勝利。

王川特別注重用戶體驗，這既是尊重用戶的表現，又是由小米的商業模式決定的：「我們產品做得好又不賺錢，用雷軍的話說，爺，給點兒小費。電視量如果不夠大，小米可能會賠得一塌糊塗。」

這樣的話，小米電視就可能像機上盒、互聯網電視這條道路上的其他先烈一樣，倒在探索路上。

小米電視1是以一種高性價比的方式推向市場的。然而，從長遠來看這種策略並不明智。成功關鍵在於強勢、豐富的內容，整個內容產業對小米電視、小米盒子、小米手機，包括小米平板都是生死攸關的一件大事。王川對此了然於心：「唯一讓大家感到有遺憾的就是我們的內容可能不是最豐富。」如果小米電視2上線更多的優秀電視劇，將會吸引更多消費者為小米電視買單，這樣小米電視2無論從做工、性能、體驗、價格上，還是在內容上都會占據得天獨厚的優勢。

10月初，華策影視啟動定向增發預案募集，鼎鹿中原、泰康資產、朱雀投資、建設傳媒和北京瓦力5家共同認購20億元。其中，認購了5,000萬的北京瓦力文化傳播有限公司的法人代表就是雷軍。眾所皆知，小米電視2採用的是與iCNTV合作的模式，接入iCNTV播控平臺，播放的內容也由iCNTV提供。但是，相對於樂視等互聯網影片網站來說，這些內容和資源仍不夠豐富。雷軍希望透過投資華策影視來擴充小米電視2的內容，華策也期待由此進入全新的互聯網影片領域。

秋末冬初的11月，新浪網前總編輯陳彤正式加入小米，雷軍在媒體會上表示陳彤團隊將主要負責小米電視與小米盒子的內容營運，並投資10億美金提升頻道內容服務。陳彤則表示非常榮幸有機會幫助4K高清小米電視2這個產品提升它的認知度。「王川邀請我的時候，我覺得這是一個挺好的選擇，就答應了。」

他當場立下軍令狀：「我相信半年的時間，小米的影視產品，特別是電視端和盒子端的影視產品會有一個天翻地覆的變化。如果沒有的話，再來質問我。」

陳彤加盟小米後大動作頻頻，先是 11 月 12 日，小米宣布千萬美元投資優酷土豆，未來優酷土豆的自製內容可在小米盒子、電視，甚至手機等一切內容載體終端播放。7 天後，小米公司和順為資本 18 億元入股愛奇藝，另一大股東百度也追加投資。愛奇藝未來將與戰略股東百度和小米在內容、技術創新方面展開深度合作。

半年之後，在 2015 年 6 月 10 日的小米新品發布會上，雷軍用「半年時間完成巨變」來讚許陳彤的付出。據小米公布的影視內容與終端播放平臺的總體資料顯示，「電視上接入播控平臺的正版影視內容總量達到 18,051 部，小米手機上為 33,213 部，接入影視內容的硬體終端總量過億。」與小米合作的影視網站超過 100 家，影視網站排名前 12 位的公司有 10 家與小米合作，小米電視內容生態為紀錄片 2,039 部、綜藝 2,085 部、電視劇 2,805 部、動漫 3,394 部、電影 7,728 部。完成如此宏大的計畫，陳彤自稱雷軍給的 10 億美元用了不到一半。

在發布會上，雷軍還宣布：從 2013 年 10 月小米電視發布開始，已賣出 677 萬臺電視和盒子設備，其每天有一半在使用，使用時間達到 3 ～ 4 小時。

一個日漸明朗的趨勢是，雷軍憑藉小米手機龐大的市場份額帶動內容生態，再以內容生態來推動智慧電視的發展，最終形成了從軟體、硬體到內容服務的強悍競爭力。

發力路由器

2013 年堪稱智慧路由器元年，第一個吃螃蟹的極路由被稱為跨時代產品。風口出現後，路由器行業很快進入戰國時代：百度、360、迅雷等互聯網企業均有涉足。就在雷軍貼出小米路由器設計圖片不久，果殼電子的黃冬在微博上發文稱「加入路由器大戰」，不僅放出一張果殼路由器的實樣截圖，還標註雷軍：「我們一起發嗎？」這讓路由器大戰烽煙再起。

要說小米路由器，至少得提四個人——李學淩、高少星、黃江吉和唐沐。

小米創辦之初，YY 創始人李學淩就多次建議雷軍做路由器，因為路由器是大家一直忽略的上網設備。因此，雷軍考慮應該用互聯網思維重新塑造路由器。小米路由器工程機發售時，001 號機被雷軍送給李學淩，以表謝意。

高少星是順為基金副總裁，他直接推動了小米路由器，是路由器項目的大功臣。雷軍沒給他發工資，他卻不辭辛苦做了許多工作。雷軍把 002 號路由器工程機送給高少星，給了他一個驚喜。

小米副總裁黃江吉 KK 牽線整個項目，而唐沐則是小米路由器的專案負責人，他們把小米路由器由想像變成現實。

在定義小米路由器時，除了最基本的路由器功能，KK 想把它做成一臺小型家庭伺服器。這是小米核心產品的一貫開發思維，不論是手機、電視還是路由器，小米都把它們變成了一臺超級電腦。KK 甚至都不願意把小米路由器看成一臺 PC，他認為這就是一臺 Linux

伺服器，這才是智慧設備與傳統功能設備之間最大的區別。「我們是要改變用戶對路由器功能的看法，改變他們所理解的路由器。」雷軍選中 KK 負責路由器項目，正是因為 KK 曾任微軟中國工程院開發總監，負責的就是商業伺服器項目。

家庭資料中心功能不難理解，具象化表達就是手機上的照片自動備份到硬碟裡，方便地在電視螢幕上流覽筆記型電腦中的照片，在辦公室遙控家裡的網路下載電影等。這些大眾化的需求大家都喜歡，可如何實現就要看唐沐的了。

唐沐大學畢業後就進入金山做 UI 設計師，做過插畫、網頁、圖示設計，多媒體動畫、影片編輯，當時是黎萬強的下屬。2003 年他離開金山加入騰訊，然後一手創建了騰訊的用戶與體驗設計中心，負責 QQ、電腦管家、QQ 流覽器等多款騰訊產品的使用者體驗設計。

2013 年夏天，唐沐到北京出差，黎萬強邀請他到小米公司敘舊。兩人聊了一會兒，黎萬強建議他去跟十年沒見過面的雷軍打個招呼。誰料，唐沐一進辦公室就被雷軍拉住聊了四五個小時，雷軍把小米做事的思路和模式詳細給唐沐講了一遍，最後問唐沐：「願不願意加入小米？」唐沐措手不及，並沒有答應。

然而，不久後第二次見面，黎萬強就問唐沐對小米路由器這個產品感不感興趣。唐沐一聽到這個產品，「腦子裡有個念頭閃過，覺得這個東西不是一個小產品」。唐沐在騰訊時就對結合互聯網功能的智慧硬體產品感興趣，他負責過騰訊產品中很少見的一款硬體開發──小 Q 機器人，當時騰訊負責小 Q 機器人的外觀設計和功能定義、軟體設計，中科院負責機器人的硬體研發和製造。

KK 說：「唐沐以前對小米就很有好感，但路由器最終打動了他。他很認可這個產品需要改變。」唐沐後來表示：「這是我闊別金山10 年之後再次回到雷總的懷抱。」

KK 和唐沐特意購買了市場上銷售的網路記憶體 NAS 產品回家試用，工程師出身的 KK 花了幾乎一天時間才把它設置好。而產品設計出身的唐沐研究了半天之後，糟糕的用戶體驗讓他一怒之下放棄了設置。

唐沐曾考慮給小米路由器直接裝一塊螢幕，以便使用者直接操作，後來他放棄了這個想法，因為用戶沒有直接操作路由器的習慣，裝上一塊觸控板不過是增加成本，更重要的是螢幕根本不是一個路由器要考慮的東西，手機、電視、平板電腦等，所有的終端都是你的螢幕。這個想像空間很大，使用空間也很大。

為了把小米路由器做成能夠跟使用者流暢交互的產品，KK 和唐沐的工作就是在辦公室裡研究各種新玩具，把不知道的事情研究透測，把工程師、產品經理拉進來一起折騰，碰撞，直到「幹吧」。回家後，他們繼續在米聊群組裡和大夥討論產品和技術直到睡覺。

產品出來後，怎麼公測成了新的難題。一天晚上，KK、唐沐在黎萬強辦公室琢磨應該怎麼通過產品表達真誠，把路由器拆了又裝。此時，拆裝這個想法就迸發出來了。黎萬強覺得讓用戶像組裝 IKEA 傢俱一樣來拆裝，符合小米公測招募極客使用者群的精神屬性，也是最直接讓使用者感知品質的方式，更能提供無法形容的參與感。大家對小米路由器很有信心，敢讓其裸奔，敢讓用戶看到主機板。用什麼把這些部件裝起來呢？黎萬強從書架上拿出一個木盒子，說：「最奢華莫過於原木盒裝。」於是，三個人興奮地捧著一木盒子路由器零件去和雷軍討論，雷軍評價：「創意一百分，可以做！」

小米路由器的拆裝版，從外箱到內飾，從說明書到提供的螺絲刀，都選用了最好的材料。整體成本超過 1,000 元，小米只收取用戶 1 元。「這種玩法前所未有，連給小米組裝產品的富士康剛接到要求時都驚呆了。」

小米的獨特玩法以強烈的極客趣味和精緻感震撼了用戶。他們紛紛在微博、微信 PO 出組裝過程，與朋友比拼組裝速度，為小米路由器聚足了人氣。在雷軍的設定中，小米路由器將是未來智慧家居的資訊交互和流量吞吐樞紐。或者把小米路由器想像成一個虛擬的萬能遙控器或中控臺，在上面可以安裝、更新各類智慧家居產品的外掛程式，統一、方便地使用各種有趣的功能。2013 年冬天，沃茲受邀到訪小米，親自組裝了一臺小米路由器，並說：「這就是我要的產品」，「路由器會成為家庭私有雲端空間的中心」。按照這個定位，路由器的空間更為廣大。不過，從後來的市場表現來看，第一款小米路由器並不成熟，在產品邏輯上的問題是「定義得過沉、過重，成本也過高，硬碟是最大的成本」。

半年之後，在 2014 年 4 月 23 日的小米發布會上，小米分別推出路由器標準版、mini 版，其中標準版直接帶一個 1TB 的硬碟和主動散熱風扇，比普通路由器略大一些。此時，雷軍對路由器的定義也發生了變化：「第一是最好的路由器，第二是家庭資料中心，第三是智慧家庭中心，第四是開放平臺。」

2015 年 8 月 6 日，北京易觀智庫發布《2015 年第二季度中國家用智慧路由器市場季度監測報告》。資料顯示，二季度，中國家用智慧路由器市場總銷量為 918,025 臺，其中小米以 60.6％的市場份額位居榜首，是第二名的 3 倍。

次日凌晨，小米總裁林斌在微博轉發了這條消息，並且評論道：「小米路由器也中國第一了，厲害。期待下一個中國第一的小米產品，會是哪一個呢？」

平板生態先行者

若說小米有一款產品讓科技媒體又愛又恨，那必然是小米平板。

早在 2012 年年初，雷軍和小米高層在微博和各個場合都有意無意地談到平板話題，勾起了使用者的心。當時整個安卓平板電腦還沒有所謂的生態鏈，做一款「用戶期待高品質、非常便宜」的平板電腦並不是一件容易的事情。雷軍微博表示：「眼下還不到推出平板的時候。」可不久之後，金山日本公司就發布了一款由小米和小米手機海外開發部聯合研發的 7 英吋非 MIUI 系統的 Eden Tab。此後，小米對於研發平板的呼聲再無回應。2013 年 8 月，關於小米平板名為紫米、採用 Tegra 3 處理器的消息引發熱議，卻不了了之。此後，小米每次發布會前都傳出平板是新品之一的聲音，科技媒體在狼來了之後卻不再主動報導了。

小米平板遲遲無法上市，與開發過程不順利有莫大關係。

紅米手機與小米平板算是同期專案，由周光平的手機團隊負責硬體開發。然而，小米平板與紅米 1 代命運相似。周光平說：「最初小米平板的代號為 H4，做了一段放棄了，現在發布的小米平板是代號為 X6 的產品，也是後來重新設計的。」他解釋：「我們想做

千元平板，第一版出來後大失所望，只能推倒重做。最後決定：先把東西做好，不考慮成本，不考慮售價！於是 Tegra K1 處理器、高色彩飽和度的視網膜屏、2x2 AC 的 WiFi 等等上來了。」其中痛苦，周光平及其手機團隊同事們至今難以忘懷。

雷軍介紹小米平板的策略是與 iPad 對比，拼參數。各種跑分展示和參數對比，讓人目不暇給。或許是意識到不能只強調硬體性能，雷軍總結說：「平板要有人用，至少要有強勁的硬體設定、流暢的軟體體驗和豐富的應用及遊戲。」「沒有高品質的應用和遊戲」是安卓平板們的共同困境，而 MIUI 對小米平板進行了深度優化，比如閱讀體驗、上網體驗、影音體驗（影片聚合）、辦公體驗（金山的 WPS）等。此前，使用不流暢是安卓平板由來已久的問題，MIUI 專門為平板改寫了安卓後臺機制，可殺掉一部分長時間駐留記憶體的無用應用，以保證用戶體驗的流暢度。

小米平板採用 7.9 英吋 2048×1536 解析度的顯示幕，而不是一般安卓平板都採用的 16：10 螢幕。雷軍說：「這是為方便 iPad 應用及遊戲和 PC 遊戲的移植，推動生態鏈的發展。」

2014 年 6 月中旬，華為發布平板產品 Media Pad M1 後，雷軍立刻建議華為副總裁余承東採用一樣的解析度，共同改善安卓平板的現狀。這條微博剛發出去，媒體就做出解讀：雷軍砸場鄙視華為 Media Pad M1 螢幕分辯度低。

雷軍解釋：「小米是個創業公司，華為是世界五百強，我不是鄙視，反而非常尊重華為。我只是宣導同行攜手，共同解決安卓平板難用的世界難題。」餘承東也回應：「當前安卓平板主流螢幕比

例是 16：10，對 4：3 比例螢幕的適配還不夠好。讚同大家一起來推動安卓應用軟體發展商們，適配不同顯示比例與解析度」。不過，對於是否要統一成一樣的螢幕大小和解析度，他則並未明確回應。

輿論沒有放過正處於風口浪尖上的小米。關於小米平板憑什麼想帶頭建立所謂安卓平板生態圈的質疑、諷刺和抹黑迅速席捲網路。

7 月 1 日，小米平板開售。雷軍一早就給小米官方部落格的負責人趙剛傳了一篇文章，讓他發布在小米後院，題為《做安卓平板生態，總要有人先種樹》。在這篇文章中，雷軍援引蘋果 CEO 庫克的話闡明安卓平板的市場定位：「蘋果 CEO Tim Cook 沒少挖苦安卓平板。去年他說，iPad 占據了平板市場 81％的流量份額，眾多安卓平板加起來不超過 19％。前年他甚至還說過，所有的安卓平板都在倉庫裡或者用戶的抽屜裡吃灰。」

與蘋果相比，安卓平板的確不理想。問題出在哪裡？雷軍說：「還是生態鏈。」作為重內容的消費型設備，如果沒有生態鏈的內容、服務提供支援，一臺平板電腦跟一款板磚沒任何區別。

小米全球運營副總裁雨果・巴拉早先在谷歌負責以 Nexus7 為代表的安卓平板，他希望能夠推動安卓在這個市場的發展。小米平板發布前，雷軍就跟他聊過平板生態鏈的問題。「我說安卓平板很難做起來，就是難在沒有優秀、足量的應用和遊戲生態鏈支援。沒有好的應用生態，就沒有多少用戶願意來用安卓平板；而沒有很多用戶來使用安卓平板，也就沒有多少開發者願意為安卓平板開發和適配好的應用。」

通常來說，生態鏈的推動者通常都是晶片廠商和作業系統廠商，而不是像小米這樣的設備商。這不僅僅在於號召力，也有關利益分配得失，晶片商和造作系統商可以盡得回報，比如，英特爾公司出力推動，那 X86 架構的平板市場產出也都有它一份。然而，如果是品牌設備商來推動生態圈的建設的話，付出在一家，其他競爭者卻能跟隨受益。

雷軍說：「在決定要做小米平板時，有同事問我，真要做那個先出大力的傻子？我說，算了，蘋果一次一次羞辱安卓平板市場，總得有人先站出來吧……既然不少使用者需要安卓平板，小米願意給行業做些貢獻。庫克說安卓平板都是垃圾，小米不服氣，那我們就做給你看看。至少能讓用戶在 iPad 之外多個又好又便宜的選擇。」

對於外界的質疑，雷軍表明了小米推動安卓平板生態的決心。除此之外，小米也掌握了做生態鏈的方法，即一定要基於成熟的生態鏈，比如安卓系統、英偉達的 Tegra K1 處理器平臺還有和 iPad Mini Retina 版一樣的螢幕、一樣的解析度。「至少在小米平板發布初期，移植生態鏈是整個工作的核心。」

雷軍相信，移動互聯網行業繼續發展，內容消費的權重會越來越大，安卓平板大有可為。他借回應質疑，發出呼籲：「希望行業內優秀的開發者和 CP 們能跟我們一起努力，給安卓平板更大的應用和內容支援。這不僅僅是幫助小米平板，而是將開拓出安卓智慧手機之外又一個巨大的市場。」

某種程度上，創新是企業的責任。小米要做平板生態的先行者，開發和創新出安卓市場所需要的應用和內容支援，這是一種擔當。

在當年 5 月下旬的第十六屆中國科協年會上，雷軍因其「軟體＋硬體＋互聯網服務」的模式，帶動了傳統手機行業的革新獲得第七屆周光召基金會技術創新獎科技獎。周光召基金會認為，雷軍領導的團隊把「技術創新、模式創新、服務創新」融合為一體，「他以領先於市場的想像力，在手機大獲成功的同時，不斷推出了小米機上盒、小米電視，在市場競爭中領先一步，正走向更大的成功。」雷軍激動萬分，不僅因為獎品是重達一公斤的黃金獎牌和 35 萬港元支票，更是因為這是科技界對於小米創新力的極大認同。

坦白說，小米安卓平板並不完美，剛進入市場，要追趕三星、聯想等對手還需要一定時間，但是，小米的攪局會給安卓平板市場帶來新的刺激。隨著小米平板生態鏈的搭建，它的實力將與日俱增。

逆風飛揚

在擴張與變革的道路上，雷軍不斷收穫鮮花與掌聲，也飽受爭議與質疑。

2014 年 10 月 11 日，《人民日報》微博公眾帳號發出題為《小米如何在爭議與質疑中前行》的報導，看起來是為雷軍打抱不平，實際透露出小米在狂飆突進中面臨與日俱增的壓力。

2014 年夏初，中國電視劇《一僕二主》熱映，雷軍轉發和評論了劇中閆妮扮演的女老闆唐紅的臺詞：「你做好了，遭人忌妒；你做得差，讓別人看不起；你開放點吧，人家說你騷；保守了，人家

說你裝；你待人好，人家說你傻；精明一點，人家說你奸；熱情了，人家說你浪；冷淡了，人家說你傲。」他評論道：「再罵你一句，你幹嘛那麼在乎別人的看法？」

這年夏天陸續爆發的幾件大事，讓小米遭遇到誠信危機。

先是小米官網在 7 月 22 日年度發布會直播網頁，頂部用紅色粗體數字顯示共有超過 2 億人次，線上觀看了其發布會，回帖超過 2 億條。然而，這些資料被證實太過誇大。小米先是否定「沒有說 PV[6]：頁面流覽量。是兩億次」，隨後又發布五百餘字的致歉回應，稱「文案上措辭不夠嚴謹，頁面顯示為 xx 人次觀看」，實則是互動次數，並已修改。此事在臺灣、新加坡等地引發了負面影響。

7 月底，臺灣公平委員會調查公布小米在去年 12 月 9 日、12 月 16 日與 12 月 23 日共舉辦三次網路搶購活動，宣稱上述三次搶購分別在 9 分 50 秒、1 分 08 秒、25 秒內售罄，事實卻非如此。小米公司對此公開致歉，承認少賣了 30 臺手機，並為此支付了 60 萬新臺幣的罰單。

緊接著 8 月初，小米在海外連遭洩密。香港、臺灣的媒體曝出小米私自上傳使用者資料，臺灣小米方面否認，可隨後小米科技在 Facebook 上承認，小米手機系統內內置的網路簡訊服務，會自動明碼傳遞使用者的手機號碼等資訊。一位新加坡用戶隨後證實自己因此遭到垃圾簡訊的騷擾。道歉後，小米重新聲明：「未經用戶允許，不會主動上傳涉及用戶隱私的個人資訊和資料。」

---

6. 頁面瀏覽量。

小米在海外市場連遭危機，已經逐漸顯示出小米在國際化中的劣勢和弱點。這些質疑所引發的小米的改進和修正，將幫助小米在國際化市場上跌倒後再爬起來。然而，可以預見，這條道路雷軍走得並不那麼放心。CNN 的評論員大衛・戈德曼曾撰文表示：「小米是一家很會透過行銷手段吸引中國用戶的企業，但是這些技巧在海外市場很難行得通。」

2014 年 9 月 19 日，馬雲帶領阿里巴巴赴美國紐約交易所上市，創下了 250 億的美股最大融資紀錄，掛牌以來日均成交額達到 26 億6,000 萬美元，約為騰訊的 7 倍。阿里巴巴的活躍和亮麗成績在中國掀起了一股上市潮。小米作為媒體關注的焦點之一，IPO 上市也成了被頻頻追問的話題，甚至有投資人認為小米的股權結構與阿里巴巴相似，有可能會去紐約交易所上市，雷軍的回答很堅決：「小米在創辦之初就說過五年之內不考慮 IPO，一轉眼已經過了四年多，我今天的回答依然是五年之內不考慮 IPO。」

雷軍已做了 25 年的企業管理，跟他相關的上市公司已有 4 家，包括金山、多玩、獵豹移動和迅雷。他覺得上市只是一個階段，本質上還是要把公司做好，要做一家能讓用戶、員工、股東高興的公司，雷軍認為這是問題的本質，而小米不 IPO，也能實現這一點。雷軍不讚成從一創業開始就說要 IPO 的，上市最好應該看作是企業發展的一個里程碑，而不是終極目標。

「IPO 不改變任何東西，該吃飯就吃飯，該睡覺就睡覺。如果眼睛只盯著每個季度的財務報告，目光就短淺了。做公司要有大夢想、大目標，等把公司做成了再 IPO。」而小米的目標很簡單：「讓全球所有人，無論國家、民族、膚色，都能使用來自中國的科技產

品。小米希望成為中國的國民品牌，就像三星能代表韓國一樣。如果把創業的目標設為 IPO，超越阿里巴巴，那是幼稚可笑的。」

如今的小米就好像一頭大象，在與中國品牌競爭時，它的周圍都是對手。競爭不可怕，可怕的是惡性競爭和造假。他希望中國產品在競爭時，槍口抬高一尺，要透過模式創新去從全球市場獲利，從而推動產業的進步，而不是惡性內鬥。外界的爭議和質疑並沒有讓小米動搖前行的信心。10 月 14 日，印度市場再添猛將，前 Google Play 戰略和分析副總裁賈伊・瑪尼加盟小米。

10 月 27 日，市場調研公司 IHS iSuppli 發布報告稱，小米公司已經成為全球第三大智慧手機廠商，僅位居三星和蘋果公司之後；小米盒子榮獲 2014 年 Good Design Award 設計大獎。該獎項素有東方設計奧斯卡獎之稱，代表國際工業設計的最高水準，標誌著小米公司強大的工業設計能力和對產品細節不妥協的態度。

10 月 30 日，小米從 29 家銀行借了 10 億美元的三年期貸款，這是小米首次從海外管道籌措資金，借貸銀行數超過阿里巴巴上市的 22 家。這次借貸款牽頭方是德意志銀行、摩根大通和摩根士丹利，瑞士信貸集團和高盛也參與其中。雷軍計畫將這些資金用於海外市場的擴張，畢竟小米才剛剛敲開印尼市場的大門。

2014 年，對小米來說註定是艱難的一年，面對空前的壓力，如何做、怎麼做成了最大的問題。然而，儘管有爭議、備受質疑，雷軍和其他創始人仍帶領著小米在動盪的海上施展才華，破浪前行。

正如雷軍在 2014 年寫給員工的信中所說：「小米，不是某一個人的小情懷，而是一群人的光榮與夢想，一個時代的機遇和使命。昨天，我們已經亮出了自己的旗幟，我們要把旗幟插到高高的高崗，讓世界看到我們的旗幟在迎風飄揚！」

CHAPTER 11

小米，大棋局

隨著戰略布局浮出水面，小米不再有秘密可言，那些看不見、看不透小米的對手們，逐漸跟了上來。華為和魅族在手機領域步步緊逼，樂視在電視方面寸土不讓，攪局者也不斷加入。

複製 100 家小米

早在 2013 年初，雷軍便放出投資 100 家智慧硬體公司的消息。但是，由於彼時小米自營產品的局面還不明朗，雷軍並未將智能生態鏈投資放在足夠重要的位置。

到 2013 年下半年，形勢發生變化，小米自營的電視、路由器等產品市場表現不盡人意，此系列之外的小米耳機卻大獲成功。

雷軍敏銳地意識到，小米公司內部僅僅複製了盒子、電視、路由器等幾款產品就已經感覺吃力，如果依靠自身能力，想要拓展整條智慧生態鏈，成功的機率微乎其微。但是，如果能在智慧時代投資有潛力的初創公司，小米便可以專注於幾款核心產品，其他生態鏈產品則透過外部擴張實現。

反覆推導之後，雷軍興奮得睡不著覺，這的確是最優化的解決辦法。小米之所以能夠在短短四年內從創業公司一步跨越為一家大公司，很大程度上是因為遵從雷軍的七字方針：專注、極致、口碑、快。在七字方針中，專注是前提。另一方面，智能的概念又與專注矛盾：如果一個房間是智慧的，這個房間裡所有的硬體，就都要是智慧的，門鎖、光照、插座、窗簾乃至各種電器無所不包。

既要專注，又要擴張，最好的辦法就是體外擴張，聯合更多的盟友，共同實現這個目標。每一家智慧硬體公司都專注於某一款產品，做到極致，同時，所有的產品圍繞一個智慧核心。核心由小米掌控，整個鏈條則通過投資智慧硬體初創公司來實現。小米提供資金、技術、平臺，並將小米賴以成功的經營模式、產品理念注入這

些初創公司中，於是，這些初創公司便成了小米的分身，它們也像初創的小米一樣，專注於一兩種產品，為品質堅持到底，產品一出便具備超高性價比，成為產業顛覆者。

這樣的決策意味著小米將迎來新的戰略調整，原先的「手機、電視、路由器」戰略升級為「手機、電視、路由器＋生態鏈」。小米的硬體核心由手機、電視、路由器三大產品線構成，中心不做產品類擴張，只進行優化反覆運算。產品類擴張全部交給週邊公司，小米用入股的方式投資各個領域的硬體初創企業，這些企業按照小米的產品類要求和品質標準開發出新產品，然後貼上小米的品牌標籤，在小米的管道內銷售。

至於生態鏈團隊的負責人，雷軍早就想好了──生態鏈公司產品必須和小米的工業設計對接，最懂工業設計而又穩健嚴苛的劉德是最合適的人選。智慧硬體生態鏈團隊成立之初，雷軍下了兩個指令：第一，要用五年時間讓盡可能多的產品和小米手機連在一起；第二，3 年投資 50 家企業，花掉 10 億元人民幣。

劉德第一次聽到 50 家這個數字，心想「老大在開玩笑吧」，但真正開始做時，就發現 100 家也不難。結果，僅僅半年後，雷軍就把 50 家改成了 100 家。

自此以後，劉德和孫鵬都在出差中度過，每週前半周在北京參加會議、處理工作，後半周就和團隊一起去各地尋找合適的硬體團隊。小米網開源硬體的負責人史顥華的工作職責就是大量與各種硬體創作團隊溝通，扶植好的開源硬體專案，建立一個互利共生的體

系。2013 年下半年，他約見的硬體創業團隊約有 300 個。小米還與眾籌機構點名時間合作，投資 100 萬元來資助出色的硬體專案。

生態鏈團隊投資的第一站是華米。華米是合肥的一家初創公司，原來的名字叫智器，主要業務是平板閱讀器和互聯網發行，他們被小米看上的產品，是最新開發的智慧手錶。雷軍參與了對華米的考察，親自戴上智器的智慧手錶進行了體驗。僅僅一天之後，被智能手錶打動的雷軍馬上決定合作，他的承諾是「讓華米成為可穿戴領域的小米」。

與小米這樣的大公司合作，華米必須以對方為主，於是，原來所有的平板電腦新品及智慧手錶新品的研發被停掉，價值幾百萬元的新模具被廢掉，他們要做的是之前從來沒有做過的產品──手環。

不過，即便合作帶來的是戰略自主權的喪失，華米的創始人黃汪也並不覺得沮喪，他反而看到了公司的希望。他知道，初創公司死掉的概率非常大，即便是活下來，能夠成為行業領袖的概率也非常渺茫，而得到小米支持後，他們確實有希望一鳴驚人。

華米得到的不僅僅是投資。他們能夠獲得小米的一整套產品理念和經營模式，還可以得到小米品牌背書、小米管道支持、小米平臺資源……總而言之，他們無論做什麼，都有極大可能成為這個領域的小米。

任何做智慧硬體的人都明白，連接是智慧的核心，如果硬體之間無法互聯，智慧便無從談起。要想互相連接，一起合作成為生態聯盟便是最好的選擇，小米要牽頭搭建智慧硬體生態圈，明智之舉便是加入其中。

於是，2014 年初，華米團隊便從合肥趕到北京，住在小米公司附近的小旅館裡，幾十個人在小米 9 樓的會議室裡閉關近 3 個月，潛心研發小米手環。

除了華米，小米在 2014 年四處出擊，投資了 25 家智慧硬體公司。其中，路由器團隊挖掘了小蟻智慧攝像頭、小米智慧插座、Yeelight 燈、小米智慧遙控中心等智慧家居配件，生態鏈團隊則投資了做空氣淨化器的智米、做智能血壓儀的九安、做藍牙耳機的藍米、做小家電研發的雲米、做智慧家庭套裝的綠米、做移動電源的紫米等，這些智慧硬體公司都有著不錯的潛力：

智米科技的負責人是蘇峻和大本雄也。蘇峻曾擔任北方工業大學設計系系主任，2014 年 6 月加盟小米任藝術設計總監；大本雄也曾任日本一家家電廠商 Balmuda 研發總監，有空氣淨化器製造經驗。

九安醫療是移動醫療的先行者，2010 年就有所涉足，當年公司即制定並實施了「以可穿戴設備及智慧硬體為起點，進入移動醫療和健康大資料領域，進而圍繞使用者建立健康生態系統」的戰略。到 2014 年 9 月引進小米投資時，九安醫療智慧硬體產品已涵蓋血壓、血糖、血氧、心電、心率、體重、體脂、睡眠、運動等領域。

藍米科技原名東莞市和樂電子，成立於 2003 年，主要生產藍牙耳機、有線耳機等多媒體終端，已有中國國產品牌 QCY，2012 年產值已過數千萬人民幣。2014 年 4 月，獲得北京小米科技首輪領頭合資成立藍米科技，估值達 2 億人民幣。

雲米是位於佛山市順德區的一家科技公司，公司成立於 2014 年 5 月，距今只有不到 8 個月。由小米科技投資，公司直接沿用了小

米為發燒而生的設計理念，定位為專注於小家電研發、製造的互聯網家電企業，致力於為時尚家庭提供安全、智慧的互聯網小家電解決方案。雲米科技擁有產品的核心技術和自主智慧財產權，技術人員比例達到 85％，第一代產品規劃並申請專利高達 100 多項。可謂實力雄厚。

綠米前身是深圳綠拓科技有限公司，成立於 2009 年底，主要從事環境能量採集的無線無緣樓宇控制系統的研發和應用，公司前期產品主要面對商業和公共建築的節能和智慧化改造。2014 年由小米注資加入小米生態鏈後，綠拓更名為綠米科技，同時對公司的產品策略進行全面調整，聚焦在智慧家居產品的研發上。

小米行動電源的生產商是江蘇紫米科技。行動電源發布時，雷軍說：「小米創辦時，我希望採用世界一流供應商，比如代工廠，從全球第一名談到第十名，但沒有一家願意為小公司生產。直到張峰，他是英華達南京總經理，他認同小米模式！有一天，他希望創業，我建議他用小米模式做一個簡單的產品，如行動電源，就有了紫米，就有了小米行動電源。」根據 2014 年的銷量統計，小米賣了 1,500 萬隻行動電源，這是名副其實的全球第一。

值得一提的是，小米還入股了一家同行——21 克手機。這是一家專為老年人定制的手機廠商。雙方早在 2013 年 6 月份就開始接觸商談，2014 年 7 月，小米、順為資本正式為 21 克手機注資幾千萬元，這意味著小米在老人智慧硬體市場占據了一席之地。

這些潛力巨大的優質公司，在短時間內聚集在小米周圍，共同組成了強大的智慧生態陣容，他們一方面借助小米的品牌和資源優

勢，迅速成長，一方面成為小米戰略的一部分，共同完成小米的帝國拼圖。

雷軍也適時轉變角色，不再只講手機、電視和路由器，而是把生態鏈掛在嘴邊，四處扮演布道者的角色。甚至在小米全力備戰2014 年雙十一的時候，雷軍還在外宣講小米的布局，為小米生態鏈公司背書。

10 月末，雷軍在鄭州把複製 100 家小米當作演講的重頭戲，他說：「我們認為手機越來越重要，成為個人的資訊中心，如果用手機能夠連接辦公室家裡的所有設備，包括可穿戴設備的話，手機的重要性就自然而然凸現出來，有了好的硬體，怎麼能夠通過互聯網服務整合，由電商平臺全部打通，在全世界銷售。」

這些被複製出來的小米，已經像被裝上了火箭助推器一樣，迅速升空。2014 年雙十一，不僅小米手機、電視、路由器等中心產品拿下各自品類第一，小米手環勇奪智慧可穿戴設備銷量第一；小米行動電源穩居 3C 配件類銷量第一；小米活塞耳機也拿下有線控耳機類銷量第一。

相比核心產品的強勢表現，生態鏈產品的經驗更讓雷軍欣慰，這預示著小米新戰略的光明前景。不過，小米的智慧生態鏈布局遠沒有形成氣候。至少在近期內，初創公司的智慧硬體還只能算是邊緣產品，人們生活中最常用的硬體產品，還牢牢把握在傳統巨頭手裡，能否搞定這些巨頭，是小米智慧生態鏈戰略能否著地的關鍵。

小米可以更美的

經過 2013 年之後馬不停蹄的大規模複製試驗，雷軍的擴張思路又發生了新變化。此時智慧家居已炙手可熱，在中國，家電領域巨頭林立，投資初創企業勝出的可能性幾乎為零，攜手合作更為可行。

按照小米的戰略部署，合作物件首先在主營業務上不能與小米核心硬體衝突，那麼黑電企業便不在考慮範圍。其次，考慮到雷軍和董明珠還未平息的口水戰，以及董明珠對待小米模式的批判態度，兩者合作機會渺茫。那麼，主要考慮對象便只有兩個──海爾和美的，這兩大家電巨頭產品品類豐富，市場占有率大，主營產品均處在中國前三。據中國產業洞察網提供的資料顯示，2013 年冰箱產業中國市場，海爾占到 27.4％的份額，海信科龍占到 11.2％，美的約占到 8.1％，三大冰箱品牌幾乎占據中國市場的一半。在 2013 年度的空調市場，格力占 27.3％的市場份額、美的占 20.9％、海爾占12.9％，三大中國國產品牌占到中國市場的 61.1％。

與海爾剛一接觸，雷軍便放棄了合作念頭。海爾在智慧家庭方面已深耕多年，且有「U+ 平臺」，不願讓小米中途插手。換而言之，在智慧家居方面，海爾是小米強有力的對手，於是，小米的工作重心馬上轉向美的。

其實，早在 2014 年 1 月，美的就已經主動找到小米路由器項目負責人唐沐，探討合作可能。小米方面也在一個月後積極回應，派出團隊與美的智慧家居研究院、空調事業部及小家電事業部負責人

見面。雖然之後雙方並沒有展開具體合作，但一直密切接觸，逐步提高談判級別。作為雷軍心儀的合作夥伴，美的有非常優良的資質：

美的是中國家電行業的老兵，早在 1980 年便進入家電業，旗下擁有美的、小天鵝等十餘個品牌，主要產品涵蓋空調、冰箱、洗衣機、微波爐、風扇、電磁爐、豆漿機等多個領域。截至 2014 年，美的擁有員工 13 萬人，在全球 60 多個地區設有分支機構，產品遠銷 200 多個國家和地區。

據美的集團 2014 年前三季度財報顯示：前三季度實現營業收入 1,091 億元，同步增長 16.4％；歸屬母公司的淨利潤為 89.5 億元，同比增長 49.2％。從營收以及歸屬淨利潤的排名看，美的均屬第二位。

此外，2013 年年底，美的在集團層面成立電商模組，集團的電子商務公司在 2014 年上半年成立。根據美的 2014 年半年報顯示，美的電商銷售額同比增長 160％，在京東和淘寶的銷售額也同比增長 220％、132％。

到 2014 年底，當小米提出全面合作之後，美的方面表現得很熱情。不過，出於謹慎，一切行動都在秘密中進行。12 月 6 日，商談進入到最關鍵的一步，雷軍親率小米生態鏈投資的聯合創始人劉德與財務負責人張金玲飛往廣東順德。

從寒冷的北京一路向南，下飛機的時候，順德的濃濃暖意讓雷軍倍感舒適。相比於溫暖的天氣，美的集團的熱情態度更讓雷軍愉快。除了董事長方洪波外，已經退休的美的創始人何享健也親自到場。由於耶誕節臨近，位於美的總部的會客廳也被布置得很喜慶，雖然很多細節還沒有敲定，結果已經非常明顯。

　　這邊談判在緊張進行，那邊風聲已經傳出。12 月 8 日上午，美的集團發布臨時停牌公告，稱其原因是「美的集團發生對股價可能產生較大影響、沒有公開披露的重大事項」，當日晚上，美的再次發出公告，稱 9 日起將繼續停牌，待公司披露相關事項後複牌。12 月 14 日晚，一切塵埃落定。當晚，小米公司與美的集團同時發布公告，小米科技斥資 12.66 億元入股美的集團，美的集團將以每股 23.01 元價格向小米科技定向增發 5,500 萬股，募資不超過 12.66 億元。發行完成後，小米科技將持有美的集團 1.29％的股份，並可提名一名核心高管為美的集團董事。

　　此外，雙方將以面對使用者的產品體驗和服務為導向，在智慧家居及其生態鏈、移動互聯網業務領域進行多種模式合作，建立雙方高層的密切溝通機制，並對接雙方在智慧家居、電商和戰略投資等領域的合作團隊，積極探索多種合作模式，支援雙方業務發展。

　　從正式談判到合作敲定，小米和美的僅僅用了一周時間，如此大規模的「資本投資＋戰略合作」協定，在如此短的時間達成，足見雙方合作意願之強烈和認同度之高。

　　這無異於 2014 年末中國企業界的一枚重磅炸彈，立刻激起滔天巨浪。分析人士普遍看好此次合作：美的擁有家電領域最齊全的產品鏈之一，是白家電領域巨頭，而小米在智慧手機、電視和路由器為三大核心的業務上表現優秀，堪稱黑家電領域的領袖，且小米在智慧家居、移動互聯的生態鏈全系統的布局和發展領先於整個行業。

　　如果說複製 100 家小米是雷軍打造智慧生態鏈的重要戰略布局，和美的聯手則是這項戰略中的關鍵性戰役。當然，無論是從體量上

還是合作方式上，小米入股美的都和投資初創智慧企業不同。但是，兩者聯合，無疑也是小米模式的一種複製，將小米的思維和理念嫁接到美的身上。合作達成 10 天之後便是耶誕節，美的集團的年度工作會議照例召開，董事長方洪波的發言仿佛從雷軍那裡沾染上了濃濃的互聯網味道，他說：「互聯網已經不是一種思維，而是一種時代的力量，這種力量正在改變一切，移動互聯不但重新解構行業，重塑公司的競爭力，更是擴展和模糊了整個行業的邊界。」

小米＋美的，將共同成為小米智慧生態圈的兩根強大支柱，如果小米複製 100 家智慧硬體公司的目標能夠順利實施，小米便能夠讓一切智慧產品成為體系。而當小米能夠和一切相連的時候，小米就成了一個事實標準，雷軍正在無限接近他硬體產品大連接的夢。

在物物互聯領域，智慧硬體介面的標準是排他的，誰有實力制定標準誰就能夠成為智慧硬體領域的主導者。當然，也正是如此，小米和美的的聯姻招來的不僅是一片驚嘆和喝彩，還有兇猛的批評和攻擊。

生態圈

對小米和美的聯姻最兇猛的攻擊來自於格力集團董事長董明珠。她在 2014 年 12 月 14 日中國企業領袖年會上公開抨擊小米和美的：「昨天我在網路上看了一篇文章，聽說小米和美的合作了，董

明珠有點急，我急什麼。美的偷格力的專利，法院判你賠我兩百萬，小米和美的，兩個騙子在一起，那就是小偷集團。」

這位以鐵娘子著稱於世的格力掌門人乃性情中人，坦率敢言，但是如此尖銳和武斷的評價還是在業界引起了軒然大波。

客觀來講，董明珠的態度可以理解，美的在空調市場緊追格力，在小家電市場穩居第一，洗衣機行業，美的也擁有領先優勢，算是格力的勁敵。而雷軍與董明珠，早就因為一年之前的 10 億賭局打了不少口水仗。兩個敵人聯合，合作重點又是對格力極為不利的智慧家居項目，也難怪董明珠如此不淡定。

當然，董明珠雖然言辭激烈，卻絕不只是為了意氣之爭。作為格力的天才行銷員，她在演講中一邊旁敲側擊，攻擊競爭對手，一邊不露痕跡地為格力行銷，她說：「我們一直堅信自己，我有這麼強大的技術開發隊伍，我現在有 14,000 多項專利，這就是我的競爭力。」這一句話涵蓋了格力最核心的競爭力，即技術專利。

與一年前同台對賭不同，這一次雷軍並沒有與董明珠同台，他前一天剛在企業領袖年會開幕式上做了發言，董明珠針對性的攻擊就兇猛襲來。這些話在雷軍聽來格外刺耳，此時正當小米海外擴張受阻，愛立信在印度起訴小米專利侵權，小米面臨在印度禁售的危機。董明珠毫不顧忌，對此直接挑破說：「我希望雷軍的企業走出中國國門，但是很遺憾剛走出去就被封殺，你偷人家的專利。一個偷別人東西的公司還稱為偉大企業？要是我的話我就不好意思說。」

攻擊小米技術弱點的同時，董明珠還全盤否定雷軍最為得意的互聯網思維：「互聯網時代、什麼時代我們格力也不怕。因為有了

這麼多創新的人，你說我們今天沒有空調，沒有電視。我們平常要用的東西，茶杯沒有了，只要有互聯網，我能喝到茶嗎？不能。」

面對這個性格強硬的對手，雷軍並沒有像以往一樣針鋒相對，直到第二天，他才比較溫和地回應了董明珠的發言：「因為我們業務比較複雜，有時候大家不太看得懂。我們業務實際的核心是透過做智慧手機，智慧電視等平臺性硬體，建立一個互聯網平臺，這就是我們的核心業務。基於這個核心業務以後，我們其他的業務都是跟創業公司，跟其他的成長公司，甚至大型公司的合作。所以，整個小米都是開放合作的態度。」

之所以溫和，很大程度上是因為小米的平臺戰略，聯合在小米周圍的硬體公司越多，小米平臺就越穩固，小米的護城河就越寬。格力在家電行業有著舉足輕重的地位，雷軍完全沒必要與董明珠針鋒相對，留下一線，為日後合作保留機會，才是明智之舉。

雖然雷軍低調許多，業界的評價還是更傾向於小米。2014 年 12 月 16 日，有中國商界奧斯卡之稱的中國最佳商業領袖獎頒給了雷軍，其獲獎理由有兩點：

一、是帶領小米在全球經濟破冰回暖的外部環境中激流勇進，2014 年，以手機、電視機、平板、智慧手環、空氣淨化器等為代表的小米產品線全線開花；

二是雷軍帶領小米打造「硬體＋軟體＋互聯網服務」生態圈，已成為製造業擁抱互聯網思維進行商業模式創新的成功典範。頒獎詞這樣評價：「雷軍創辦的小米不是中國的蘋果，而是世界的小米。」

　　巧合的是，這一天還是雷軍 45 歲生日。志得意滿的雷軍和四位好友一起慶祝。這四個人是獵豹移動 CEO 傅盛、凡客誠品創始人陳年、歡聚時代創始人兼 CEO 李學凌和 UCweb 創始人俞永福。與五年前那個冬夜不同，雷軍已從一個「一無所有」的富人，變成了中國最炙手可熱的企業家，談到五年來的改變，大家莫不感慨。

　　除了獲獎和生日外，雷軍在這天晚上還收到了另一份厚禮——印度高等法院做出判決，允許小米恢復在印度銷售。雖然只是暫時解禁，但也給小米的海外擴張帶來了一線生機。

　　慶生宴一直吃到凌晨，幾個人才意猶未盡地相互告別。回家的路上，坐車穿行在北京冬夜的街道上，喝了不少酒的雷軍卻分外清醒，他越來越明顯地感受到，那個偉大企業的夢想就在眼前。

　　在 2014 年即將結束的時候，雷軍就這樣度過了從決心創辦小米開始的第五個生日，小米的新戰略也在經過米聊和單品擴張的試錯後，走上了正確的軌道。小米以三個 10 億美元投資為這一年畫上了句號，小米的戰略重點也隨著這三方面的重要投資浮出水面。

　　除了在硬體產業投資 10 億美元之外，另外兩個 10 億美元的投資計畫，一個是雲端計算產業，一個是影片與內容產業。

　　雲端計算方面，2014 年 12 月 3 日，金山、小米聯合向世紀互聯注資近 2.3 億美元，這意味著小米已瞄準未來的戰略方向——雲端服務和大數據。小米透過生態鏈系統連接一切可以連接的智慧設備，接入點越多，護城河就越穩固，平臺的價值就越高。大量終端資料彙聚小米，最終建成一個資料獲取、服務中心，小米將成為一家資料公司。

內容方面，新浪總編輯陳彤負責投資和運營，並入股優酷、愛奇藝、荔枝 FM 等內容公司。

至此，小米邊界分明，戰略清晰，小米核心硬體只有手機、電視、路由器三大產品線，掌控小米網、MIUI、供應鏈等核心環節，形成軟體、硬體、服務、內容等生態鏈系統。雷軍的布局就此完成。

隨著戰略布局浮出水面，小米不再有秘密可言，那些看不見、看不透小米的對手們，逐漸跟上來。華為和魅族在手機領域步步緊逼，樂視在電視方面寸土不讓，攪局者也不斷加入。2015 年的小米，雖然已經擁有了強壯的體魄，足夠強大的城牆，但是，身後的追兵讓它窒息，前面又沒有成功的範例，未來的路將更加兇險、坎坷。

五年四次戰略轉型

2015 年 4 月 6 日，在緊張籌備五周年慶典的間隙，小米創始人、董事長兼首席執行官雷軍於中午 11 點 50 分發出一條微博，感嘆創業五年的心路歷程：「五年前的今天，2010 年 4 月 6 日，北京中關村保福寺橋銀谷大廈 807 室，14 個人，一起喝了碗小米粥，一家小公司就開張了。小米就這樣悄悄創辦了……」

當小米家喻戶曉以後，人們對雷軍「站在台風口，豬都能飛上天」的理念深信不疑，並希望借鑑經驗找準風口「飛上天」，其實小米既是「風口」更是「傷口」。1992 年 1 月，雷軍經求伯君邀請加盟金山公司，直到 2007 年底離開，整整 16 年。2007 年 10 月 16

日，八年間五次衝擊 IPO 的金山終於在香港聯合交易所掛牌上市，融資 6.261 億港元，但雷軍黯然神傷：2004 年騰訊拿到 15.5 億港元，2005 年百度在納斯達克融資 39.58 億美元，2007 年阿里巴巴在香港拿到 15 億美元。眼看著馬化騰、李彥宏這些昔日小弟變身為帶頭大佬，雷軍痛徹心扉地仰天叩問：「金山就像是在鹽鹼地裡種草。為什麼不在台風口放風箏呢？」雷軍苦等三年，當移動互聯網時代到來，iPhone 問世時，終於決定創辦小米。

　　46 歲的雷軍看上去志得意滿，他多次手持自拍棒出現在全球媒體視野中，小米不僅刷新了中國互聯網企業成長速度，而且開創了一種全新的商業模式和戰略路徑，引發海內外媒體關注。

　　理想正在照進現實。越來越多的人開始或明或暗地研究並學習小米：「互聯網思維、雷軍七字訣、小米模式、小米秘密、參與感……等」，關於雷軍和小米的話題在過去兩年中被熱烈討論，各種真經、寶典、內部資料層出不窮，然而，雷軍一語驚醒夢中人：「現在不少人號稱學小米，但大多還只是在模仿某一方面。」

　　不過，質疑苛責聲亦此起彼落，許多人批評雷軍玩饑餓行銷，並傾向於「小米是一家行銷公司」的觀點。可實際上，小米是一家戰略驅動型公司。而且，過去五年，小米的成長並非一帆風順，而是坎坷曲折，雷軍不斷調整戰略布局，以變革、創新保持競爭優勢。

　　雷軍最早的戰略布局是「流量分發，服務增值」。在創辦小米之前，雷軍以天使投資人身份一口氣投資了凡客、樂淘、拉卡拉、UCweb、可牛等幾十家公司，涵蓋移動互聯網、電子商務和社交三大領域，2011 年又成立順為基金，投資了無憂英語、阿姨幫、雷鋒

網、載樂、丁香園、微聚等互聯網公司，涵蓋線上教育、移動電商、醫藥垂直平臺、本地生活服務、社交等熱門領域，作為創始合夥人兼董事長，投資方向和領域都由雷軍掌控大局。圍繞小米的戰略布局，金山軟體、獵豹移動、歡聚時代、雷鋒網、樂淘、迅雷等雷軍系都可能成為小米流量入口、應用軟體、增值服務的棋子，即使小米手機不賺錢，靠系統內的業務支撐也能實現盈利。這項戰略成功的標誌事件，是 2011 年 8 月 16 日小米手機發布會暨 MIUI 周年粉絲慶典，MIUI 用戶突破 50 萬。

在這個戰略中，MIUI、米聊兩款軟體是雷軍最為倚重的支撐點。然而天有不測風雲，微信脫穎而出，並且在一年內註冊用戶量突破 3 億，而米聊還不足其十分之一。雷軍被迫調整戰略，學習蘋果走單品擴張之路，一年內陸續推出電視盒子、路由器、智慧電視、平板電腦，其中標誌性事件是 2013 年 7 月 31 日發布紅米手機，雷軍為此不惜食言「不考慮中低端的配置」。與此同時，小米先後進軍香港和臺灣市場，並布局新加坡、馬來西亞、印尼、泰國等華人為主的國家，在六、七個區域全面鋪開。結果擴張並不成功，路由器、智慧電視、平板電腦都沒有獲得預期中的成功，海外市場也舉步維艱，小米陷入混亂與麻煩之中。

好在這段時間持續不長，雖然雷軍公開鼓勵「互聯網＋」，卻在戰略上開始做「互聯網－」，收縮戰線，轉而打造生態鏈。2014 年 11 月，雷軍宣布「未來 5 年將投資 100 家智慧硬體公司，小米模式是完全可以複製的」。一個月後，2014 年 12 月 14 日，小米以不超過 12.66 億元入股美的。另外，雷軍還請來新浪總編輯陳彤負責

內容投資和內容營運，並入股優酷、愛奇藝、荔枝FM等公司。至此，小米邊界分明，只做手機、電視、路由器三大產品線，掌控小米網、MIUI、供應鏈等核心環節，形成軟體、硬體、服務、內容等生態鏈系統。第四次戰略布局幾乎同時進行，不過是雷軍基於未來三五年的考慮。

2014年12月3日，金山、小米聯合向世紀互聯注資近2.3億美元，這意味著小米已瞄準未來的戰略方向——雲端服務和大數據。小米透過生態鏈系統連接一切可以連接的智慧設備，接入點越多，護城河就越穩固，平臺的價值就越高。大量終端資料彙聚小米，最終建成一個資料獲取、服務中心。小米將成為一家資料公司。

作為一家具有代表性的公司，小米的樣本意義並不在於估值450億美金或手機年出貨量6,112萬台、銷售額743億元，也不是鐵人三項、參與感、行銷或風口論，而是雷軍的戰略創新。尤其是進入2015年以後，小米的生態鏈、雲端服務戰略是偶像賈伯斯都未曾走過的路，兇險、坎坷不言而喻。

透過雷軍五年間大刀闊斧的戰略轉型不難看出，他希望以小米為支點，撬動並改變中國製造業的現狀，從而推動中國產業轉型升級和商業發展進程。以往他還提醒模仿者謹慎複製小米的成功經驗，現在小米模式，可以複製已成為口頭禪。

雷軍曾野心勃勃地對媒體說：「我不厭其煩地講解小米模式是在促進整個工業界的革命，其實完全可以不說的，相信我這個話今天說出來肯定會被很多人罵。我覺得十年後，你會發現小米真的改變了中國，至少是在工業界。」

CHAPTER 12

未來，為夢想而來

雷軍從小就喜歡下圍棋，深諳棋子布局之道。在感慨雷軍的
投資眼光和財富增速之餘，更令人震撼的是雷軍正在下一盤
大棋，棋局核心就是小米。

做一家世界級公司

　　想辦一家世界級的偉大公司是雷軍在大學一年級就立下的宏願。小米創立三年後的冬天，雷軍到《楊瀾訪談錄》節目做客，談起國際化夢想，暗示小米絕不會滿足於現有成就。

　　當時小米手機的銷量僅次於聯想和華為，高於酷派、中興和HTC。但在國際化方面，小米的海外布局不如其他幾位對手。小米計畫在 2014 年銷售六千萬臺手機，在 2015 年銷售一億臺手機，這樣才可能跟聯想在出貨量上並駕齊驅。因為中國智慧手機的新增用戶數量進入下有重大改變，銷售量增長的主要力量來自海外市場，因此，國際化無疑是 2014 年小米最重要的戰略布局，宏偉目標非國際化難以達成。

　　2013 年夏天，小米宣布將引進谷歌安卓產品管理副總裁雨果‧巴拉，宣布由他帶領團隊拓展國際市場。雨果‧巴拉在谷歌是一位重量級高管，Nexus7 正是由他發布。他是小米的第一位重量級外援，聘請他是小米為國際化而做出的最高調的動作，但絕非魯莽之舉。

　　2008 年雨果‧巴拉加入谷歌，在谷歌移動業務歐洲辦公室工作。入職第二天，他就飛往北京參加谷歌每個季度都要召開的移動領導人峰會。在峰會上，巴拉遇見了小米現在的總裁林斌。當時，林斌負責谷歌移動部門在中國的工程業務。之後，二人在工作上保持了多年的合作關係。2010 年底，巴拉調到谷歌美國總部安卓團隊，成為主管安迪‧魯賓的得力助手。由於谷歌退出中國大陸，林斌離開谷歌，和雷軍一起創辦小米。

小米的 MIUI 系統源於安卓，因此巴拉對於小米在做的事情非常感興趣。「由於被他們的創新深深吸引」，他經常在北京和他們會面，「也把他們的手機帶回谷歌給大家看」。安卓設計主管馬蒂亞斯‧杜阿特對小米手機曾給予高度評價，稱是迄今為止最出色的定製版之一。聽到這番評論後，巴拉深受影響，「這是一個強烈的信號：他們所做的事情是完全正確的。」

小米的早期投資者紀源資本的童士豪非常贊同讓雨果‧巴拉加入，「如果有雨果在董事會當中，走向全球將會獲得巨大的成功。」他興奮地表態：「這一切能發生確實很棒，巴拉是把他們帶到海外市場的完美人選。」

九月份小米新品發布會上，被雷軍暱稱「虎哥」的雨果‧巴拉首次亮相。他說：「我也是米粉，小米創辦之初就關注小米，我非常瞭解小米。」這並非為了表示融入小米的作秀，而是他確實認為「MIUI 是安卓生態鏈中非常重要的力量。」

事實上，小米與雨果‧巴拉的談判至少持續了一年多，雙方一直僵持的主要問題是：雷軍要求雨果必須到北京工作，真正瞭解小米外人很難明白的生意模式。

等待和堅持是值得的，相比於其他代言人，雨果‧巴拉在谷歌安卓擔任副總裁的背景，無疑能夠給小米手機提高國際身價，讓小米在人們的印象中從一家中國小公司變成谷歌級別的國際大公司。

在 2013 年，小米真正實現國際化的是 MIUI，若要小米手機國際化，MIUI 必須充分國際化，前提是得在安卓系統具有更高級的地位。雨果‧巴拉的加盟能夠幫助 MIUI 爭取更高的地位，從而影響到整個安卓生態圈中的參與者。

另外，國際化並不僅僅是行銷的國際化，有兩個方面都非常重要——資本國際化和文化上的國際化。小米的創始人團隊是清一色的華人，不利於小米在國際資本市場的形象。華爾街天生就喜歡白種人，有了雨果・巴拉這張國際名片，小米在華爾街將會更受青睞。雨果・巴拉對於歐美文化和巴西文化的瞭解，會幫助小米更平穩有效地進入美國和拉丁美洲這些市場。如果說雨果・巴拉是一個非常能夠勝任的品牌大使，他已經證明了這一點。他現在在新浪微博上的粉絲數量已經超過 121 萬人。

雨果・巴拉深悉重任，在從谷歌離職後的首次公開露面中，他說：「我們將嘗試找到新市場，並儘快打入這些市場。」在他的發展計畫上，第一步是東南亞，對中國公司來說，這一市場距離很近，在物流方面也較為容易。

2014 年春節之前，小米邀請蘋果公司創始人之一的史蒂夫・沃茲參觀，沃茲在後來的極客巔峰對話上對雷軍建議：「想進軍北美市場很困難，需要公司有好的、大家都能買得起的產品，如果產品不夠好，將難以進軍北美市場。」

2013 年 4 月，小米出海遠航起錨，先後進軍香港和臺灣市場。2014 年 2 月，紅米登陸新加坡，3 月，小米 3 在此地首發。4 月，小米啟用花費 360 萬美元購買的全球新功能變數名稱 mi.com，雄心可見一斑。接下來幾個月，小米將進入馬來西亞、印尼、泰國、菲律賓等華人為主的國家，隨後進入俄羅斯、土耳其、巴西、墨西哥、印度等發展中國家，最後才是美國等歐美發達國家。

　　這條國際化路徑的思路，源於雷軍設定的三個條件：智慧手機市場即將抵達臨界點，社交網路服務高度成熟，具備良好的電子商務基礎設施。至於歐美市場，目前時機未到，雷軍信奉順勢而為。

重新出發

　　雷軍在微博中說出小米將以歸零的心態重新出發的時候，黎萬強已經準備收拾行李了。從宣布去矽谷閉關開始，黎萬強就一邊交接手頭的工作，一邊休整，為出國做準備。年關已近，過完年，他就真的要重新出發了。

　　早在兩個多月前，黎萬強的矽谷之行就已經確定，當時雷軍正在鄭州演講，強調小米將要投資的 100 家智慧硬體公司。不過，外界對此毫不知情，以至於黎萬強 2014 年 10 月 28 日在微博宣布「閉關」的時候，輿論一篇譁然。

　　黎萬強這樣寫道：「再出發！5 年創業後我重回小米的產品研發一線，未來我將到矽谷閉關一段時間，準備新的產品，小米網的工作由林斌負責。我們所經歷的偉大與美好，不僅在於創造，更重要的是與誰同行！感謝我的老大雷軍，感謝所有小米的小夥伴們，所有親朋好友！期望小米網再創佳績，加油！」

　　微博剛一發出，雷軍便轉載並評論：「小米創業五年，阿黎已成功拓荒兩次，初期帶隊從零做 MIUI，三年前從零開始做小米網，這次他又將開始新的征程！」

雷軍所說的 MIUI 和小米網都是由黎萬強開拓，這兩方面也是小米除了手機之外，最為成功的地方。小米的一整套行銷方式，更是黎萬強的得意之作，他也是小米創始人中除了雷軍本人之外，最有群眾魅力的一個。

對於黎萬強去矽谷閉關的目的，小米內部守口如瓶，雷軍在小米內部會上表示：「請允許我先保密。」黎萬強則表示要去矽谷為小米下一個產品做準備。

後來的事實證明，黎萬強更像是去美國解決自己的中年危機。2015 年 8 月，他以舉辦攝影展的方式宣布回歸，言語哽咽：「我會在今年年底回歸小米。」他將這段時光的主題確定為「阿黎離開小米這一年」，實際上，用「小米離開阿黎這一年」來定義更為準確。過去一年間，小米和整個行業都發生了天翻地覆的變化，他感慨道：「以前用十天時間做一件事情，現在只給你三天時間，資訊傳播面臨很大的挑戰。小米今年目標是 8,000 萬～ 1 億臺，我們的品牌需要進化，以前的玩法需要升級，需要嘗試新的東西、新的管道。」

至於回歸之後具體做什麼，黎萬強無可奉告。而當初短暫離開和宣布回歸的真實原因，外界已無緣知曉。在攝影展將近結束時，黎萬強感動地說：「感謝我的老大、我的老師。」話音剛落，他眼中含淚，走向雷軍。頓時，周圍掌聲雷動。或許，我們想知道的答案就藏在這些細膩深沉的感動之中。

小米確實在發生變化。雷軍在 2014 年末接受《財經》雜誌採訪時表示，小米的生態包括三層，「第一層是智慧硬體生態鏈；第二層是內容產業生態鏈；第三層是雲端服務。在硬體生態鏈中我們投

資了硬體創業公司；在內容生態鏈我們請來陳彤，投資了優酷和愛奇藝；在雲端服務中，我們投資了金山和世紀互聯。」

談到未來挑戰的時候，他首先將智慧手機的技術問題和專利問題放在重要的位置。整個智慧手機的工業都有很多難題，現在處於整個技術的瓶頸期，比如電子和電芯技術，這是整個消費電子最慢的，不僅要解決技術創新，還要解決可靠性和量產問題，不容易。

另外，專利戰是小米的成人禮。小米 2015 年計畫申請 1,300 項專利，「其中 300 項國際發明專利，現在關鍵是時間太短。我們最需要的就是時間，我們要把發明想法變成專利，才能在這一輪競爭中持有門票。5 ～ 10 年，專利戰是遊戲規則的一部分。」

由此來看，雷軍緊急部署的工作包括四個方面：

一、做出智慧硬體生態鏈的大武器，在智慧家居掌握核心優勢；

二、在內容產業鏈方面有所作為，成為行業中的領先者；

三、在雲端服務方面追趕 BAT，進入第一集團；

四、解決缺乏核心技術和缺乏專利的問題。

進一步看，內容生態鏈方面，由於陳彤的加盟和大筆現金投入，很有希望在短時間內獲得成效；雲端服務方面，技術層面背靠金山和世紀互聯，採集層面則需要整個生態的支援；核心技術和專利方面，雷軍正在積極運作高通大中華區總裁高翔的加盟。唯一還沒有可靠保障的，便是智慧生態鏈方面的核心優勢。儘管靠著投資和模式複製，小米已與眾多初創公司結成聯盟，並成功和美的聯姻，但要說具備建立智慧家居標準，小米還顯得底氣不足，因此，黎萬強遠走矽谷最有可能的動機，便是尋找足夠引爆智慧家居的核心技術。

在決定從零開始、修煉內功的同時，小米也開始嘗試以另一種姿態出現在世人面前。小米 NOTE 的定位便是一個強烈的信號。2015 年 1 月 15 日，小米在北京國家會議中心舉辦重量級旗艦產品發布會，發布了小米 NOTE。小米 NOTE 傳承了小米的一貫理念，採用頂尖配置：高通驍龍 810 8 核 64 位處理器，2K 高清屏，4GB LPDDR4 記憶體 +64GB 快閃記憶體。值得注意的是其定價：標配版（16G）2,299 元，（64G）2,799 元，頂配版 3,299 元。小米頭戴式耳機 499 元、小米小盒子 199 元。

還是穿著襯衫牛仔的雷軍，但小米手機的定價卻史無前例地突破了 1 千。關於為什麼做高端機，雷軍回答：「因為我們的使用者需要。」事實上，小米也需要用高端機擺脫低姿態。

正是如此，小米 NOTE 一改雷軍「無設計就是最好的設計」理念，採用了雙曲面玻璃設計，外觀時尚、美觀。會議現場的一位重量級嘉賓，更成為小米調整姿態的注解：時尚集團總裁蘇芒一襲紅粉套裝，雷軍在現場拿著小米 NOTE 與她合影。對於這張合影，小米聯合創始人王川則調侃：「蘇芒要幫助我們 IT 粉絲更時尚啊！」一句話道出了小米 NOTE 背後的意義。

小米手機在 2014 年出貨量超過了 6,000 萬，入口布局已接近完成。但是，小米手機給人低端、廉價的印象卻急需改觀。另一方面，小米手機平庸的外觀，給人缺乏技術創新的印象。面對競爭對手的圍追堵截，小米需要以高端產品重新樹立品牌形象。

媒體的反應也印證了小米 NOTE 帶來的改變。小米 NOTE 不僅霸占了科技媒體的頭條，也引起了財經乃至時尚媒體的關注，國外

媒體也紛紛發布報導。《華爾街日報》發布了一則短消息——《小米發布了一部更薄更輕的手機》。《紐約時報》的標題則更誇張——《小米 NOTE，劍指 iPhone 6 Plus》。《紐約時報》引用移動設備製造商分析師布瑞恩‧布雷爾的分析稱：「在中國，小米已經和蘋果類似，成為一個受尊敬的品牌。」

　　商場如戰場，對手會緊盯你的每一個動作，如影隨形，步步緊逼。小米 NOTE 剛剛預熱，華為終端公司董事長余承東就開炮了。

小米帶活了整個行業

　　小米 NOTE 發布剛滿一周，1 月 22 日下午，正在流覽微博、與網友互動的雷軍被余承東更新的一則微博弄得哭笑不得。

　　余承東在微博中稱：「最近看到一些公司手機開始使用 2K 解析度螢幕，我想告訴大家的是，對於 6 英吋以下，人眼幾乎無法區分 1080P 和 2K，而 2K 屏造成手機功耗很大，電池續航能力很弱，最近試用 MX4 Pro 和 NOTE4 等，電池續航能力太差了，體驗很差！看到小米 NOTE 僅 3000mAh 電池 5.7 英吋 2K 屏，我想告訴大家的是，電池續航能力一定很糟糕！」

　　雷軍馬上轉發並回復：「小米 NOTE 讓老余急了！」

　　短短一句話，徹底引發口水戰，一系列關於 2K 屏和 1080P 屏的思辨在余承東的微博上迅速更新，技術出身的小米聯合創始人林斌也加入到口水戰中，網友則樂得圍觀。

　　這已經不是小米第一次與手機行業的競爭對手貼身肉搏。2013年9月，隱退已久的黃章重新出山，他號令江湖的方式是向雷軍開炮。用雷軍的說法，他在網路上罵了我們很多的內容、用了侮辱性的詞、而且他也罵了我們用戶。一直以來，小米對於魅族的攻擊不予回應，有些不屑的意味。而且，我們遇到的痛苦就是，糾纏你，罵你，侮辱你，好，你回應，就在幫他 Marketing（行銷），你不回應，你又很難受。這一次，雷軍決定回應，打算公布與黃章之間交往的短信、郵件，雷軍說黃章後來找到朋友說情，他就把所有辱罵的東西都刪了。

　　對於黃章這個人，雷軍在接受《人物》雜誌採訪時有過一大段評價：「我覺得黃章是中國這個社會裡少有，草根創業很成功的人，這點值得整個社會用一種更寬廣的胸懷和愛護的眼光去看待。剛認識他的時候，我還是覺得他挺了不起的，初中畢業，教育程度並不高，而且從廚師做起，能做到這樣的事業（實在不易）。可能他做的事情，如果你受過良好的教育，有很多資源，你可能不會覺得他做得有多好，但是你把前面這幾條加上去，我覺得還是蠻勵志的，我覺得這是他的長處。」不過，他話鋒一轉：「但是，我覺得他有他的局限性。」雷軍所說的局限性，應該包括黃章的批評言論和辱罵之詞。雷軍不願過多回應，只說了一句：「那都是他的一家之言。」儘管沒有公開證據，但小米還是推出一篇文章──《黃章到底教了雷軍什麼》。雷軍比黃章出道更早，而且雙方的交往也僅有幾個月時間，聊過幾次，「我們就問了一個問題：黃章到底教了什麼？」雷軍深信疾風知勁草，路遙知馬力，並斬釘截鐵地說：「雷軍的口

碑不是這一天，不是黃章一個人說了算的。」競爭的最大價值不是戰敗對手，而是發展自己，競爭者就是企業的磨刀石，讓你越磨越快，越磨越亮，所以雷軍會說：「歡迎大家跟我們學習，推動整個行業的互聯網化，這個互聯網化靠小米一家是不足以完成的。我們整體的目標是提供優質的產品，便宜、厚道的價錢，如果行業全都這樣子，這對中國的消費者是大好事，所以我們歡迎更多的華為站起來和我們一起推動行業的變革。我們要學習同行比我們做得好的地方，也是因為我們小米，才推動了華為的變革，這是好事。」

2014 年 3 月 18 日，在紅米 Note 開搶前一天，聯想手機官方微博發布消息：在樂粉俱樂部招募聯想天使用戶，將免費發放黃金鬥士 S8 給樂粉體驗。聯想透過預約和現貨的銷售，再加上試用體驗，來提升客戶的應用體驗。聯想有強悍的執行力、全面的營運體系和強勢的供應鏈管理能力，還有雄厚的市場資源和融資能力，對小米亦構成威脅。

面對華為、中興、聯想等老牌廠商的追擊，雷軍認為：小米和競爭對手最大的區別是，小米對手機的工具性更在乎流行功能，跟它們完全不是一個流派。他在微博上反覆強調要向老牌廠商學習，與老牌廠商共同進步，而且姿態很高：「華為榮耀也好，其他品牌也好，他們都打著學小米的旗幟，我覺得這就是小米對社會的貢獻，小米帶活整個行業，使消費者能夠買到更多又好又便宜的手機。」

樂視的賈躍亭就是新的挑戰者。2015 年 4 月 14 日，樂視在北京萬事達中心舉辦了主題為「打破邊界，生態化反」樂視超級手機發布會，發布會由久未露面的樂視董事長賈躍亭親自主持。樂視手

機的發布會，無論是盛大的宣傳、超高的關注度，還是產品發布過程中社會化媒體的同步轟炸，抑或是賈躍亭模仿賈伯斯的風格，都與小米手機發布會極其類似。

兩個多小時的演講中，賈躍亭用賈伯斯的穿衣風格對蘋果大肆抨擊，他從不同角度舉證樂視超越蘋果。他像雷軍一樣現場摔手機。與小米的發布會一樣，主持人的每一次停頓，都能得到全場熱烈的掌聲和尖叫回應。

儘管賈躍亭選擇性地忽略小米，幾乎所有的評論人士也心知肚明。樂視明指蘋果，暗鬥小米。賈躍亭聲稱樂視超級手機「無論是硬體和性能，還是做工和使用者體驗，都超越了競爭對手。」他還喊出了「絕不做低端的垃圾手機！」的口號，並向小米 NOTE 喊話：「不服 SOLO ！」在電子遊戲中，SOLO 即單挑的意思。

隨著小米實力與日俱增，互聯網行業已將其視為全民公敵，很多批評者指責：「手機不如華為，電視不如樂視，電商不如阿里、京東，雲端計算不如 BAT。」市場競爭的格局通常可以分為四種類型：市場領先者、挑戰者、追隨者或補缺者。在過去五年中，小米分飾過以上四種角色，儘管自始至終都以差異化樹立領先者形象，而且已經樹立領先者地位。只有各種類型的競爭中前後左右地圍追堵截、激烈競爭，才會不斷推動小米不斷創新。

小米還在路上，還要花很長時間不斷調整戰略，完善生態。雷軍也還在路上，他的競爭對手其實是他自己，他要實現的成功，就是超越自己。

從 TABLE 到 ATM

按照雷軍的戰略規劃和產業布局，小米未來的真正對手，並非聯想、華為、中興、魅族，甚至不是蘋果、三星，而是阿里巴巴、騰訊、百度、360 這類互聯網巨頭。這是一場更為持久而艱鉅的競爭，雷軍未必有勝算。

一直以來，中國互聯網行業流傳一個說法：第一陣營是一張桌子——TABLE。T 是指騰訊，A 指阿里巴巴，B 指百度，L 是指以雷軍為代表的雷軍系，E 則指奇虎 360 創始人周鴻禕為代表的周鴻禕系。可以說中國當下的互聯網已經被這張桌子上的五個人牢牢掌控，他們對中國互聯網的發展有著非同尋常的影響。

騰訊毫無疑問地坐在這張 TABLE 的頭把交椅，經過 11 年的發展，這個曾險些成為雷軍囊中之物的小企鵝現在已經成長為一個巨無霸，同時它也被人們當作了互聯網行業的公敵，甚至還有「騰訊過處，寸草不生」的說法。現在騰訊已經從當初那款小小的即時通訊軟體，發展成擁有門戶網站、遊戲平臺、大型社區、線上交易等諸多功能的大型綜合性網站，與此同時，它的觸角還伸到了互聯網的各個角落，聊天室、音樂、郵箱、影音，可以說只有你想不到的，沒有騰訊做不到的。

對於騰訊，雷軍的感情是相當複雜的。1999 年，這款通訊軟體剛剛誕生時，面對當時巨大的財政壓力，馬化騰曾一度找到金山希望他們能夠收購 QQ，但是雷軍卻拒絕了馬化騰。時至今日，這依然是雷軍最不願意回首的一段往事。現如今風水輪流轉，為了對抗 360

在安全領域對自己的威脅，騰訊於 2011 年 7 月 6 日，斥資 8.92 億港元購買了金山 15.68％的股權，成為金山的大股東。

騰訊之所以能夠入主金山與求伯君的離開密切相關。在經歷了互聯網大戰之後，求伯君心力交瘁，一心想離開金山養老。為了能夠找到合適的股東，求伯君找來了騰訊。雷軍知道這個消息後，曾建議求伯君三思而後行，他甚至幾次要求求伯君在兩年內凍結股份，以確保自己的大股東地位，但是求伯君去意已決。雷軍最終也無法阻止創始人在準備退休時把自己的股份套現。就這樣，騰訊成了金山的大股東，作為最大的個人股東雷軍，在求伯君和張旋龍的一再邀請下重新掌舵金山。

與騰訊之間的恩怨情仇，雷軍現在已經說不清道不明。在金山層面，騰訊已經成為戰略合作夥伴，但是從小米公司的角度來說，兩家又是競爭對手，米聊和微信在市場上短兵相接，結果米聊戰敗，雷軍被迫做出戰略調整。

阿里巴巴似乎還沒有它旗下的淘寶以及支付寶名頭響亮，但是它卻是中國互聯網購物平臺真正的大佬。2012 年 11 月 11 日，淘寶掀起的雙 11 購物節，成了網民的狂歡節，當天淘寶成交額達到 191 億，僅此便可看出阿里巴巴的雄厚實力。不過讓人略感欣慰的是，馬雲似乎並沒有打算把自己做成下一個騰訊，近十年來他們一直都專注於一件事——電子商務。

百度是中國互聯網的又一杆大旗，在中文搜索領域，李彥宏帶領著他的百度大軍橫掃千軍，在國際市場上更是與谷歌分庭抗禮。與騰訊的無所不能相比，百度還算相對內斂，並沒有把觸角伸向各

個領域，但是這並不意味著百度滿足於現狀，不思進取，事實上，他們也在想方設法地擴充自己的領土。

周鴻禕自不必說，他天生就是一個鬥士，他不僅與中國互聯網TABLE 上的其他四位都有過交手，還幾乎和所有的互聯網巨頭都戰鬥過，毫不誇張地說，周鴻禕的戰爭史就是一部中國互聯網發展史。周鴻禕逐漸在南征北戰中成為戰爭之王，360 的產品卻隨戰火在使用者電腦或手機介面成燎原之勢，流覽器、防毒軟體、安全衛士、安全桌面、雲盤、壓縮、遊戲、網盾……只要上網就會使用。儘管競爭對手的正面打擊和聯合封殺從未間斷，可周鴻禕卻越戰越強，奇虎 360 如茂盛瘋長的野草，野火燒不盡，春風吹又生。在 2010 年之前的許多年裡，TABLE 格局穩定，無人撼動，BAT 三強在各自擅長領域已形成壟斷態勢。不過，隨著移動互聯網時代的到來和智慧手機的普及，中國互聯網行業格局正在發生微妙變化，危機感籠罩在每位行業大佬的頭頂，仿佛隨時都有滅頂之災，紛紛透過並購、結盟構築護城河，搭建平臺，打造生態系統。

雷軍憑藉其在投資領域的多年累積後來居上，透過手機、電視、路由器乃至汽車等硬體產品，整合雷軍系內外的互聯網軟體和應用服務，像阿里系、騰訊系、百度系一樣進入大眾生活，搭建一整套服務體系，打造一個互聯網超級帝國。正因如此，周鴻禕才會在 2014 年 3 月底感慨：「今明兩年小米市值超越 B（百度），後年基本追到 A（阿里巴巴）的千億量級，最有機會 PK 企鵝（騰訊），將來的互聯網格局不再是 BAT，而是 ATM。傳統手機廠商不僅不具備基因，也不具備競爭的核心資源。而互聯網公司確實又缺少做硬體的基因。」

　　周鴻禕的說法不只是對眼中釘百度的貶斥，也不完全是對老鄉雷軍的奉承。在過去兩三年裡，小米發展速度令人驚詫。2015 年 1 月 4 日，新年第一個工作日的早上八點，小米的員工還沒上班，小米創始人、董事長雷軍就在微博和微信上公布了 2014 年的年度業績：2014 年，小米公司共銷售手機 6,112 萬臺，較 2013 年的 1,870 萬臺增長 227%；含稅銷售額 743 億元，較 2013 年的 316 億元增長 135%。6,112 萬臺的手機銷量，意味著小米超額完成此前設定的 6,000 萬臺的目標。

　　更早之前，在 2014 年 7 月 22 日的小米 4 發布會上，雷軍公布過去三年各款手機的銷量資料：小米 1 系列 790 萬臺，小米 2 系列 1,740 萬臺，小米 3 1,050 萬臺，紅米 1,800 萬臺，紅米 Note 356 萬臺，總共銷量 5,736 萬臺。8 月 5 日，市場研究分析公司 Canalys 公布的資料顯示，小米智慧手機第二季度出貨量為 1,500 萬臺，與 2013 年相比，同比增長 240%，首次擊敗三星成為中國市場的第一名。

　　早在 2010 年底，小米融資 4,100 萬美元，估值 2.5 億美元。2011 年 10 月，小米拿到 9,000 萬美元融資，估值達 10 億美元，實現這個目標谷歌花了七年，Facebook 花了六年，小米只用了一年半。到 2013 年 8 月，小米估值已達 100 億美元。2014 年底，小米估值達到 450 億美元。千億美金市值的目標，看來也只是時間問題。

　　從 TABLE 到 BAT 再到 ATM，中國互聯網行業正步入新的時代。

雷軍系

聯想集團創始人柳傳志曾說：「看畫，退到更遠的距離，才能看得清楚。畫油畫的時候，離得很近，黑和白是什麼意思都分不清楚；退得遠點，能明白黑是為了襯托白；再遠點，才能知道整個畫的意思。」同樣，研究小米，也需要跳出小米公司來觀察。

其實，在小米的大幕之外，雷軍已編織起一張巨大的投資網路，儘管他本人並不認同這個說法：「讓大家很失望，根本就沒有什麼雷軍系。這絕對是競爭對手給我使出的秘密武器──捧殺。」他曾經多次在公開場合解釋：「我的確投資了不少企業，但那純粹是因為興趣所在，朋友之間相互幫忙而已，這些企業都不歸我控制的。或許他們會尊重我的意見，但這不能證明雷軍系的存在。」雖然雷軍在極力否認雷軍系的說法，但它卻實實在在存在著，在互聯網行業幾乎人所共知。

雷軍系榜首是金山軟體──雷軍為之奮鬥 22 年的公司，貫穿整個職場生涯。作為上市公司，金山軟體市值超過 30 億美元，雷軍是董事會主席及非執行董事，實際控制人，個人及全資子公司持有 26.9％的股份。

其次是獵豹移動，2014 年 5 月 9 日登陸納斯達克，收盤市值 19.71 億美元。雷軍擔任董事長兼董事，實際控制人，持有 4.7％的 A 類普通股和 54.1％的 B 類普通股，共擁有 53.5％的投票權。

第三家是歡聚時代。2012 年 11 月 22 日登陸納斯達克，如今市值接近 20 億美元。雷軍為歡聚時代董事長兼董事，實際控制人，持有 44.8％的 B 類普通股，擁有 38.8％的投票權。

第四家是迅雷。2014 年 6 月 24 日登陸納斯達克，市值約為 10.34 億美元。雷軍擔任迅雷董事長，小米風投持股 28.8％，金山軟體持股 13％，兩家合計持股高達 41.8％，雷軍無疑為實際控制人。

以上四家公司是雷軍系已經上市的企業。緊隨其後，最受關注的毫無疑問是小米公司，這也是雷軍系最核心、最重要的產業支柱，2014 年 3 月估值 300 億美元，雷軍的目標是達到千億美元級別。雷軍擔任小米科技董事長兼 CEO，雖然持股情況並未公開，但控制人地位非他莫屬。

除此之外，雷軍系還有很多公司。2007 年 10 月 16 日，金山在香港上市之後，雷軍選擇黯然離去（2011 年 7 月重回金山擔任董事長），開始退休生活。在此後三年內，他一口氣投資凡客、樂淘、拉卡拉、UCweb、可牛等 17 家公司，其中有 11 家從零開始，涵蓋移動互聯網、電子商務和社交三大領域，市場估值數百億美元，三年修行，雷軍已成為中國最成功的天使投資人之一。

2011 年，雷軍創辦獨立的互聯網創業投資基金順為基金，取順勢而為之意，一期募資 2.25 億美元，二期募資規模達到 3.15 億美元，投資了無憂英語、阿姨幫、雷鋒網、載樂、丁香園、微聚等近 20 家互聯網公司。涵蓋線上教育、移動電商、醫藥垂直平臺、本地生活服務、社交等熱門領域，作為創始合夥人兼董事長，投資方向和領域都由雷軍掌控大局。

　　雷軍從小就喜歡下圍棋，深諳落子布局之道。在感慨雷軍的投資眼光和財富增速之餘，更令人震撼的是雷軍系正在下一盤大棋，棋局核心就是小米。圍繞小米的戰略布局，金山軟體、獵豹移動、歡聚時代、雷鋒網、樂淘、迅雷等都可能成為小米流量入口、應用軟體、增值服務的棋子，當然，這些關聯公司也有可能被雷軍系新的、更強大的軟體或服務排擠出局。在某種程度上，即使小米本身不賺錢，靠系統內的業務支撐也能實現贏利，看不到這一點，盲目學習小米方法，只能學到皮毛。

　　透過小米這個互聯網平臺進行產品行銷，已經成為雷軍系的一種常用手法，比如金山。如果你是一個網路遊戲的玩家，同時又恰好鍾愛小米手機，那麼當你進入金山網路玩遊戲時，你的兩個願望很有可能被同時滿足，因為金山幾乎所有的網遊都設有大獎，這些獎品無一例外的是小米手機。資料顯示，在過去一年多的時間裡金山公司先後斥資 800 萬元購買小米手機及其配件。這是一舉兩得的事情，既擴大了金山遊戲的影響力，又幫助小米手機擴大了知名度，同時小米粉絲也進一步擴大了金山網遊的受眾。

　　作為移動互聯網的載體，當用戶打開小米手機時，將會看到凡客、樂淘、UCweb、多玩遊戲、多看影片等等應用，小米手機就這樣為雷軍系提供最便捷的推廣服務，而它們也為小米構建了一個包羅萬象的應用服務陣容，由此對其他企業或者應用開發者起到模範效應，當它們加盟小米平臺生態中時，用戶只需一部小米手機就可以解決上網、穿衣、吃飯、娛樂等一系列問題。從手機硬體做起，逐漸開始觸及周邊產品的開發，當小米手機能夠為用戶提供上面提到的所有服務時，小米將構建起一個真正的移動互聯王國。

當人們評論雷軍系成為繼騰訊、百度、阿里巴巴系之後中國互聯網第四股力量時，周鴻禕 ATM 的論斷則更大膽直接。如今，平臺和生態已成為互聯網行業最火熱的概念，李彥宏、馬雲、馬化騰都在為此奔波忙碌，雷軍搭建系統的優勢在於，他手握小米——硬體支撐這枚關鍵棋子，以小米為核心的雷軍系統之價值和未來充滿無限想像空間。

只有看透整個雷軍系的布局，才能理解小米戰略，讀懂創業之初那句話：「小米是我不能輸的一件事，我無數次想過怎麼輸，但要真是輸了，我這輩子就踏實了。」對於雷軍而言，小米是他自我證明的機會。而且，小米承載著他少年時做一家偉大的公司的夢想，只有小米能黏合並撐起千億美元的雷軍系，實現理想。

雷軍系背後，其實是雷軍在互聯網行業闖蕩 20 多年累積的深厚人脈。雷軍的風險投資並無明確的資本布局、催熟、變現意圖，他自稱是幫朋友、幫忙不添亂，但颱風來時，卻能迅速聚集並形成一股強大勢能。從金山、卓越到小米，雷軍的職業生涯其實充滿糾結和遺憾，也有起落和浮沉，作為出道最早的互聯網創業者，雷軍並非最成功的一位，但是，他身上總有一股讓志同道合者追隨的魅力。

雷軍總結說：「商業上的成功最重要是像毛主席講的，把朋友變得多多的，把敵人變得少少的。」

夢想的力量

2015 年 6 月的最後一天，華為和魅族不約而同地發布了新產品，手機圈內一片沸騰。就在兩者爭執不下的時候，小米悄然披露上半年手機銷量：3,470 萬臺，同比增長 33 ％。按照這樣的資料，小米在 2015 年應該不難達到年初定下的目標：手機銷售 8,000 萬到 1 億臺。在風口浪尖五年之後，小米仍舊穩穩走在前進的道路上。

在過去幾年，小米模式幾乎成為成功的代名詞，互聯網思維、口碑行銷、風口、互聯網＋這些名詞伴隨著小米的飛速發展，被人們反覆研究。

一波又一波製造業的企業家到小米參觀，甚至連雷軍最尊敬的柳傳志都表示小米值得尊敬，並稱要學習小米的行銷方法。

甚至連房地產也和小米搭上了關係，碧桂園集團董事局主席楊國強與小米創始人雷軍兩度會面，其行銷手法也與之前大不一樣，推出了全民行銷平臺。

雷軍最引以為傲的便是改造中國製造業，他說：「小米式創新，不只是小米一家公司的創新，可能是所有中國製造業的創新：過去三十年，中國製造業的推動力是人口紅利，低成本，低價格；小米模式則證明了，運用互聯網思維，以互聯網技術為基礎，依靠新的商業運營模式，再加上創新式的產品模式，中國製造業將會出現巨大的『創新紅利』空間。與人口紅利相比，創新紅利的空間更大，更持久，更健康。」當然，小米最核心的競爭力是戰略，產品、行銷、技術，這些都可以在很短時間內被學會，但戰略布局則是小米最不

易被模仿的強大之處。按照雷軍的描述，小米整個戰略由三個生態圈構成。

第一個圈是移動互聯生態圈。MIUI 在小米設備上創建了生態圈，作為一個入口整合其他應用軟體。最傳統的方式是做應用商店，截至 2014 年年底，小米應用商店分發總量已達到 50 億次，小米消息推送次數也影響上億終端。而雷軍絕不僅僅是劍指軟體分發，移動支付、協力廠商帳戶登錄，以及互聯網影片內容也已開始布局。小米與協力廠商公司合作，最終是打造從發現消費者需求到完成消費者需求的完整移動閉環。

第二個圈是智慧終端機生態圈。小米將以手機、路由器、電視作為核心，整合家居場景。美的加上小米投資的智慧硬體公司，有足夠的終端。假如小米能夠在智慧家居場景中，完成設備的互聯互通標準以及內部軟體協定的統一，必然有更多的智慧家居終端加入其中。從智慧家居延伸到辦公室再延伸到各種生活場景中去。

第三個圈是小米互聯網平臺。幾乎是所有人都忽略了小米的電商平臺，但是不要忘了，小米剛剛在其電商平臺上僅僅用 12 個小時便銷售了 211 萬臺手機，銷售總額達 20.8 億。小米平臺的行動電源、插座、體重計等物品供不應求。當然，互聯網方面，還有雷軍並未講透的雲端服務和大資料。

雷軍將未來五年的規劃稱作是對這三個圈的完善和優化，在他看來，如果每個方向都實現目標，那麼小米就成功了。

6 月 28 日，雷軍受邀回到夢想的起點——武漢大學，他要去參加武漢大學畢業典禮，為學弟學妹們做一場演講。故地重遊的雷軍

感慨萬千，大學時代的一幕幕又重新浮現在眼前，他勤奮讀書的樣子，創辦三色公司的樣子，他搬著小板凳參加畢業典禮的樣子……

雷軍格外重視這場演講，已經習慣了休閒著裝的他，重新穿上純白色的正裝襯衫，面對著整齊坐在台下的熱情的後輩們，他將演講內容歸結為一個主題——夢想。他說：「為什麼在這裡談夢想，這是因為回顧我過去走過的路，在我的人生中，我最難忘的就是武漢大學，因為武漢大學在我的人生歷程中起著不可磨滅的作用。」

他講到了《矽谷之火》，談及在武漢大學的修學經歷，並將成功歸結為對於夢想的確立：「我覺得最大的不一樣是我比他們更早地確立了人生的夢想，並且付出了實踐。這就是我給大家的第一個建議，要永遠相信夢想的力量。今天，大家即將走上人生的征程，儘早地確立夢想和目標，並且儘早地去付諸行動，我覺得這是人生的開始。」然後，雷軍感同身受地講到對於夢想的堅持，他想到三色公司創業的失敗經歷，想到在金山的艱苦奮鬥，想到小米起步時候的各種磨難：有夢想很容易，去實踐夢想也很容易，但是堅持夢想很難。你今天能堅持，五年後還能堅持嗎，十年後二十年後還能堅持嗎？

面對莘莘學子充滿仰視的目光，他毫無保留地分享小米五年來創業維艱的心路歷程：「我自己參與了金山軟體的創辦，深知創業的艱難，那是什麼啟發我退休以後再創業的呢？是在我快 40 歲的時候，有天晚上做夢醒來，覺得自己好像離夢想漸行漸遠，我問我自己是否有勇氣再來一回。其實這個問題很難回答，我想了半年多的時間才下定決心，不管這次創業成功與否，我不能讓人生充滿遺憾。

我一定要去試一下，看自己能不能創辦一家世界級的技術公司，做一件造福世界上每一個人的事情，所以我下定決心要做這件事情。」演講結束後，雷軍被潮水般的學生們圍了起來，他們請求與雷軍合影，詢問各種各樣的問題，雷軍耐心且熱情地和學弟學妹們合影、聊天。在互動的空檔，他竟有一瞬間的恍惚，仿佛又回到了大學時代，又回到了三色公司結束時回歸校園的那一天。那天，他走在陽光明媚的武大櫻花路上，心情輕鬆卻又有點落寞，那時時間大把大把可以揮霍，夢想似乎遙不可及，他穿過櫻花大道，消失在通往宿舍樓的拐角處。

時至今日，雷軍的影響力早已超出武大、湖北乃至中國，成為這個星球上最受追捧的企業家之一。他正無限接近 18 歲那年的夢想，也有可能陷入失敗的泥潭，關鍵在於他對成敗興衰的態度。雷軍曾說過一句充滿勵志意味的話：「只有死過三次的公司才算真正成功，燒不死的鳥才是鳳凰。」而對於成功，他也有獨到見解：「成功是不可以複製的，做自己喜歡做的事情，就一定會成功。」

小米被雷軍定義為人生中最後一件事情，以他不死鳥的精神，終將實現理想。經歷過沉浮起落，雷軍固然追求成功的結果，但更享受過程，他說：「每個人眼裡的成功都不一樣。我認為，成功不是別人覺得你成功就是成功，成功是一種內心深處的自我感受。我不認為自己是成功者，也不認為自己是失敗者，我只是在追求內心的一些東西，在路上！」

CHAPTER 13

突出重圍

Are you OK？

2014 年，小米銷售 6,112 萬臺手機，比預售目標多出 112 萬臺，較 2013 年增長 227％。2015 年 1 月 4 日，新年度首個工作日的上午 8 點，雷軍在《去到別人連夢想都未曾抵達的地方》的致辭中公布了這份業績。

「小米能不能持續快速發展？」儘管諸如此類的聲音不絕於耳，但雷軍以獨有的自信證明小米模式一定可以持續和複製。2015 年 1 月 15 日，小米在北京國際會議中心召開旗艦產品發布會，小米 Note 雙網通版、小米 Note 頂配版、小米小盒子、小米頭戴式耳機四款新品隆重亮相，實現了雷軍所言「用全新的產品創新揭開 2015 年的序幕」。良好的發展勢頭讓他在 3 月兩會上自信地公布年度銷售計畫：「2015 年小米計畫銷售 8,000 萬到 1 億臺手機，營業規模預計在 1,000 億到 2,000 億人民幣之間。」

古羅馬小賽列克曾說：「對一艘盲目航行的船來說，任何方向的風都是逆風。」此時，經過五年高速發展，小米雖榮登智慧手機行業中國市場份額桂冠，卻如巨輪航行在險象環生的商海。任何風吹，都能引起船動。華為、OPPO、VIVO 等品牌奮起直追，攪活疲軟的智慧手機市場，又使得已經見頂的增長紅利捉襟見肘，此後小米公司重新將銷售目標調整至 8,000 萬臺。2015 年，高通驍龍 820 晶片遲遲不發布，準備採用該處理器的小米 5 只好被動延期，直到來年 2 月才發布。這使得 2015 年雙 11 雷軍非常被動，遭遇有史以來最艱難一戰。最終，小米 8,000 萬臺的銷售目標未能實現。

市場研究機構 IDC 資料顯示，2015 年中國智慧手機出貨量為 4.341 億臺，僅增長 2.5％。2015 年小米智慧手機出貨量為 6,490 萬臺，儘管市場占有率是 15％，依然位居第一，可離年度目標相去甚遠，位居第二的華為 6,290 萬臺的出貨量在與小米拉近差距。OPPO 出貨量為 3,530 萬臺，同比增長 36.2％，市場占有率 8.1％；VIVO 出貨量為 3,510 萬臺，同比增長 26.1％，市場占有率 8.1％（以上資料僅限於中國市場）。

此消彼長中，小米增長神話逐漸破滅。伴隨著銷量下滑，各種負面報導和批評聲音甚囂塵上。小米手機不再發燒了、小米產品節奏亂了，還有人對小米的經營理念提出質疑，認為小米就是個百貨公司，甚至有專業人士預測 5 年後小米肯定消失。

儘管 2015 年小米手機在中國市場銷量下滑，但在印度市場卻一片向好。第三季度小米手機在印度銷量超過 100 萬臺，環比增長 45％。印度不僅給了小米捷報，還誕生了具有雷軍身份標籤的雷軍之問──Are You OK？2015 年 4 月，在印度小米 4i 以及手環 Mi Band 發布上，雷軍給現場粉絲帶來免費小米手環和多彩腕帶，並詢問大家 Are you OK？現場氣氛歡樂無比。4 月 30 日，網友根據這次發布會的影片資料，剪輯編成一段神曲 Are You OK，並上傳網路，很快點擊量突破 1,000 萬，留言超過 8 萬條。坦白說，這段影片有調侃、嘲諷的意味，但雷軍早已習慣被抹黑，不以為意。

2016 年 1 月 15 日，雷軍在公司年會上發表內部談話時，開場就使用 Are you OK？然後自問自答：「說實話，我不 OK。過去一年我們過得實在太不容易。」雷軍說，年初小米制定 8,000 萬臺銷

售目標，而後所有工作都圍繞這個任務展開。在數位目標壓力之下，小米動作變形了，每個人臉上都一點一點失去笑容，內心有了心魔。回顧公司六年成長歷程後，雷軍說不要忘了當初為什麼出發，並拋棄單純的數位論，給 2016 年定下開心就好的戰略目標。

小米公司成立初期，雷軍不斷強調鐵人三項戰略，即從應用軟體到系統層面再到硬體，打造出一個完整的生態系統──軟體＋硬體＋互聯網服務。小米手機橫空出世時，小米模式被推崇備至，一度被稱為互聯網王道。競爭對手紛紛「畫素級模仿小米」，用小米模式與小米貼身肉搏，並依靠行銷狂轟濫炸趕超小米，小米該如何應對？

反觀華為、OPPO、VIVO 等品牌，都是兩手抓路線，一手抓線上經營，一手抓線下布局。2015 年，華為在中國範圍內的體驗店及專區專櫃數量已過萬，還啟動「千縣計畫」，深耕一線城市之外的市場。OPPO 線下門市已有 20 多萬家，而 VIVO 將 2016 年定為門市年，宣稱新開門市面積會有 100 萬平方公尺。小米線下實體店很弱，四線城市和縣城鄉鎮根本不知道小米。而遍布鄉鎮的 VIVO、OPPO 以及華為手機專賣店，趁機抓住縣級、鄉鎮市場的換機熱潮。

沒有線下支撐，小米線上走得很孤獨，也失去了爭奪手機市場份額的戰略緩衝地帶。深耕線上，跟著使用者走的行銷模式並沒有錯，可是在電商只占商品零售總額 10％的時候，就算 100％擁有線上資源，也只有 10％的市場。忽視 90％的線下市場，就算擁有再先進的銷售理念，也於事無補。

「開心就好！」放下心理包袱，2016 年 8,000 多位小米人給火熱的智慧手機市場 8,000 多個開心笑臉，可市場回饋還是冷若冰霜。無法遏制的下滑勢頭在 2016 年變得愈加慘烈，堪稱雪崩。IDC 統計資料表明，2016 年四個季度小米智慧手機出貨量同比分別下跌 32％、38.4％、42.3％、40.5％。全年出貨量 4,150 萬臺，同比下跌 36％，市場份額從 15％下降到 8.9％，跌落到第五位。前四位元銷量情況依次是：2016 年 OPPO 出貨量 7,840 萬臺，同比增長 122.2％，位列第一；華為出貨量 7,660 萬，同比增長 21.8％，位列第二；VIVO 出貨量 6,920 萬台，同比增長 96.9％，位元列第三（以上資料僅限於中國市場）。

從第一跌至第五，小米危險。有一位作者寫了一篇小米遭遇中年危機的文章，雷軍很不服氣。2017 年 9 月 11 日，在小米 MIX2 發布結束後，有記者問及這段銷售低谷時，雷軍揮舞著手臂說：「我其實不在乎銷量，但是那些米黑特別在意啊。很多人說我們跌出前五，跌出前五怎麼了？那也是跌出世界前五啊！世界第六怎麼了？你倒是告訴我，第六和第五有什麼差別？中國能有幾個企業成為世界第六？」

除了雷軍，沒有人能給出答案。

雷式三大法寶

「世界上沒有一家手機公司銷售下滑後，能夠成功逆轉，小米前途堪憂。」2016 年前後，有人如此唱衰小米。在出貨量和市場份額雙雙下跌的壓力之下，進入人生第四個本命年的雷軍和小米都被推入輿論旋渦之中。在籠罩著沉悶氣氛的五彩城辦公室裡，雷軍使出三大法寶，試圖力挽狂瀾。

線下布局是小米公司一大法寶。此前小米線下店充其量只是手機售後服務店，完全不具備零售功能。從 2016 年 2 月開始，這群新零售道路上的「小學生」開始奮起直追。位於公司總部樓下的五彩城 B1 門市是小米公司第一家線下店，具有試驗意義。它凝聚了公司線上線下同價等新零售思想，像種子一樣，寄託了小米公司 O2O 戰略收穫的希望。

線下布局時，小米公司借鑒了行業慣用的明星代言路線。一直以粉絲經濟、互聯網思維和用戶思維來行銷的小米此前從未請過明星代言。小米手機切入市場時，瞄準學生、職場新人等年輕群體，他們除了喜歡購物外，還對明星保持著與年紀相適應的熱情。於是，2016 年，梁朝偉、吳秀波、劉詩詩、劉昊然等多位明星幫小米代言。

到 2016 年底，小米之家開業 51 家，平均每平米營業額 26 萬元。2017 年 5 月 28 日，小米之家突破 100 家，四個月後的 9 月 27 日突破 200 家。2017 年 9 月 30 日，20 家門市同時開業。截至 2017 年 11 月底，全國 30 個省的 158 個城市共有 242 家小米門市。在中國布局同時，小米之家也開始瞄準國際市場，到 2017 年底共進駐 42 個國

家和地區，其中 12 個國家和地區的門市進入當地手機銷售量前五行列。小米之家業務總經理張劍慧介紹，這種追求品牌形象、注重用戶體驗和效率的門市，開一家紅一家。2017 年 10 月份，小米門市營業額突破 7.5 億元，而在雙 11 當天門店銷售額達 1.14 億元。按此速度，雷軍計畫 2019 年小米之家達到 1,000 家，每家營業額 1,000 萬元。

與線下開店相比，雷軍更擔心供應鏈體系。2016 年 5 月，他開始親自抓供應鏈體系建設。被稱為類 PC 生產的小米手機是按需定制模式。使用者通過網路下單後，小米通過供應鏈採購百餘個零部件進行組裝發貨。這些零部件採購時間長短不一，從零部件預訂到整機出庫至少需要三個月。由此可見供應鏈的戰略地位，輕則影響手機出廠，重則可能讓手機企業滑向深淵。

從誕生之日起，小米就存在供貨量不足的問題。大批網友抱怨小米手機產能太低，老是搶不到，搞饑餓行銷，這到底是行銷策略還是經營問題外界說法不一。據說，因為供應鏈原因，致使原定 2015 年發布的小米 5 錯過當年雙 11，拖到來年 2 月發布。而且，延遲發布以後產能不足的問題仍然沒有得到解決，導致小米 5 常常兩三個月買不到貨。有報導說，小米公司 2015 年沒能完成 8,000 萬臺的銷售目標，致使公司估值降低，主要問題在於供應鏈跟不上。

2016 年 5 月 18 日，小米公布一則內部人事調整資訊：「公司董事會決定，任命周光平博士擔任首席科學家，負責手機前沿技術研究。手機研發和供應鏈管理團隊改向雷軍本人直接彙報。本任命即日起生效。」人事調整兩個月後，雷軍才對外道出實情：當年有 3 個月供應鏈極度缺貨。

雷軍深知，手機行業的比拼已經從軟體服務到資源整合能力，對精細化管理和供應鏈整合提出更高要求。與蘋果、三星、華為相比，小米處於明顯劣勢。接過供應鏈重整的大旗後，雷軍組建專門的參謀規劃協調部門，重新規劃供應鏈體系。

2016 年 7 月，雷軍四度到訪三星總部，被傳是為修復與三星的關係。據說，在小米 5 發布前，三星半導體中國區一位高層管理與小米公司供應鏈團隊見面時，強勢的三星團隊沒有得到小米的好臉色，導致雙方發生激烈爭執，三星高層管理直接離席。結果，三星公司不給小米供貨。事後，雷軍用誠意緩和了雙方關係。

掌管供應鏈後的第 49 天，雷軍發布微博稱，「絕不辜負米粉期待，做高品質高性價比的產品，讓每個人都能享受科技的樂趣！」雷軍說到做到，他的確讓小米供應鏈得到不小改觀。一則資料可以印證，2016 年前 8 個月，新浪微博上罵小米耍猴的微博多達 40 頁，而 2017 年同期只有 15 頁。

提升產品力是雷軍的第三大法寶。互聯網思維只是工具，商業角逐終究要回到產品上面。在產品力提升環節，雷軍根據產品流程，設置創新、品質和交付三個命題。

雷軍曾說過：「我一直覺得小米酷的原因，是始終堅持技術創新。」小米公司對創新給予足夠重視，即便處於低谷時，對科技和研發投入也是有增無減。創新不一定能逆轉公司局面，但不創新一定逆轉不了。2016 年，小米推出第一代 MIX 全面屏和全陶瓷手機，獲得全球三大設計獎項之一的美國工業設計大獎的金獎。在該獎三十多年歷史裡，得到設計金獎的手機產品只有兩款，除小米 MIX

之外，便是蘋果第一代手機。這一年，小米在全球範圍內共申請
7,071 項發明專利。次年 2 月發布的手機晶片，標誌著小米成為全球
第四家擁有自主研發能力的手機公司。而在最新 BCG（波士頓諮詢）
評選全球最具創新能力的 50 家公司裡，中國只有小米和華為入選。

如果說創新給了小米逆轉的翅膀，而品質則給了小米逆轉的勇
氣和力量。雷軍在多個場合表示，小米模式，品質是前提，失去了
品質談性價比沒有價值。為此，雷軍率頭組成品質委員會，制定詳
細卻確實的品質行動綱要，並組建品質辦公室專門監督。守住產品
品質，就是守住口碑，即使眼前銷量不佳，依然具有絕地反擊的機
會和力量。

在創新和品質護衛下，小米公司努力擺脫低端的品牌形象。
2016 年 2 月 24 日發布的小米 5 的售價比以往提高 40％，2017 年 4
月發布的小米 6 定價 2,999 元，這些都是小米向中高端手機挺進的
嘗試。除紅米繼續占領低端市場，小米將通過旗艦系列、NOTE 系
列和 MIX 系列滲透中高端手機市場。

2017 年 7 月，雷軍的一封公開信打消了合作夥伴心頭的疑慮。
信中，雷軍公布第二季度成績單：2,316 萬臺出貨量，環比增長 70％，
重返世界前五，創下小米的歷史最高紀錄。此後在一次新品發布會
上，雷軍自豪地說：「世界上沒有任何一家手機公司銷量下滑後，
還能夠成功逆轉，除了小米！」

雷軍曾榮獲影響中國 2016 年度經濟人物獎。在極富詩意的頒獎
詞裡，「成功企業家、知名投資人、永保熱情創業者」的身份和「代
表了互聯網經濟的未來」的定位，能不能準確定義雷軍都不要緊，
關鍵是小米成功突出重圍了。

優化內部管理

具有程式師式嚴謹氣質的雷軍，早在 20 世紀 90 年代掌管金山之時，就從員工著裝、辦公秩序等管理細節入手，推行一套獨具特色的精細化管理模式，就連請客吃飯也有步驟，他說：「要請到一個客人一定要花四次時間。提前一周至兩周先打電話跟人家說明，提前一周寄請柬或傳真，提前一天再跟人家說明，然後會面前半小時打電話確認。如果這樣還請不到的話，那個人就欠你一個天大人情，下次你打一次電話他一定會來。」

2016 年小米公司處於低谷時，雷軍對公司內部管理進行優化升級。雷軍深諳精細化管理之道，他首先想到的就是用精細化模式狠抓產品品質。他說：「傳統銷售模式出現問題，消費者回到店裡面換一個就完了。而現在，用戶會選擇在微博、朋友圈發布動態之後再投訴，因此對小米品質的要求必須遠遠高於傳統的要求。」為了配合改革，雷軍在手機部、供應鏈和小米網銷售團隊分別組織參謀規劃協調部門，協調整個產供銷體系進行聯合作戰，並對供應鏈管理、產品交付進行升級。對產品交付過程，雷軍要求如機器般精準。「手機交付環節太多，涉及 1,300 多個器件，不要說缺個螺絲釘，就算缺個標籤都不行，更別說印錯字母。」半年過後，雷軍在多個場合都對這次管理升級給予積極評價。

2016 年 10 月，小米員工突破 1 萬人，2017 年零售規模突破 1,000 億人民幣。專門研究過大型公司的組織結構後，雷軍深有感觸，「員工過萬公司，不推行精細化管理方式，壓力很大」。曾在某個

場合，雷軍毫不隱晦地講道，「一個公司從十幾個人成長到超過一萬人，天！到處漏水。」

在人員管理上，小米公司一直推崇人性化。他們信奉創業心態、喜歡理論，即員工如果有創業心態的話，自然會對所做事情極度喜歡，從而具有更大主動性。因此，雷軍以「技術強、責任心強、內心自我驅動」外加先進激勵機制進行人員遴選和管理，然後將所有精力用於研發、技術創新、產品和使用者互動方面。在這點上，小米客戶服務部門體會更明顯。

與傳統客服不同的是，小米以做產品的思想建立起一個自我驅動進步型的客戶服務體系。傳統的客服制度流程和方法論，甚至接起率、接通率等資料指標，在小米公司的服務理念裡站不穩腳跟。「重不重視服務，就看你重不重視對服務的投入。」比業內標準高20％～30％的人員薪酬、比傳統客服更好的辦公條件、和其他員工一樣的獎勵期權等機制，使得小米客服員工流失率低於5％，這在所有服務行業首屈一指。與此同時，小米公司對客服員工盡可能地放權。一個普通的客服都有許可權決定是否贈送顧客禮物或贈送何種禮物，而無需主管批准。這種管理邏輯，跟雷軍多次講過的海底撈員工送西瓜的故事有些相似。

小米公司獨樹一幟的去KPI化管理模式一度引起業界廣泛關注。不過，2017年3月，在接受採訪時，雷軍進行了反思，「傳統管理裡強調KPI，過於強調KPI有很多問題，沒有KPI也有很多問題。我覺得小米之前在管理上的創新走得有點過，今天在往回收，怎麼在中間找到平衡點，這是小米在實踐的東西。」至於這個平衡點，雷軍說估計要到2019年才能找到。

　　雷軍優化內部管理，還體現在公司高層人員的職位調整上。2016 年，為了重振小米，雷軍親自掛帥供應鏈管理，並提拔顏克勝、找來擁有供應鏈經驗的紫米科技創始人張峰分別負責研發和供應鏈，讓林斌大規模開展線下布局。與此同時，小米還對行銷模式進行調整。一改往日不打廣告的做法，在樓宇、戶外、交通樞紐、綜藝節目等多個管道進行廣告投放。這次調整效果明顯，一年之後的 2017 年 7 月，小米實現觸底反彈，2017 年第三季度，小米手機出貨量 2,760 萬臺，增速高達 102.6％，再次回歸世界前五的位置。

　　這一時期，媒體報導雷軍更加是一位「勞動楷模」。每天午飯時間就幾分鐘，密集的時候每天可以開十一個會。小米聯合創始人、高級副總裁王川曾說道，有一天晚上小米高管開完會已經是凌晨兩點，雷軍走出會議室看到外面放了兩份盒飯，就問其中一份是不是王川的，雷軍的助理解釋說：「雷總，這是你中午還沒來得及吃的。」小米創立之初，採用小團隊、扁平化管理模式。這種創始人——團隊負責人——員工的管理模式簡潔高效，順暢貫通，為小米打江山立下汗馬功勞。當小米公司員工過萬，產值跨千億，產品多維式發展，公司足跡遍布全球以後，這種組織架構已成為小米發展的障礙。

　　經過管理層反覆討論，2017 年 11 月小米進行了一次大的組織結構調整。小米告別物理性的三層架構，成立各種業務部。任命林斌為手機部總經理，直接向雷軍彙報；小米網改名為銷售與服務部，汪淩鳴副總裁兼任銷售與服務部總經理；品牌戰略官黎萬強，在專注公司品牌建設同時，還出任順為資本投資合夥人，強化小米和順為在投資領域的協同。智慧產品部併入生態鏈部，唐沐為生態鏈部

副總裁。此外，洪鋒、劉德、王川和祁燕出任公司高級副總裁。汪淩鳴曾擔任話機世界集團首屆董事、天語手機副總裁等職務，有供應鏈、行銷、零售等領域的管理經驗。據瞭解，雷軍引入汪淩鳴的主要原因之一，是看中他在終端管道的布局能力。

其中，只有 30 多歲的汪淩鳴和梁峰屬於十足少壯派，這意味著雷軍正在為小米儲備管理人才，給年輕高階主管更多的鍛煉機會。

從大船到艦隊

互聯網發展可以分為三個階段：傳統的 PC 互聯網、移動互聯網和萬物互聯的 IOT（Internet of Things）時代。比爾‧蓋茲 1995 年在《未來之路》一書中首次闡釋了物物互聯技術。此後隨著科技發展，這項技術 2013 年時已有問世苗頭。雷軍意識到智慧硬體和 IOT 市場爆發的前景，2014 年初安排聯合創始人劉德建立生態鏈部門。

關於小米的生態鏈戰略，劉德曾用竹林效應形象地表示，「傳統時代的企業更像一棵松樹，一長幾十年甚至上百年，但是如果遭遇重大打擊，百年的松樹也會一朝倒掉。而互聯網時代的企業則像竹子，一夜春雨就可以長出許多。但單棵竹子的生命週期很短，所以必須要形成一片竹林，根部相互蔓延，可以內部實現新陳代謝，反而更加穩定。而小米生態鏈計畫就是為了找竹筍。」雷軍給這個新成立的部門描繪出一個把企業從人船做成艦隊的願景，讓小米公司具有良好生態環境，讓更多人圍繞小米平臺提供更多產品和服務。

　　小米投資生態鏈公司奉行三個原則：小米投資生態鏈企業，但不對其控股，以保持初創團隊的戰鬥力和創新性；小米對生態鏈企業輸出生態鏈資源、產品方法論和小米價值觀；生態鏈企業還可以研發銷售自有品牌的產品。

　　華米科技是小米公司投資的第一家生態鏈公司。2014 年雷軍看好華米的一款智慧手錶後，決定合作，「讓華米成為可穿戴領域的小米」。2014 年 7 月 22 日，小米手環 1 代正式發布，三個月後銷量迅速突破 100 萬隻，成為年度行業級熱銷產品。此後華米陸續推出小米智慧體重計、小米體脂秤、多款小米手環等產品，成為全球最大的可穿戴設備廠商。2015 年、2016 年，華米來自小米及其關聯公司的收入分別為 8.729 億元人民幣、14.497 億元人民幣。2018 年 2 月，華米科技在美國紐約交易所上市，成為首家在美上市的小米生態鏈企業。雷軍透過微博表達祝賀：「華米成功赴美上市，是小米生態鏈模式的巨大勝利，它對小米繼續推動中國製造業的轉型升級意義重大。」

　　小米孵化的公司幾乎覆蓋全部智慧硬體領域，包括可穿戴設備、家用機器人、智慧家居、VR、車載硬體等。小米向被孵化企業輸出價值觀、方法論，利用小米自身的電商平臺、小米之家、供應商體系、品牌美譽度等資源提供支援，這對被投資的創業公司價值非凡。用股權和平臺捆綁一起的小米及其生態鏈企業，產生巨大經濟效益。

　　資料顯示，到 2016 年底，小米共投資 77 家智慧硬體生態鏈公司，其中 30 家發布產品，16 家年收入破億，3 家年收入破 10 億，4 家成為估值超過 10 億美金的獨角獸公司。2016 年智慧生態硬體收入

150 億元，連接超過 5,000 萬臺智慧設備。小米空氣清淨機銷售量突破 200 萬臺，到 2017 年 4 月初小米手環累計銷售 3,000 隻。小米行動電源累計銷量 5,500 萬臺，在十多個品類裡位列中國第一。

小米與生態鏈企業之間緊密關聯，彼此成就，在小米不斷發展壯大的門市裡尤其明顯。為了補課而迅速布局的小米之家，本是和華為、OPPO、VIVO 等門店一樣，只是建立線下銷售管道。如果沒有眾多智慧硬體產品助攻，小米之家與街邊巷尾無數手機店並無差別。裡面擺滿了手環、行動電源、平衡車、電動牙刷、掃地機器人等眾多生態鏈企業提供的硬體設備，讓小米之家變成了雷軍口中的智慧硬體領域的無印良品，格局一下子就大了。

據小米之家官方公布的資料，目前進店購買的顧客單人平均成交產品數為 2.6 個。假設小米之家有 20 ～ 30 個品項、200 ～ 300 種商品，所有品項每年更換一次，相當於使用者每半個月都會進店來買一些產品。雖然手機、行動電源、手環等是低頻率消費品，但所有低頻率加在一起就變成了高頻率。廠商年復一年花鉅資打廣告，試圖說服人們去購買手機，而小米卻能夠跳出這個思維，用硬體生態鏈方法切入市場。這種一兩百種乃至更多產品的豐富組合，具有超級黏著力，比那些用大牌明星代言、費盡心力的廣告更能黏住用戶的心。

當然，對於小米生態鏈戰略的成功，也不乏各種質疑的聲音。彭博社專欄作家蒂姆·庫爾潘長期以來就對小米持懷疑態度，他說：「小米公關人員喜歡為該公司龐大的產品目錄編造故事，他們大談生態系統效應，好證明小米不是一家普通的設備製造商。我並不買

帳。不是說你給一系列產品貼上聯網標籤，就可以打造一個智慧家居品牌了。」2017 年底，小米生態鏈拿出一張成績單，用數據反駁了諸如此類的評論。2017 年銷售額突破 200 億元人民幣，相較上一年銷售額實現 100％增長；手環、空氣淨化器、平衡車、行動電源、掃地機器人銷售量做到世界第一，整個公司獲得 145 項工業設計大獎，其中包括 IF 金獎、Good Design best 100、紅點 Best of the best 三大世界級設計大獎。

2017 年 11 月底，在首屆小米 IOT 開發者大會上，雷軍表示小米 IOT 平臺聯網設備超過 8,500 萬臺，日活設備超過 1,000 萬臺，合作夥伴超 400 家，已經成為全球最大的智慧硬體 IOT 平臺。「實業＋投資」的生態鏈商業模式已經成為小米的核心競爭力之一。顯而易見，小米正努力打造智慧手機之外的第二個家喻戶曉、數一數二的品類。雷軍興致勃勃地說：「我們透過手機為切入點，來實現我們的商業夢想，所以三年前我們開始生態鏈計畫，只要你產品做得好，就可以納入小米生態鏈。」

這有點像聯想控股之於聯想集團。聯想控股持有聯想集團 31.47％的股權，前者為控股母公司，後者為 IT 集團。2016 年聯想控股收入 3,070 億元，其中聯想集團的貢獻占 92％，達到 2,825.51 億元，過去幾年聯想控股 90％以上的收入都來自聯想集團。然而，2014 年聯想控股只有 40％的利潤來自聯想集團，2016 年這個比例下降為 27％。儘管聯想集團的收益會影響聯想控股的業績，但兩者之間不能完全畫等號。同樣，小米手機已不能完全代表小米，儘管在未來相

當長一段時間內小米手機仍為小米主業，但隨著小米智慧生態鏈範圍不斷擴大，小米手機對小米的影響力將逐漸減少。

到那時，小米才是雷軍心中想做成的小米，才真正走向成功。

國際化：我們的征途是星辰大海

小米的雄心不只是國內市場，雷軍早已布局海外。

作為一家科技企業，如果僅僅在中國有影響力，還不是真正的獨角獸企業，更談不上具有國際競爭力。早在 2013 年，小米就開始國際化布局。當年 10 月，原谷歌安卓業務高管雨果・巴拉出任小米副總裁，負責國際業務。2014 年 7 月，在中國如日中天的小米決定走出國門。作為全球發展最快的智慧手機消費市場，印度成為小米國際化第一站。

雖然小米南行印度之路上充斥著各種水土不服理論，但印度人敞開胸懷，迅速接納了小米。2014 年 7 月 15 日，小米印度公司召開發布會之後，7 月 22 日、7 月 29 日、8 月 5 日分三輪限時限量銷售小米 3 手機。首輪 10,000 臺手機 38 分 50 秒宣告售罄；第二輪 10,000 臺，5 秒宣布告罄；第三輪，備貨 15,000 臺，僅用 2 秒就宣告售罄，與之合作的電商網站也因流量過大而崩潰。極具競爭力的定價和品質，使小米在 2014 年第四季度就脫穎而出，取得印度智慧手機市場份額第五名，小米手機在印度還有個新名字——印度 mi。

　　然而，良好的發展勢頭在年底被愛立信起訴侵權的官司所打斷，雖然小米在上訴狀中展示了高通公司的授權檔後被法院解除禁令，但在印度市場的發展受到影響，2015 年跌出印度智慧手機市場份額前五名。

　　在這場困境中，小米團隊不僅表現出堅強意志，還展現出遠見卓識。經過一番論證，小米公司決定以支援印度製造方式切入印度市場，隨即與富士康公司合作，在印度設廠生產小米手機。有著印度李嘉誠之稱的印度最大商業集團——塔塔集團名譽主席拉坦‧塔塔也受邀投資了小米。

　　2015 年 7 月，第一部印度造小米手機問世後，便給印度小米市場注入了活力。2016 年第二季度起，小米在印度市場漸漸復蘇，第三季度重回印度智慧手機市場份額前五。此後，小米在印度的銷售業績一路高歌猛進，尤其是高性價比的紅米系列手機，即便在 2016 年低谷期也能按時傳來捷報。2016 年，小米印度公司的總收入為 13 億美元，淨利潤則為 2.5 億美元。

　　除了線上管道之外，小米在印度汲取了此前忽視線下的戰略失誤，透過與零售夥伴合作開設首選合夥店以及小米之家，加大線下市場投入力度。2017 年，小米手機在印度市場份額猛增至 23.5%，與獨霸印度手機市場多年的三星手機並列第一。根據 IDC 統計，2018 年第一季度小米手機市場份額達到 30.3%，連續三個季度成為印度第一，被稱為印度的蘋果。

　　小米手機在印度市場非常熱門，成為熱門話題。小米印度公司總經理馬努‧賈殷深諳小米之道，在接受印度各大媒體採訪時，諸

如「我們是印度用時最短達到年銷售額 10 億美金的公司」、「小米不僅是手機公司，而是一家互聯網公司」、「過去 15 年來，從來沒有哪一家偉大的公司是靠行銷宣傳實現」等等表述，與小米在國內的話語表述體系高度一致。如今被提升為小米國際部副總裁的馬努‧賈殷，在印度上層社會非常活躍，據說 2018 年 3 月雷軍受到印度總理莫迪接見就出自他的手筆。

小米在印度的成功進一步證明了小米模式的普適性，也為小米繼續向全球進軍提供了樣本。東南亞的印尼有著近 3 億人口，極具市場潛力。進入印尼後小米發展很快，2017 年第一季度出貨量為 170 萬台，市場份額為 18.3％，位居第一。而前一年同期銷量只有 10.7 萬台。小米在印尼也培養了一批忠實米粉。2018 年 4 月 20 日，小米公司高級副總裁王翔發布微博稱，印尼有一對狂熱小米手機愛好者給女兒取名 Xiaomi。

巴西是小米走出亞洲的第一站。2015 年 7 月，小米正式進軍巴西後，以線上為主、實體店為輔的模式銷售紅米 2 和紅米 2 Pro 兩款手機。一如既往的高性價比，依舊是小米在巴西市場的最大賣點，但是在巴西卻遭遇寒流。巴西大型實體零售店控制著銷售主管道，資料顯示，只有 15％的巴西本地消費者會在網上購買手機。加之巴西實行市州聯邦三級徵稅，多達 104 種稅種，以及居高不下的物流、倉儲成本，使得小米團隊不滿一年便退出巴西市場。

小米在巴西水土不服沒有影響到其國際化戰略進程。根據中國證監會公布的《小米集團公開發行存托憑證招股說明書》顯示，小米手機業務已進入全球 74 個國家和地區，且在俄羅斯、新加坡、捷

克等 15 個國家和地區取得市場前五的排名。據統計，近四年來，小米國際市場業績增長迅猛。2015、2016、2017 和 2018 年第一季度，小米海外市場銷售額分別為 40.56 億元、91.54 億元、320.81 億元和124.7 億元，占公司總收入的比重分別為 6.07％、13.38％、27.99％和 36.24％。其中 2017 年海外市場收入同比猛增 250％。小米之所以能在 2017 年將銷量逆轉回世界前五，很大程度上歸功於海外市場。

2017 年 7 月，與諾基亞簽署專利授權合約後，小米通往歐洲的道路似乎變得平坦起來。2017 年 11 月，小米公司開始在西班牙銷售手機。半年之後，Canalys 市場報告顯示，2018 年一季度小米手機西班牙市場份額已達 14.1％，超越蘋果，進入前三。2018 年 3 月 25 日，小米進入葡萄牙，此後接連進入義大利、法國。2018 年第一季度，小米歐洲市場增長率超過 999％，不到一年時間銷量就成為歐洲第四，是繼華為之後在歐洲市場站穩腳步的中國手機品牌。2018 年 6 月 23 日，在香港四季酒店小米 IPO 發售全球新聞發布會上，雷軍現場展示了 5 月 22 日法國第一家小米授權店開業照片──冒雨前來的顧客，撐著傘在店外排成長龍。雷軍看著大螢幕上的照片不住感慨，「沒想到歐洲還有這麼多米粉。」海外市場中，具有高風險的美國市場或許更有吸引力和挑戰性。2018 年，雷軍透露小米計畫在年底或者 2019 年初進軍美國市場。分析人士指出，小米進入美國市場不僅面臨著同蘋果和三星之間激烈的行業競爭，還必須解決潛在的專利問題。每部智慧手機都包括多項專利技術，每項都可能成為專利持有者的收費理由。以三星和蘋果專利戰來說，雙方糾纏數年，耗費了以億美元計算的律師費，一旦訴訟結果分曉，敗訴方將承擔天

價專利訴訟罰單。就小米而言，截至 2018 年 3 月 31 日，已在海外國家和司法權區（主要是美國、歐洲、印度、日本及俄羅斯）註冊 3,500 多項專利，並有 5,800 多項專利申請正在受理中。假如小米所有的專利申請都獲准，也與三星公司所擁有的 75,596 項美國專利數量懸殊，專利風險不容忽視。

小米招股書中融資用途一欄裡還清晰顯示，融資總額的 40％將用於國際化擴張。在遞交 IPO 文件當天，小米公司宣布與香港首富李嘉誠掌控的大型跨國綜合企業——長江和記實業合組全球策略聯盟，在長和全球 17,700 家門店銷售小米的手機及其他設備。長和擁有近 1.3 億活躍流動電話電信客戶及約 1.4 億零售客戶，有助小米加速擴展國際銷售網路。

2018 年第一季度，小米國際業務在全部收入中的占比已經達到 36％，不過，離小米 50％以上的國際業務收入目標還有一定距離。2018 年 7 月 8 日，小米上市前夕，雷軍在其微信公眾號發文稱，國際業務是保證小米未來成長性的三大策略之一，小米必將進一步推進國際業務。「我們已經改變了幾億人的生活，未來我們將成為全球幾十億人生活中的一部分。」雷軍在《小米是誰，小米為什麼而奮鬥》的公開信中溫情而豪邁地說道。

這是小米的目標，更是小米國際化戰略之路的生動註解。

CHAPTER 14

上市：登頂之舞

小米上市路迷霧重重

五年，1,825 天。不過，在小米上市之路上，五年是一個概數，具有迷霧般性質。

從 2010 年到 2014 年，經過五輪融資以後，小米公司估值有了 180 倍大躍升，從 2.5 億美元飆升至 450 億美元。隨著小米公司一路高歌猛進成為行業明星，其上市也成為熱門話題。

專業人士分析，小米公司成立四年後的 2014 年是最佳上市時機。那時小米風光無限，手機銷量成功登頂全國智慧手機銷量第一名。面對如此光鮮的資料和有利形勢，可雷軍卻說道：「五年之內不上市！ IPO 對我們來說有好處，也有缺點，我的判斷是缺點大過好處。我們現在整個業務基礎還不扎實，就匆忙上市，不是一個辦長期偉大的公司所要選擇的路徑。我們的創業目標是希望做一點事，做成以後再掙點錢。」這番謙虛低調又有情懷的回答，一度讓雷軍和小米公司備受關注。此後，五年之內不上市的標準而堅定的回答，像他的髮型一樣持續不更改。

2015 年，有記者考慮到五年之約，迫不及待地再問及這個問題，甚至理順了簡單的數位邏輯，問他「今年是不是四年之內不上市？」雷軍還是回答五年之內不上市，記者有些尷尬。雷軍稱：「小米目前現金流充沛，短期內不會考慮新的融資，如果有資金需要將考慮其他金融手段。」

儘管小米公司 2014 年銷售量高達 6,112 萬臺，較 2013 年增長 227％，但 2015 年整個手機行業陷入了增長放緩的瓶頸期，市場調

查研究機構紛紛大幅調低全球手機銷量增速。大環境如此，小米也無法獨善其身。即便上市，也難以達到融資目的，況且雷軍說小米不缺錢，所以短期上市的可能性非常低。

2016 年初，在證監會的一場供給側改革演講中，雷軍說了一番模棱兩可的話，「說小米不 IPO 也不合適，其實還是小米之前的態度，五年內不上市」、「小米不會為了上市而上市」。這番資訊被解讀為，雷軍關於上市的計畫有所鬆動。

3 月 7 日，中國人民代表大會雷軍接受記者採訪時，被問到上市話題，他又是先前的論調。不過，這次回答得很嚴肅、很認真，可粉絲並不買帳。三個月後，在 2016 年夏季達沃斯論壇上，知名財經作家吳曉波再度向雷軍發出上市之問，眾目睽睽之下，雷軍終於有了不一樣的回答：「今天我告訴大家這個謎底，其實小米這個模式，在我創辦第一天我就知道需要 15 年時間。」

2016 年，小米公司處於低谷期，手機全年出貨量 4,150 萬臺，同比下跌 36%，市場份額從 15% 下降到 8.9%，跌落到第五位。當時，小米開始加速線下門店戰略，年底時小米之家開業 51 家。儘管需要大量資金，但處於低谷的小米，比上市更重要的是提振信心。作為一個重度完美主義者，雷軍絕對不允許讓凝結自己心血的小米以不完美形式上市。因此，分析人士普遍估計 2025 年上市的論調可信度較高。

為什麼是 15 年呢？有米粉試圖尋找邏輯支撐。美國最大連鎖會員制倉儲量販店 Costco（好市多）的經營之道折服了雷軍。這家店所有東西的定價都只有 1% 到 14% 的毛利率，一旦超過 14%，就要

啟動非常繁瑣的 CEO ＋董事會雙批准審批機制。雷軍研究發現，Costco 用了 15 年時間獲得美國消費者信賴，並把所有用戶變成了黏著度很高的粉絲，使其近十年經營蒸蒸日上。走低毛利和粉絲路線的小米，要想凝聚社會共識尚需時日，而 Costco 的 15 年經驗是一個參考。

小米走出低谷戰略在 2017 年第二季度結出碩果。第二季度 2,316 萬臺出貨量，環比增長 70％，讓小米重返世界前五。當年，小米收入為 1,146.25 億元，經營利潤為 122.15 億元，收入同比增長 67.5％，經營淨利潤同比增長 222.7％，而小米生態鏈企業收入同比增長 88.8％，達到 234.4 億元。

與此同時，小米上市話題再度被追問。2017 年 9 月，小米首席財務官周受資表示，公司現金流等財務狀況良好，上市並不是小米首要工作。2017 年 11 月 12 日，在由中國版權協會主辦的第三期遠集坊上，雷軍應邀發言。那時雷軍心情大好，前一天的雙 11，小米實現第五次奪冠，並且成績比去年翻了一倍。在現場回答問題環節，有嘉賓委婉問道「什麼時候有機會能買到小米股票」，雷軍回之以委婉的答案，「自己做企業時間比較久，不追求短期估值。我們會到業務比較舒服的時候再 IPO，小米現階段的重點仍在於創新。」2017 年 12 月 1 日，美國知名新媒體 The information 從一個投行工作人員處得到消息，並迅速發布說，小米最早可能於 2018 年下半年首次公開募股，最有可能選擇在香港上市，但不排除紐約。5 天後的 12 月 6 日，路透社更加明確地指出：「小米公司將於 12 月 15 日提交首次公開招股事宜的標書。」

中國媒體紛紛求證，小米公司第一時間予以否認，並稱外媒報導存在偏差。此時，正在美國夏威夷參加高通 2017 驍龍峰會的雷軍成了媒體圍追堵截的對象。在接受中國內外近 30 家媒體的群訪時，雷軍一反過去直接否認的常態，而是默默表示「沒什麼好說的！」接著，便是一如既往的低調回應：「小米是家互聯網公司，未來 10 年會專注實體經濟，認真把實體經濟做好。」

雷軍簡單的回應令人浮想聯篇。

01810.HK

就像迷霧終會散去一樣，小米上市的各種猜測終於見分曉。

2018 年 5 月 3 日，小米集團正式向香港交易及結算所有限公司 (以下簡稱港交所) 遞交招股書。此時，距離港交所新制定的《新興及創新產業公司上市制度諮詢總結》正式實施僅 3 天。2018 年全球最大規模 IPO 即將由小米開創，雷軍備受矚目，他穿著藍色 V 領短袖 T 恤和藍色牛仔褲，面對各國記者的鏡頭，手持港交所受理小米 IPO 申請的收據，開心得像個孩子。

厚達 597 頁的招股書裡詳實地揭露了很多資訊：小米 2015 年至 2017 年收入分別為 668.11 億元、684.34 億元和 1,146.25 億元，2017 年同比增長 67.5％；經營利潤為 13.73 億元、37.85 億元和 122.15 億元，2017 年同比增長 222.7％；淨利潤方面，小米 2015 年虧損 76.3 億元，2016 年盈利 4.9 億元，2017 年再度虧損 438.9 億元。小米公

司僅用 7 年時間成為營收超過千億級公司，這一速度快過包括谷歌、蘋果等在內的科技巨頭。

關於 438.9 億元的巨額虧損，雷軍在 6 月 23 日全球發售新聞發布會上解釋道，這是因為財務記帳原因，實際小米 2017 年淨利潤達 54 億元人民幣。創新工廠董事長兼首席執行官李開復此前曾表示，互聯網公司通常會有多輪融資發行可轉換可贖回優先股，在港交所適用的國際會計準則下，這種優先股會體現為對股東的負債，其公允價值的上升會記錄於公司帳面的負債中，但實際上公司並沒有發生實際的虧損，對公司實際運營也沒有影響。這筆所謂的負債，在上市那一刻就會消失。

一直以來，關於「小米公司到底是一家什麼樣的公司」眾說紛紜。有人說四不像，不像蘋果、不像亞馬遜，不願承認自己是硬體公司，又沒有突出的創新模式。面對這一問題，雷軍曾說小米是一個新物種，不能用舊形態去衡量。招股書裡對小米公司的屬性加以明確，「一家以手機、智慧硬體和物聯網為核心的互聯網公司」。雷軍在香港 IPO 記者會時，針對此前外界對小米公司的種種質疑表示，「我不關心小米是不是互聯網公司。很多人問我到底是給小米騰訊的估值還是蘋果的估值，我說我要騰訊乘蘋果的估值，因為小米是全能型的。」

小米收入主要來自智慧手機、IoT 與生活消費產品、互聯網服務以及其他四大業務部門。2015 年到 2017 年，智慧手機部分分別貢獻總收入的 80.4％、71.3％及 70.3％，呈逐年下降趨勢；小米已建成了世界上最大消費級 IoT 平臺，連接了超過 1 億臺智慧設備（不含手

機和筆記型電腦）。IoT與生活消費產品包括智慧電視、筆記型電腦、人工智慧音箱及智慧路由器及其他生態鏈產品，這三年銷售占比分別為13％、18.1％、20.5％，呈逐年上升趨勢；互聯網服務已成為小米盈利的重要來源，這三年小米互聯網服務收入分別為32.4億元、65.4億元、98.9億元，年複合增長率為74.7％。

小米IPO是港交所實施「同股不同權」新規後的第一股。所謂同股不同權，又稱AB股結構，就是在公司股權結構中分為AB兩類投票權。除有限保留事項外，A類股每股擁有更多的投票權，主要由管理層持有；B類股每股擁有一票投票權，由一般股東持有。在其他方面，兩類股地位相同。招股說明書顯示，小米公司A股投票權定為每股10票，與高科技上市公司通常做法一致。小米公司只有雷軍和林斌持有A股，分別為20.51％、11.46％，加上各自10.9％、1.87％的B類股份，雷軍和林斌總持股份別為31.41％、13.33％。如計入總股本ESOP員工持股計畫的期權池，則雷軍持股比例為28％。其餘持股安排如下：黎萬強持股3.24％、洪鋒持股3擔22％、劉德持股1.55％、王川持股1.11％、許達來持股2.93％、黃江吉持股3.24％、周光平持股1.43％、晨興資本持股17.19％，其他投資者共計持股21.34％。

股權不僅關係經濟利益，還關係著決定權。根據A類股每股10票的投票權，雷軍和林斌分別擁有55.7％、30％的投票權。小米上市主體在開曼群島註冊，根據開曼群島相關法律規定，小米集團重大事項需經3/4表決權的股東同意通過，普通事項由半數以上有表決權的股東同意通過。由此，擁有55.7％投票權的雷軍一人即可決

定公司普通事項，而雷軍和林斌共擁有 85.7％的投票權，也就是說只要雷軍和林斌達成默契，就可以決定公司的重大事項。

唯有穩定的控制權，才能幫助新興公司最大限度釋放長期價值。同股不同權制度，避免了創始人手中股權因上市而被嚴重稀釋，從而導致其喪失對公司的絕對控制權。上市之後，雷軍依然是小米實際控股人，只不過當年一起喝小米粥的 7 個聯合創始人剩下 5 個，2018 年 4 月 27 日，雷軍發布內部消息稱聯合創始人周光平和黃江吉辭去公司職務。

此次小米上市，除同股不同權之外，還有一個亮點就是計畫與國內同步發行 CDR 股票。CDR 是中國存托憑證（Chinese Depository Receipt）的英文簡稱，是指在境外（包括中國香港）上市公司將部分已發行上市的股票託管在當地保管銀行，由中國境內的存托銀行發行、在境內 A 股市場上市、以人民幣交易結算、供國內投資者買賣的投資憑證，從而實現股票異地買賣。小米公司 6 月 7 日向中國證監會提交 CDR 上市申請，證監會定於 6 月 19 日審核小米申報檔。中國資本市場第一次審核存托憑證發行，證監會和滬深交易所、中國證券業協會等非常重視，相繼出臺了 21 個關於 CDR 的配套檔，包括《修改〈證券發行與承銷管理辦法〉的決定》在內，為放開發行 CDR 鋪路。

小米火速 CDR 上市的進程在 6 月 18 日戛然而止，同日小米官方宣布，公司經過反復慎重研究後，決定分步實施在香港和中國的上市計畫，即先在香港上市之後，再擇機透過發行 CDR 方式在境內上市。為此，公司向中國證券監督管理委員會發起申請，推遲召開

發審委會議審核公司的 CDR 發行申請。與此同時，證監會官網也公布了第十七屆發審委 2018 年第 88 次工作會議公告的補充公告，決定取消 6 月 19 日對小米發行申報檔的審核。此舉令市場譁然，有人認為證監會對小米集團 CDR 申請的 2.4 萬字回饋意見中，設立的 84 個涉及公司定位和新零售模式等問題，讓擬作為首家 CDR 的小米公司難以應對。還有人分析說，是小米的估值壓力導致發行 CDR 延遲。究竟是何種原因，都已經不重要了。小米公司只能成為港交所實行新規後的第一家上市公司，與首家 CDR 企業名號失之交臂。

2018 年 6 月 21 日，小米正式透過香港聯交所的上市聆訊，將於 7 月 9 日掛牌上市。股票代碼是 01810.HK，寓意為小米公司 2018 年上市，創業 10 年。小米將發行 21.8 億股，每股價格為 17 港元至 22 港元，發售結構為 95％國際發售，5％香港公開發售。此後，小米團隊兵分三路到紐約、波士頓、三藩市、芝加哥、新加坡、倫敦等其他六個城市舉行記者會。6 月 29 日下午，小米記者會在三藩市順利結束。整個過程，雷軍用微博進行了直播，並感慨道：「厚道的人，運氣不會太差。」

其實，小米上市之際，剛好碰上市場疲弱期。根據智通財經發布的資料，自 5 月 3 日小米遞交上市申請至 7 月 6 日，恒生指數大幅調整，累計跌掉 7.84％，曾一度跌破 28,000 點關口。

2018 年 7 月 9 日 9 時 30 分，在 600 餘人見證下，雷軍敲響比現有開市銅鑼直徑大 80％的加大版銅鑼。8 歲的小米終於上市！小米當天的開盤價為 16.6 港元，較發行價 17 港元下跌 2.35％。首日收盤時，小米收盤價 16.8 港元，跌 1.18％，振幅 5.88％。面對股票破發，雷軍在上市現場回應稱：「短期股價不是最重要的，長期表現才是。」

歸來仍是少年

這次小米香港 IPO 的定價區間為 550 億至 700 億美元，低於高盛、摩根士丹利、摩根大通銀行、中信里昂證券、瑞信等機構給出的 800 億至 940 億美元的估值。最終，雷軍將股價定在了最低價位。小米開盤當天報收 16.8 港元／股，市值為 3,759.19 億港元（約 479 億美元）。雷軍身家幾何也見分曉，即便加上小米公司獎勵的價值 15 億美元的股票，之前瘋傳的造富神話並沒有出現。京東創始人劉強東對雷軍將 IPO 股價定在最低價位表示贊許，認為「讓股民賺錢才是值得驕傲的事情」。

有時，比估值更重要的是價值觀，比身家更重要的是人心。成不了首富的雷軍，卻成就了夢想。

早在金山時期，雷軍就已實現財富自由，該有的都有了，不會為錢去做什麼事情。對一個人而言，錢或者市值等物質不是最重要的東西後，關注點自動躍升到形而上層面。離開金山辭職在家的那段時間，雷軍感覺更明顯。他說，在我快 40 歲時，有天晚上做夢醒來，覺得自己好像與 18 歲時的夢想漸行漸遠，我捫心自問是否有勇氣再來一回？ 2007 年，賈伯斯推出第一代蘋果智慧手機時，雷軍才有了答案。

關於雷軍的夢想，至少有兩個人知道。一個是湖北老鄉劉芹。據說，雷軍決定做小米前，給晨興資本合夥人劉芹通過一個長達 12 個小時的電話。從晚上 9 點到早上 9 點，雷軍描繪出幾十年一次的手機變革機遇，打動了劉芹。喝過 2010 年春天那碗小米粥後，雷軍

拉著一支 14 人隊伍出發了。第一輪融資時，雷軍打電話問：「劉芹，我要做手機，你投不投？」劉芹說投啊。當時，雷軍沒有商業計畫書，甚至想法都不是很清晰。劉芹毅然按 2,500 萬美元估值，投資了 500 萬美元。此後 6 個月，小米第二輪融資。除了 54 人團隊外，什麼都沒有，劉芹還是投了。再過半年第三輪融資時，估計 10 億美元的小米公司雖然有了 34 萬臺手機訂單，但一臺都沒賣出去。劉芹又來領投，有人不解地問劉芹：「雷軍什麼都沒有，你為何還敢第三輪投資？」劉芹說：「因為人啊。你想想看，雷軍已經創過業，成功地上市，他投資的企業也這麼成功。你認為雷軍出來創業，市值到多大程度才能滿足他自己的抱負？所以雷軍的估值只要在百億美元之內，我都閉著眼睛就投。」小米上市之後，劉芹那筆 500 萬美元投資，回報高達 866 倍。

另一個也是湖北老鄉，龔虹嘉。2018 年 5 月 3 日，海康威視的最大天使投資人龔虹嘉在小米遞交招股書後，在朋友圈分享這份公開信時，配了一段長達 204 字的轉發語。作為中國最優秀天使投資人之一的龔虹嘉沒有想到的是，四年前的一個晚上，雷軍從會場趕到天使會成員聚會的酒吧後，拿著酒杯反覆地問他們，5 年之後中國會有幾家市值超過千億美元的互聯網科技公司？這些投資大咖一邊搖著酒杯一邊數，數來數去，都沒有人數到小米。在小米上市之前，想起往事的龔虹嘉在文字末尾意猶未盡地重現了雷軍之問：「Are you OK ？」

與其說劉芹投資的是小米手機，倒不如說投資的是雷軍這個人。而想起往事的龔虹嘉，更多地應該是想起了曾被其忽略的雷軍夢想。

　　一個人，因為擁有了夢想，就有了奮鬥的理由。一件事情，因為有了夢想，就有了存在的價值。在遞交招股書後的 5 月 4 日，雷軍發布了一封公開信《小米是誰，小米為什麼而奮鬥》。看到這封信後，一大批中國企業家、互聯網公司 CEO 以及投資大佬紛紛開始追憶和雷軍交往的細節，以及模仿雷軍體，寫自己公司的願景和使命。或許是雷軍的信，觸動了他們的情懷。其實，很多人都有情懷，只不過在瑣碎工作和生活中，磨淡了理想，磨損了來路，只剩下由數位支撐起的瘦骨嶙峋的現實，聊以慰藉罷了。

　　2018 年 4 月 25 日，小米公司上市前的最後一場新品發布會地點，雷軍選在了母校武漢大學。站在夢想開始的地方，雷軍重述了目前夢想——推動中國製造業進步，讓消費者用很便宜的價錢享受到科技帶來的美好生活。或許是近鄉情怯，或許是夢到濃處，雷軍有點哽咽地說道：「不管你們是否認同，我就是要一條路走到底，我就是要做感動人心、價格厚道的產品。」而三年前的 2015 年 6 月，雷軍在同一地方演講，那時他說：「我一定要去試，看自己能不能創辦一家世界級的技術公司，做一件造福世界上每一個人的事情。」

　　雷軍與小米砥礪共進的路上，很多人都有疑問——小米到底在做什麼，小米到底在想什麼？其實，他想的和做的不過是一件抵達內心情懷的產品而已。「為什麼生產和流通的效率長期不能提高？為什麼商業運轉中間環節的巨大耗損要讓用戶買單？為什麼所有『cost down』的努力都只在那 10％的生產成本裡摳縮，而從不向無謂耗損的那 90％的運營、交易成本開刀？」在商場摸爬滾打多年的雷軍所積累起的疑問，一點點顯露他的情懷底色。羅曼・羅蘭曾說：

「世界上只有一種真正的英雄主義，就是認清了生活的真相後還依然熱愛它。」對雷軍而言，16 年金山工作的苦與累，尤其是 8 年金山的上市路，難以忘記，還依然投身小米。有人說他是生活的英雄，而被雷軍稱作中關村才女的梁寧評價更為深刻：「雷軍的作業系統跟我們的不一樣。如果他想要的那個，他得不到，就像萬蟻噬心那樣痛苦。犧牲什麼都可以，他必須得到他想要的那個東西。」

雷軍說，時間是小米的朋友。其實，時間也是小米的過客。時間路過的地方，小米都留下故事；路過的人，都會將心比心。正如雷軍所言，「最大的平等，莫過於日常生活體驗的平等：讓所有人，不論他／她是什麼膚色、什麼信仰，來自什麼地方，受過什麼教育，都能一樣輕鬆享受科技帶來的美好生活。」

小米 IPO 不是終點，更是一個新起點。雷軍正帶領小米成為一家世界級的偉大公司，當然，也有可能衰敗、沒落。無論如何，小米會被銘記，它的成敗得失註定將凝聚成後來者前進的力量。

雷軍大事年表

> 1969 年 12 月 16 日，雷軍出生於湖北省仙桃市（當時為沔陽縣）。

> 1987 年，雷軍畢業於原沔陽中學（現湖北省仙桃中學），考入武漢大學電腦系。

> 1990 年夏天，雷軍與王全國一起創立三色公司，李儒雄隨後加入其中。

> 1991 年，雷軍畢業於武漢大學，獲得理學學士學位。

> 1992 年 1 月，雷軍加盟金山公司。

> 1992 年 8 月，雷軍出任金山公司北京開發部經理，後任珠海公司副總經理。

> 1994 年，雷軍出任北京金山軟體公司總經理。

> 1995 年 4 月，雷軍領銜研發《盤古元件》問世，市場表現結果卻一敗塗地。

> 1996 年 4 月，雷軍心灰意冷中從金山辭職未獲批准，放假 6 個月。

> 1997 年，雷軍攜《金山詞霸 I 》、《金山詞霸 II 》再戰江湖。

> 1998 年 8 月，雷軍擔任金山公司總經理。

> 1998 年 10 月，《金山詞霸 III 》上市，風靡一時。

> 1998 年，雷軍被武漢大學聘為名譽教授，在武漢大學設立了「騰飛獎學金」。

> 1999 年，雷軍投資卓越網和逍遙網，並出任卓越網董事長。

> 1999 年中，《金山詞霸 2000》和《金山快譯 2000》陸續上市，熱銷。

> 1999 年，雷軍獲得「中國 IT 十大風雲人物」殊榮。

> 2000 年底，金山公司股份制改組，雷軍出任北京金山軟體股份有限公司總裁。

> 2000 年底，雷軍被聘為北京市政府顧問，並再次榮獲「中國 IT 十大風雲人物」。

> 2001 年，雷軍當選為北京市軟體行業協會副會長。

> 2002 年，雷軍當選「首屆首都十大青年企業家」，並第三次榮獲「中國 IT 十大風雲人物」。

> 2002 年，雷軍任 863 計畫——軟體重大專項課題「桌面辦公套件」負責人。

> 2003 年 5 月，金山進軍網遊，《水滸 Q 傳》、《大話春秋》、《石器時代》、《劍俠情緣》等網路遊戲橫空出世，金山年平均營業額增長 68%。

> 2003 年，雷軍被鄭州工程學院聘為名譽教授。

> 2003 年，雷軍當選「中關村科技園區優秀企業家」。

> 2003 年，雷軍任 863 計畫——電腦軟硬體技術課題「網路遊戲通用引擎研究及示範產品開發」負責人。

> 2003 年，雷軍被評為武漢大學第三屆傑出校友。

> 2004 年 8 月 19 日，雷軍以 7500 萬美元將卓越網出售給亞馬遜。

> 2004 年，雷軍投資 50 萬美元，幫助孫陶然創辦拉卡拉。

> 2005 年，雷軍投資 100 萬美元，幫助李學淩創辦歡聚時代（YY）。

> 2006 年，雷軍投資當時中國移動互聯網最大的手機社區——樂訊。

> 2006 年底，雷軍為優視動景（UCweb）投資 200 萬元。

> 2007 年，雷軍投資老朋友陳年的凡客誠品。

> 2007 年 10 月 9 日，金山在香港上市，融資 6.261 億港元。

> 2007 年 12 月 19 日，雷軍因健康原因離開金山，功成身退。

> 2008 年 10 月 16 日，北京 UC 優視宣布雷軍出任公司董事長。

> 2010 年 2 月 24 日，雷軍出任多玩遊戲網董事長。

> 2010 年 4 月 6 日，雷軍正式創立小米公司。

> 2010 年 7 月 14 日，裘伯君邀請雷軍重返金山，執掌網遊與
毒霸項目。

> 2010 年 8 月 16 日，小米公司的 MIUI 內測版發布。

> 2010 年 12 月 10 日，小米公司的米聊安卓內測版發布。

> 2010 年 12 月 20 日，小米公司宣布 A 輪融資完成，估值 2.5
億美元。

> 2010 年底，雷軍辭任 UCweb 優視董事長職務。

> 2011 年 7 月 11 日，雷軍正式出任金山軟體公司董事長。

> 2011 年 8 月 16 日，小米手機發布會暨 MIUI 周年粉絲慶典
舉行，小米手機正式發布，MIUI 用戶突破 50 萬。

> 2011 年 9 月 5 日，小米網上線，小米手機開放預訂，34 小時預訂出去 30 萬臺。

> 2011 年 12 月 20 日，小米公司宣布 B 輪融資完成，公司估值 10 億美元。

> 2012 年 4 月 6 日，首屆米粉節暨小米公司兩周年慶典開幕。

> 2012 年 6 月 23 日，小米公司宣布 C 輪融資完成，公司估值 40 億美元。

> 2012 年 8 月 16 日，小米公司正式發布小米手機 2、小米手機 1s。

> 2012 年 11 月 14 日，小米盒子上市。8 天後因系統維護，暫停影片服務。

> 2012 年 12 月，雷軍榮獲 CCTV 頒發的中國經濟年度人物新銳獎。

> 2012 年 12 月 31 日，小米公布 2012 年業績：全年銷售 719 萬臺手機，含稅營收 126.5 億元。

> 2013 年 1 月 31 日，雷軍在廣東當選第十二屆全國人大代表。

> 2013 年 4 月 9 日，第二屆米粉節開幕，小米手機 2A 問世，並宣布進入臺灣、香港市場，國際化戰略啟動。

> 2013 年 7 月 16 日，小米公布上半年業績，共售出 703 萬臺
  手機，含稅營收 132.7 億元，MIUI 用戶超過 2,000 萬人。

> 2013 年 7 月 31 日，小米正式發布紅米手機，首次支持 TD
  制式。

> 2013 年 8 月 22 日，小米宣布 D 輪融資完成，公司估值 100
  億美元。

> 2013 年 9 月 5 日，小米舉行以倚天屠龍為主題的 2013 年度
  發布會，發布小米手機 3 和小米電視兩款產品。

> 2013 年 12 月 12 日，雷軍榮獲 CCTV 中國經濟年度人物及
  十大財智領袖人物。

> 2013 年 12 月 19 日，小米路由器公測。

> 2014 年 1 月 2 日，小米公布 2013 年業績，全年銷售 1,870
  萬台手機，含稅銷售收入達到 316 億元。

> 2014 年 2 月 11 日，小米入選美國商業雜誌《Fast Compa-
  ny》全球 50 大最具創新力公司。

> 2014 年 2 月 25 日，雷軍以 280 億元首次進入胡潤全球富豪
  榜，位居大中華區第 57 名，全球排名第 339 位。

> 2014 年 3 月 26 日，紅米 Note 首發，手機網路預約人數 1500 萬創新高。

> 2014 年 4 月 8 日，第三屆米粉節開幕，12 小時售出 130 萬臺小米和紅米手機，支付金額超過 15 億元。

> 2014 年 4 月 22 日，小米啟用全球新功能變數名稱 www.mi.com。

> 2014 年 4 月 23 日，小米正式發布小米路由器標準版、mini 版及首款支援 4K 的小米盒子增強版。

> 2014 年 5 月 15 日，小米發布小米電視 2 及小米平板。同一天，小米宣布 MIUI 全球用戶數達 5,000 萬。

> 2014 年 7 月 22 日，小米手機 4 正式發布。

> 2014 年 11 月 12 日，小米宣布將通過二級市場購入股票的方式投資優酷土豆千萬美元。

> 2014 年 11 月 19 日，小米和順為資本聯合宣布，雙方以 18 億元人民幣（約 3 億美元）入股愛奇藝。

> 2014 年 12 月 3 日，金山、小米聯合宣布，雙方向世紀互聯注資近 2.3 億美元。

> 2014 年 12 月 4 日，雷軍當選《福布斯》亞洲版 2014 年度商業人物。

> 2014 年 12 月 14 日，小米公司與美的集團同時發布公告，宣布小米科技投資 12.66 億元入股美的集團，占股 1.29%。

> 2014 年 12 月 29 日，雷軍通過微博宣布，小米完成 F 輪 11 億美元融資，公司估值達到 450 億美元。

> 2015 年 1 月 12 日，雷軍當選美國《財富》雜誌 2014 年度中國商人。

> 2015 年 1 月 15 日，小米舉辦重量級旗艦產品發布會，小米 Note 正式發布。

> 2015 年 2 月 11 日，雷軍入選人民網 2014 中國互聯網年度人物。

> 2015 年 4 月 8 日，小米 5 周年米粉節開幕。截至 4 月 9 日晚上 11 點，共售出超過 211 萬臺手機，超過 3.86 萬臺小米電視，超過 7.9 萬臺路由器以及超過 77 萬個智慧硬體設備。

> 2015 年 6 月 30 日，雷軍在微博披露：小米上半年手機銷量 3,470 萬臺，同比去年增長 33%。

> 2015 年 7 月 1 日，小米宣布任命前 DST 中國區合夥人周受資擔任首席財務官（CFO），這是繼 Google 副總裁 Hugo Barra、新浪執行副總裁陳彤、高通全球高級副總裁兼大中華區總裁王翔之後空降的又一位高管。

> 2017 年 7 月，與諾基亞簽署專利授權合約，小米正式向歐洲市場進軍。

> 2018 年 6 月 21 日，小米正式透過香港聯交所的上市聆訊，擬於 7 月 9 日掛牌上市。股票代碼是 01810.HK，寓意為小米公司 2018 年上市，創業 10 年。

雷軍經典語錄

1. 創新為什麼這麼少，因為我們社會缺少包容失敗的氛圍。很多大的創新，也是一兩個小的點子開始的。

2. 什麼是成功？每個人眼裡的成功都不一樣。我認為，成功不是別人覺得你成功就是成功，成功是一種內心深處的自我感受。我不認為自己是成功者，也不認為自己是失敗者，我只是在追求內心的一些東西，在路上！

3. 創業者如何練劍？人若無名便可專心練劍，不必要的會儘量不參加，認認真真做事。商業成功最重要是，朋友弄得多多的，敵人弄得少少的。用戶滿意度是根本。把所有精力放在改善產品和服務上，讓使用者滿意。

4. 創新就是做別人沒有做過的事情。但創新的風險很大，絕大部分創新最後都會失敗。所以，我認為創新的本質是不懼失敗的勇氣！創新還需要一個大環境：全社會理解失敗者，寬容失敗者。成王敗寇這樣的觀點，是阻礙創新的因素。

5. 去年創辦小米，最難的一個問題是：小米要在網上賣手機，這是谷歌都沒有做成的事情，你為什麼可以做成？我的回答

是：谷歌很偉大，但谷歌不懂電商，我自己已經做了 10 年電商。

6. 中國市場最大，在中國贏了，在全世界就有機會贏。中國不是運營商管制，比美國和運營商捆綁銷售手機的模式開放。同時中國又封閉，表現為跨國公司在中國水土不服。去年小米剛開始起步，我就是這樣說服投資者的。

7. 我出任金山董事長後，當務之急是儘快組建一支強大的有戰鬥力的領導班子。總結一下進展：（1）張宏江博士出任 CEO；（2）阿里巴巴集團財務副總裁王舜德已於 10 月 10 日出任金山 CFO；（3）引進了兩位新的獨立董事，王川和鄭達祖。下一步，我的任務是幫助他們瞭解金山、融入金山，共同把金山打造成一家優秀的公司！

8. 創業初期，海量廣告容易砸出虛假繁榮，掩蓋一些本質問題。堅持口碑傳播，相信好產品會說話！

9. 我總結的創業十條：

（1）能洞察用戶需求，對市場極其敏感；

（2）志存高遠並腳踏實地；

（3）最好是兩三個優勢互補的人一起創業；

（4）一定要有技術過硬並能帶隊伍的技術帶頭人；

（5）低成本情況下的快速擴張能力；

（6）有創業成功經驗的人加分；

（7）做最肥的市場；

（8）選擇最佳的時間點；

（9）專注、專注，再專注；

（10）業務在小規模被驗證。

10. 快速反覆運算，不斷試錯，逐步走向成功的彼岸。這是互聯網時代的王道。

11. 馬雲總結得真好：做企業，贏在細節，輸在格局。關鍵是處理好埋頭拉車和抬頭看路的矛盾不容易，我的觀點是做任何事情要順勢而為，不要強求，不要蠻幹。順了，自然就成了。

12. 創業要大成，一定要找到能讓豬飛上天的台風口。勤奮、努力加堅持等等，這些只是成功的必要條件，最關鍵的是在對的時候做對的事情。

13. 競爭並非你死我活，而是讓用戶有更好體驗。使用者才是根本，我們要用心做產品，把心思放在產品和使用者上！

14. 天下武功，唯快不破。互聯網競爭的利器就是快。

後記

雷軍和小米的故事遠未結束，甚至才剛剛開始。

面對飽受爭議、毀譽參半的熱點人物，無論誰去提筆敘述都註定會吃力不討好：如果刻意美化雷軍與小米的成功形象，必將有失公平；而一旦盲目迎合反對者的情緒，又不夠客觀。總之，就觀點和傾向而言，可能與各方看法都有出入。更何況，或許我洋洋灑灑的宏偉敘述，描述的只是雷軍的冰山一角；或許我溫情記錄的成長歷程，不過都是他坎坷路上的些許小事；而我耗費時日論證的結果，也許並不是他的本來面目。所以希望於一本書就道盡雷軍的處世哲學和商道真經，恐怕勉為其難。

但是，2012 年 5 月，當華中科技大學出版社大眾分社副社長亢博劍老師約我寫一部雷軍傳記時，我卻毫不猶豫地應承下來。尤其是他不無鼓動地說「傳播湖北企業家精神是我們家鄉出版社的責任」時，我頓時熱血沸騰。身為湖北籍的財經作家，平時總會有意無意關注湖北企業家的動態，雷軍更是我的重點關注對象，我希望以自己的熱情和勤奮，寫出九頭鳥的精神。當然，雷軍不只屬於湖北，從他內心來說，應當屬於世界級企業家的行列。

為了盡可能全面、深刻地完成這部作品，在寫作過程中，我查閱並整理了關於雷軍的近百萬字的主流財經媒體報導、評

論和書籍，包括他的部落格、微博及演講、發言等影音資料，還以座談、電話、郵件等方式採訪過深入報導雷軍、金山、小米的記者朋友，力圖盡可能接近事實，還原真實的雷軍。在此對所有報導和著作的寫作者表示誠摯的感謝。

我在這裡要感謝張曉義、黃克瓊、徐玲然三位朋友的支持與幫助，你們為本書所做的貢獻，令我十分感動。

另外，我必須特別感謝亢博劍老師，一本書的順利出版無法由作者個人的力量單獨完成，你的付出與努力我銘記於心。

最後，希望讀者朋友能夠從雷軍身上找到提升能力的途徑、改變命運的力量，在追尋事業和財富的道路上走得更輕鬆、更踏實。這是我寫這本書的初衷，也是最大的願望。

小米商學院：雷軍和他的小米帝國

作　　者	陳潤
發 行 人	林敬彬
主　　編	楊安瑜
編　　輯	何亞樵
封面設計	陳語萱
編輯協力	陳于雯、林裕強
出　　版	大都會文化事業有限公司
發　　行	大都會文化事業有限公司
	11051 台北市信義區基隆路一段 432 號 4 樓之 9
	讀者服務專線：（02）27235216
	讀者服務傳真：（02）27235220
	電子郵件信箱：metro@ms21.hinet.net
	網　　　　址：www.metrobook.com.tw
郵政劃撥	14050529　大都會文化事業有限公司
出版日期	2019 年 06 月初版一刷
定　　價	380 元
I S B N	978-986-97711-1-5
書　　號	Success-094

Metropolitan Culture Enterprise Co., Ltd
4F-9, Double Hero Bldg., 432, Keelung Rd., Sec. 1, Taipei 11051, Taiwan
Tel:+886-2-2723-5216　Fax:+886-2-2723-5220
Web-site:www.metrobook.com.tw　E-mail:metro@ms21.hinet.net

國家圖書館出版品預行編目 (CIP) 資料

小米商學院：雷軍和他的小米帝國 / 陳潤著 --
初版 -- 臺北市：大都會文化 2019.06；352 面；
14.8 × 21 公分 --(Success ; 094)
ISBN 978-986-97711-1-5(平裝)

1. 管理與領導　2. 人物傳記

484.6 108005500

大都會文化　讀者服務卡

書名：小米商學院：雷軍和他的小米帝國
謝謝您選擇了這本書！期待您的支持與建議，讓我們能有更多聯繫與互動的機會。

A. 您在何時購得本書：_____ 年 _____ 月 _____ 日

B. 您在何處購得本書：_____ 書店，位於 _____（ 市、縣)

C. 您從哪裡得知本書的消息：
1. □書店　2. □報章雜誌　3. □電台活動　4. □網路資訊
5. □書籤宣傳品等　6. □親友介紹　7. □書評　8. □其他

D. 您購買本書的動機：（ 可複選)
1. □對主題或內容感興趣　2. □工作需要　3. □生活需要
4. □自我進修　5. □內容為流行熱門話題　6. □其他

E. 您最喜歡本書的：（ 可複選)
1. □內容題材　2. □字體大小　3. □翻譯文筆　4. □封面　5. □編排方式　6. □其他

F. 您認為本書的封面：1. □非常出色　2. □普通　3. □毫不起眼　4. □其他

G. 您認為本書的編排：1. □非常出色　2. □普通　3. □毫不起眼　4. □其他

H. 您通常以哪些方式購書：(可複選)
1. □逛書店　2. □書展　3. □劃撥郵購　4. □團體訂購　5. □網路購書　6. □其他

I. 您希望我們出版哪類書籍：（ 可複選)
1. □旅遊　2. □流行文化　3. □生活休閒　4. □美容保養　5. □散文小品
6. □科學新知　7. □藝術音樂　8. □致富理財　9. □工商企管　10. □科幻推理
11. □史地類　12. □勵志傳記　13. □電影小說　14. □語言學習（ _____ 語)
15. □幽默諧趣　16. □其他

J. 您對本書 (系) 的建議：

K. 您對本出版社的建議：

讀者小檔案

姓名：_____　性別：□男　□女　生日：____ 年 ____ 月 ____ 日

年齡：□ 20 歲以下 □ 21 ～ 30 歲 □ 31 ～ 40 歲 □ 41 ～ 50 歲 □ 51 歲以上

職業：1. □學生 2. □軍公教 3. □大眾傳播 4. □服務業 5. □金融業 6. □製造業
7. □資訊業 8. □自由業 9. □家管 10. □退休 11. □其他

學歷：□國小或以下 □國中 □高中／高職 □大學／大專 □研究所以上

通訊地址：_____

電話：（ H ）_____（ O ）_____　傳真：_____

行動電話：_____　E-Mail：_____

◎謝謝您購買本書，也歡迎您加入我們的會員，請上大都會文化網站 www.metrobook.com.tw
登錄您的資料。您將不定期收到最新圖書優惠資訊和電子報。

小米商學院

雷軍和他的
小米帝國

北 區 郵 政 管 理 局
登記證北台字第 9125 號
免 貼 郵 票

大都會文化事業有限公司

讀 者 服 務 部 收

11051 臺北市基隆路一段 432 號 4 樓之 9

寄回這張服務卡〔免貼郵票〕
您可以：
◎不定期收到最新出版訊息
◎參加各項回饋優惠活動